DAXUE WULI SHIYAN JIAOCHENG

大学物理实验教程

（第4版）

主编　朱筱玮　李武军

编者　朱筱玮　李武军　刘绒侠

　　　王党社　何春娟　李爱云

西北工业大学出版社

【内容简介】 本书是按照《高等工业学校物理实验课程教学基本要求》编写的，是非物理类专业开设物理实验课程的基本教材。本书打破了以往按力、热、光、电及近代物理实验等分类的编排结构，分五章系统地介绍了实验基础知识、测量的不确定度与数据处理、基础实验、综合实验及开放设计性实验等。本书内容由浅入深，逐步提高，补充完善了物理实验课程的教学体系。

本书可作为高等工科学校各专业物理实验课程的教材，也可作为有关专业物理实验课程的教学参考书。

图书在版编目（CIP）数据

大学物理实验教程/朱筱玮，李武军主编. —4版.
—西安：西北工业大学出版社，2017.8(2023.7重印)
ISBN 978-7-5612-5550-6

Ⅰ. ①大… Ⅱ. ①朱… ②李… Ⅲ. ①物理学—实验—高等学校—教材 Ⅳ. ①O4-33

中国版本图书馆CIP数据核字(2017)第202854号

策划编辑：季 强
责任编辑：李阿盟

出版发行：西北工业大学出版社
通信地址：西安市友谊西路127号　　邮编：710072
电　　话：(029)88493844　88491757
网　　址：www.nwpup.com
印 刷 者：陕西奇彩印务有限责任公司
开　　本：787 mm×1 092 mm　　1/16
印　　张：13.75
字　　数：334千字
版　　次：2017年8月第4版　　2023年7月第6次印刷
定　　价：39.00元

前　言

物理实验课是高等学校理工科学生必修的一门独立的基础实验课程。根据《高等工业学校物理实验课程教学基本要求》，该实验课程既要以学生已有的物理实验知识为起点，又要与后续的实验课程适当配合。因此，本书在实验题目的选择和内容的编写上，一方面注重基本的实验技能训练、基本测量方法的介绍，另一方面适当地选择一些具有普遍意义的综合性、近代物理实验的题目，在保证学生实验能力的基本训练基础上，提高学生对物理实验的兴趣。

本书在实验内容编排上基本按照分层次实验教学的需要编写。第一章简要介绍物理实验的重要性以及如何做好物理实验。第二章全面系统地介绍测量误差、不确定度和数据处理的基础知识。第三章为基础实验，着重于物理实验的基本方法和技能，基本物理实验仪器的工作原理和使用，以及物理实验的基本测量方法。第四章为综合实验，着重于提高学生的物理实验能力和综合分析能力。第五章为开放设计性实验，着重于锻炼学生的独立实验能力和实验技能的综合运用能力。

近几年随着科学技术的进步和教育改革的发展，物理实验无论在教学体系、教学方法、实验技术，还是仪器设备等方面都发生了很大变化，为了适应新的教学要求和条件，我们对《大学物理实验教程》进行了第 4 版的修订。本次修订由朱筱玮和李武军完成。本次修订中对原实验教材中的实验项目进行删减和修改，增加实验六、七、八、九，并重新编写第五章开放设计性实验的十三个实验项目。结合互联网的普及，教材编入了二维码，提供教材配套的电子资源，以适应实验教学和科技发展，方便及时更新资料。在本次修订过程中，实验室的许多老师给予了大力支持和帮助，在此向他们表示衷心的感谢！

本书凝聚了实验室多年的改革经验和众多实验教师的智慧，编写中参阅了许多兄弟院校的物理实验教材和物理教材，在此一并表示感谢！

由于水平有限，书中如有疏漏，恳请读者批评指正。

编　者

2017 年 6 月

目 录

第一章　绪　论

第一节　物理实验的目的

大学物理实验是高等学校理工科学生进行科学实验基本训练的一门独立的必修基础课程，是学生进入大学后受到系统实验方法和实验技能训练的开端，是理工科类专业对学生进行科学实验训练的重要基础。学生通过物理实验课的学习，不仅可以加深对物理理论的理解，获得基本的实验知识，掌握基本的实验方法，培养基本的实验技能，而且对培养其良好的实验素质和科学世界观等方面，都起着重要的作用。因此，学好物理实验课是非常重要的。

学习物理实验的目的：

(1)通过对物理现象的观察、分析和对物理量的测量，加深对基本物理概念和基本物理定律的认识和理解。

(2)培养与提高学生的科学实验能力。这些能力包括通过阅读教材和资料，能概括出实验原理和方法的要点，正确使用基本实验仪器，掌握基本物理量的测量方法和各种测量技术；正确记录和处理数据，判断和分析实验结果，撰写合格的实验报告，以及完成简单的具有设计性内容的实验等。

(3)培养与提高学生的科学实验素养。要求学生具有理论联系实际和实事求是的科学作风，严谨踏实的工作作风，主动研究的创新探索精神，遵守纪律、团结协作和爱护实验仪器及其他公共财产的优良品德。

第二节　物理实验课的基本程序

物理实验是学生在教师指导下独立进行和完成的。每次实验学生必须主动努力自觉获取知识和实验技能，绝不仅仅是测出一些实验数据。如果还能进一步去领悟实验中的物理思想方法，那将受益更大。

要达到物理实验课的预期目的，就必须做好物理实验课的三个环节。

1.课前预习

每次实验能否顺利进行，并有所收获，很大程度取决于课前的预习是否认真和充分。预习时要仔细阅读教材，明确实验要求，理解实验原理和方法，了解实验内容以及实验仪器的工作原理和使用方法。有条件的话，可到实验室针对所使用的仪器进行预习，并了解注意事项。最后在阅读理解的基础上，写出书面预习报告。预习报告的内容包括实验名称、实验目的和要求、实验原理和公式(简述)、实验内容、数据记录表格等。对于不清楚的问题也可写上。

2. 课堂实验

这是实验课的主要环节。到实验室后要遵守实验室的规章制度,不会用的仪器不要乱动,实验开始前,教师一般会做简要讲解。应认真听,领会重点、难点,对实验中的注意事项以及容易失误的地方要特别仔细。

实验时,首先安排好仪器的位置,以方便操作和读数为原则,合理布局。其次是对仪器要进行必要的调节,如水平调节、垂直调节、零位调节、量程选择等。调节时要细心,切勿急躁。测量中碰到问题,自己先动脑筋,实在解决不了,请老师帮忙解决。对电学实验,连好线路后先自查,再请老师检查,正确无误才能接通电源。

测量时,应将数据整齐地记录在数据表格中,特别注意有效数字。环境条件(如温度、气压、湿度)也要一一记录。实验中遇到异常现象也应记录,以便进行研究和分析。测量结束后暂不动仪器,请老师检查数据,如有错误和遗漏,则需要重做或补做。待老师在原始数据上签字后,再整理好仪器离开实验室。

3. 实验报告

实验报告是对实验的文字性总结,也是进行交流的资料。一定要形式规范,清楚工整,简明扼要,图表正确,逐步培养以书面形式分析总结科学实验结果的能力。

实验报告包括以下内容:

(1)实验名称、实验者姓名和实验日期。

(2)实验的目的和要求。

(3)实验原理和公式。简明扼要,注重物理内容的简述,数学推导从简。以自己做完实验之后的理解进行整理,不要照抄教材。

(4)实验仪器型号、参数。

(5)实验内容及仪器的主要调节。按实验内容写清实验的主要步骤,以及观察到的物理现象,采用哪些实验方法测量了哪些物理量。

(6)数据记录。能用表格的尽量用表格记录,注意整洁规范。

(7)数据处理。用计算或作图的方法求出实验结果,进行不确定度的估算。最后写出规范的实验结果表达式。

(8)讨论分析。对影响本次实验的主要因素进行讨论,应采取哪些措施以减小测量的不确定度。对实验观察到的现象给予必要的解释。对实验有何建议,有何体会,最后回答必要的思考题等。

第三节　物理实验须知和守则

为了培养学生良好的实验素质和严谨的科学态度,保障学生的人身安全和实验课的正常秩序,特做以下规定。

(1)每次做实验的前一周按老师要求的时间,到实验室进行 1 h 的实验预习,并在下周实验课之前写好实验预习报告。预习报告按教材中的要求完成。没有预习或预习不好的,实验教师可做出处理决定,直至不允许做实验。

(2)迟到 15 min 以上或无故旷课的,不能做实验,本次实验以零分计,不再补做。若有事或生病，要有证明而且要在做实验前与实验课老师取得联系，安排补做。否则，不予安排。

(3)实验时要带预习报告和上次实验的实验报告，缺一不能做实验。

(4)实验的原始数据由教师核查、签名后数据有效。交报告时将原始数据附在报告中。实验完毕要整理好仪器，打扫完卫生，方可离开实验室。

(5)做电学实验时，电源电压先调至“0”，所有开关全部断开，然后按原理图接线，接好线路后先自查，再请老师检查，正确无误后方可通电。

(6)每次实验成绩实行百分制。预习 15 分，实验操作 40 分，实验报告 45 分。

(7)学期末实验课的总成绩为“平时成绩(60％)＋考试成绩(40％)”。

第二章　测量的不确定度

由于人们的认识能力和科学技术水平的限制，实验中对物理量的测量很难完全准确，因此误差存在于一切测量之中，在表达测量结果时不仅要有测量数据和单位，而且还应该给出表示测量质量的某些指标。

传统的表示方法是用误差来表示测量质量的。误差按其性质和产生的原因分为三大类：系统误差、随机误差和粗大误差。然而各个国家和不同学科有不同的看法和规定，有关术语的规定也不统一，从而影响了国际间的交流和对各种成果的相互利用。1993 年国际计量组织(BIPM)、国际电工委员会(IEC)、国际临床化学联合会(IFCC)、国际标准化组织(ISO)、国际理论与应用化学联合会(IUPAC)、国际理论与应用物理联合会(IUPAP)和国际法制计量组织(OIML)等七个国际组织正式发布了“测量不确定度表示指南”(Guide to the Expression of Uncertainty in Measurement，简称 GUM)，为计量标准的国际对比和测量不确定度的统一奠定了基础。为了加速与国际惯例接轨，我国制定了一系列技术标准，计量标准部门也已明确指出应采用不确定度作为误差数字指标的名称。因此物理实验课程也引入不确定度来评定测量结果的质量。

第一节　测量及误差的基本概念

一、测量的含义

所谓测量，就是用一定的工具和仪器，通过一定的方法，直接或间接地与被测对象进行比较。测量是物理实验的基本操作，其实质是被测物理量与选做计量标准单位的同类物理量进行比较的过程。被测量的测量结果应包括数值(即度量的倍数)、单位(标准量的单位)以及结果的可信赖程度(用不确定度表示)。

测量中，选做计量单位的标准必须是国际公认的、唯一的、稳定不变的。例如，真空中的光速是一个不变的量，国际单位制由此规定以光在真空中 1/299 792 458 s 的时间间隔内所经路径的长度作为长度单位——1 m。时间的单位是 s，1 s 是铯(C^{133})原子基态的两个超精细能级之间跃迁所对应的辐射 9 192 631 770 个周期的持续时间。质量的单位是千克(kg)，1 kg 等于国际千克原器的质量。

二、测量的分类

根据获得数据的方法不同，测量可分为直接测量和间接测量两种。

1. 直接测量

把被测量直接与标准量进行比较，或用预先按标准校对好的测量工具或仪表对被测量进行测量，直接读数得到数据，这样的测量就叫直接测量，相应的被测量称为直接测量量。例如，用钢直尺测量钢丝的长度，用秒表测量三线摆的周期等。

2. 间接测量

被测量不能用直接测量的方法得到，而是由一些直接测量量通过一定的函数关系计算出来的，这种测量称为间接测量，相应的被测量称为间接测量量。例如，测量一钢丝的半径 r 是通过测量其直径 d，用公式 $r=d/2$ 计算出来的。测量一立方体的密度是通过对其质量 m、长 l、宽 b 及高 h 的测量，根据密度的定义式 $\rho=m/(lbh)$ 计算出来的。

实际上间接测量远远多于直接测量。实验中的原理、方法、步骤、计算等大都是间接测量的内容；实验方法、实验技术也主要在间接测量的范围内。

此外，测量还可根据测量条件的不同，分为等精度测量与非等精度测量、静态测量与动态测量等。

三、测量误差的分类

按测量误差出现的特点不同，可分为系统误差、随机误差和粗大误差。

1. 系统误差

在一定条件下对同一被测量进行多次测量时，保持恒定或以预知方式变化的测量误差称为系统误差。它包含两类：一是固定值的系统误差，其值（包括正负号）恒定；二是随条件变化的系统误差，其值以确定的、已知的规律随某些测量条件变化。

系统误差来源于测量装置（标准器、仪器、附件和电源等误差）、环境（温度、湿度、气压、振动和电磁辐射等影响）、方法（理论公式的近似限制或测量方法的不完善），以及人本身（测量者感官的不完善，具有某种习惯和偏向）等方面。其产生原因往往可知或能掌握，一经查明就应设法消除其影响。对未能消除的系统误差，若它的符号和大小是确定的，可对测量值加以修正，例如用千分尺测一直径，其零位误差为 0.003 mm，测量值为 0.305 mm，那么消除系统误差后的测量结果为 $0.305-0.003=0.302$ mm；若它的符号和大小都不确定，可设法减小其影响并估计出误差范围。

2. 随机误差

在一定条件下对被测量进行多次测量时，以不可预知的随机方式变化的测量误差称为随机误差。这种误差值时大时小，时正时负，没有规律性，它引起被测量重复测量的变化。

随机误差来源于许多不可控因素的影响，例如，周围环境的无规则起伏，仪器性能的微小波动，观察者感官分辨本领的限制，以及一些尚未发现的因素等。这种误差对每次测量来说没有必然的规律性，但是进行多次重复测量时会出现统计规律性。虽然无法消除或补偿测量结果的随机误差，但增加观测次数可使它减小，并可用统计方法估算其大小。

随机误差与系统误差虽然不同，但并无本质差别。随机误差本身就是许多微小的、独立的、难以控制和不可分解的系统误差的随机组合。另外，系统误差和随机误差还可以在一定条件下相互转化。例如，尺子的分度误差，从制造产品的角度来说是随机误差，但用户使用有分度误差的尺子引起的测量误差则是系统误差。

在实际测量中，虽然应尽可能地限制和消除系统误差，通过多次测量以减小随机误差，但两种误差往往还会同时存在，这就需要按其对测量结果的影响分别对待。

(1) 若系统误差经技术处理后已消除，或远小于随机误差，可按纯随机误差处理；

(2) 若系统误差的影响远远大于随机误差，可按纯系统误差处理；

(3) 若系统误差和随机误差的影响差别不大，两者均不可忽略，则应按不同的方法分别处理并综合两种误差。

3. 粗大误差

明显超出规定条件下预期值的误差称为粗大误差。也就是说，在实验中，由于某种差错使得测量值明显偏离正常测量结果的误差，例如，读错数、计错数、不正确的操作或者环境条件突然变化而引起测量值的错误等。在实验数据处理中，应按一定的规律来剔除粗大误差。

四、测量的精密度、正确度和准确度

为了表达测量误差的大小，常用精密度、正确度和准确度来描述。

(1) 精密度。用来描述重复测量的离散程度，它反映随机误差的大小，精密度高则离散小，重复性好。

(2) 正确度。描述测量结果与真值的接近程度，它反映系统误差对测得值的影响，正确度高表示系统误差小，测得值与真值的偏离小，接近真值的程度高。正确度反映了系统误差的大小。

(3) 准确度。用来描述测量结果与被测量真值之间的一致程度，它反映系统误差与随机误差综合的结果，准确度越高则测量值越接近真值。

图 2.1.1 为射击时的记录图形，图 2.1.1(a) 表示精密度高，正确度低，即随机误差小，系统误差大；图 2.1.1(b) 表示正确度高，但是精密度低，即系统误差小，随机误差大；图 2.1.1(c) 表示准确度高，既精密又正确，系统误差和随机误差都小。

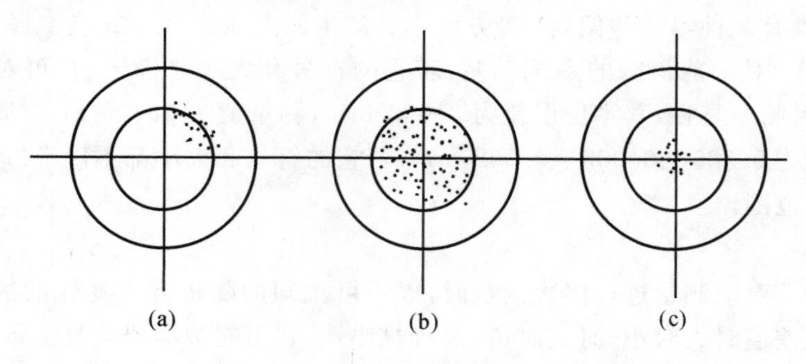

图 2.1.1　射击时的记录图形

(a) 精密度高；(b) 正确度高；(c) 准确度高

第二节　测量值的有效数字

一、测量值的有效数字

1. 有效数字的定义及其基本性质

任何测量仪器都存在仪器误差，受其制约，在使用仪器对被测量进行测量读数时，就只能

读到仪器的最小分度值，这部分是准确数字，称为可靠数字。在最小分度值以下还可以再估读一位，由于估读位带有一定的误差，因而称为可疑数字。我们把有效数字定义为：测量中所有的可靠数字加上末位的可疑数字统称为有效数字。

例如，用钢板尺测长度（见图 2.2.1），其最小分度值为 1 mm，测量值为 2.75 cm，其中 2.7 cm 为可靠数字，0.05 cm 为可疑数字。

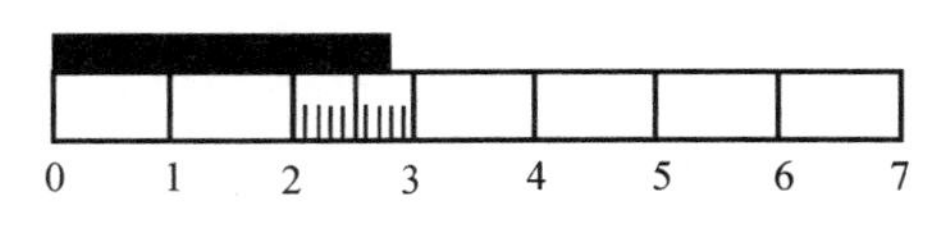

图 2.2.1 米尺的读数

(1) 有效数字的位数。在长度测量中，可以用米尺、游标卡尺、千分尺去测量同一长度，其结果分别为 2.75 cm，2.752 cm，2.752 1 cm，可见，有效数字的位数与测量仪器的精度有关。测量仪器的精度越高，测量值的有效位数就越高。

有效数字的位数还与被测量本身的大小有关。例如，用米尺测得 2.75 cm 与 12.75 cm 两个不同长度，其有效位数也不一样。

此外，有效数字的位数还与测量方法有关。例如用秒表测量三线摆的周期，其误差主要是由启动和制动时手与目协调的程度决定的，一般误差为 0.2 s。若不考虑别的误差，如果只测一个周期，$T=(1.5\pm0.2)$ s；若连续测 50 个周期，$50T=73.5$ s，有 $T=1.47$ s，$\Delta T=0.2/50=0.004$ s，误差与测量的有效数字相比可忽略。

(2) 有效数字的位数与小数点的位置无关，单位换算时有效数字的位数不变。对有效数字中的“0”要特别注意，数字前面的“0”不是有效数字，而数字中的“0”和数字后面的“0”均为有效数字。如 0.0270，2.70，27.0 均为三位有效数字。要注意的是，2.70 中最后的“0”表示可疑数字，不能省略，为三位有效数字；而 2.7 则为两位有效数字，其中“7”为可疑数字。因此，2.70 cm $\neq$2.7 cm，因为它们的内涵是不同的。

2. 有效数字与不确定度的关系

测量结果的有效数字的末位是可疑数字，具有不确定性，与此相应，绝对不确定度也只取一位有效数字。对一次直接测量结果的有效数字，由仪器的不确定度来确定；多次直接测量算术平均值的有效数字由计算得到平均值的不确定度来确定；间接测量结果的有效数字，也是先计算结果的不确定度，再由不确定度来确定。

由于有效数字最后一位是不确定度所在位，因此有效数字在一定程度上反映了测量结果的不确定度。

3. 测量值的科学表示法

在进行单位换算时，有时会出现这样的情况，2.75 m $=$275 cm $\neq$ 2 750 mm，因为前者是三位有效数字，而后者是四位有效数字。用科学计数法可避免出现这样的问题，即将测量数据写成 $A\times10^n$ 形式。上式可写成 2.75 m $=2.75\times10^2$ cm $=2.75\times10^3$ mm。

二、有效数字的运算规则

有效数字的运算规则如下：

(1) 准确数字与准确数字运算，仍为准确数字。

(2) 准确数字与可疑数字运算，则为可疑数字。

(3) 可疑数字与可疑数字运算后，为可疑数字。

(4) 保留有效数字的原则是：运算后的结果只保留一位可疑数字，其后的数字按“四舍六入五凑偶”的规则处理。

从以上规则出发，可得四则运算的法则。为表述简单明了，一是省略单位，二是在可疑数字下方加一横线。

1. 加减运算规则($N=x\pm y$)

加减运算中，和或差的可疑数字所占的位数，与参与运算的各数据项中可疑数字所占位数最高的相同。即运算前，先以各分量中有效位数最少的分量为准，将其他分量以比最少分量的有效位数多一位进行取舍，再进行运算。

例如：

$$32.\underline{1}+3.27\underline{6}=32.\underline{1}+3.2\underline{8}=35.\underline{38}=35.\underline{4}=3.5\underline{4}\times 10$$

$$26.6\underline{5}-3.926\underline{4}=26.6\underline{5}-3.92\underline{6}=22.7\underline{24}=2.27\underline{2}\times 10$$

若各分量给出不确定度，则先算出合成绝对不确定度，再把各分量的位数取到和合成不确定度所在位数相同或低一位进行运算。

例如：

$$N=x+y+z$$

$$x=98.2\underline{4}\pm 0.02,\quad y=98.\underline{3}\pm 0.1,\quad z=98.30\underline{1}\pm 0.001$$

则

$$u(N)=\sqrt{u^2(x)+u^2(y)+u^2(z)}=\sqrt{0.02^2+0.1^2+0.001^2}=0.1$$

$$N=x+y+z=98.2\underline{4}+98.\underline{3}+98.30=294.\underline{84}$$

N 的测量结果表示为

$$N=294.\underline{8}\pm 0.1$$

2. 乘除运算法则

(1) 乘除运算中，其结果的有效数字的位数一般与各分量中有效位数最少的相同。运算前，各分量的舍入原则与加减法中相同。

例如：

$$53.4\underline{8}\times 1.0\underline{5}=56.\underline{1540}=5.6\underline{2}\times 10$$

$$53.4\underline{8}\div 1.0\underline{5}=50.\underline{933}=5.0\underline{9}\times 10$$

(2) 在乘法运算中，如果它们的最高位相乘的积大于或等于10时，则其结果的有效数字应比各分量中有效数字位数最少的多一位。

例如：

$$53.4\underline{8}\times 2.0\underline{5}=109.\underline{6340}=1.09\underline{6}\times 10^2$$

在除法运算中，若被除数有效数字的位数小于或等于除数有效数字的位数，并且它的最高位的数小于除数最高位的数，则商的有效数字的位数应比被除数少一位。

例如：

$$2.0\underline{5}\div 53.4\underline{8}=0.03\underline{83}=3.\underline{8}\times 10^{-2}$$

(3) 若给出各分量不确定度，先以各分量中有效位数最少的为准，将其他各分量取到比它多一位，计算 N。再按误差传递公式求出其相对合成不确定度，最后算出绝对不确定度，并根据其有效数字的位数决定结果的有效数字的位数。

例如：

$$N=xy/z$$

$$x=5.3\underline{7}\pm 0.05,\quad y=12.\underline{1}\pm 0.1,\quad z=10.05\underline{6}\pm 0.003$$

则

$$N=xy/z=5.3\underline{7}\times 12.\underline{1}/10.0\underline{6}=6.4\underline{6}$$

$$\frac{u(N)}{N}=\sqrt{\left(\frac{u(x)}{x}\right)^2+\left(\frac{u(y)}{y}\right)^2+\left(\frac{u(z)}{z}\right)^2}=$$

$$\sqrt{\left(\frac{0.05}{5.37}\right)^2+\left(\frac{0.1}{12.1}\right)^2+\left(\frac{0.003}{10.056}\right)^2}=0.012$$

$$u(N)=6.4\underline{6}\times 0.012=0.08$$

N 的结果表示为

$$N=6.46\pm 0.08$$

3. 乘方、开方运算规则

遵循乘除法的运算规则。

4. 函数的运算规则

函数运算结果的有效数字位数仍是由合成绝对不确定度决定的。若直接测量值没有表明不确定度，则取直接测量值的最后一位作为不确定度代入。在物理实验中，为简便规定如下：

(1) 三角函数：由角度的有效位数，即以仪器的准确度确定，如能读到 $1'$，一般取四位有效数字。例如：

$$\sin 30°00'=0.500\,0$$

$$\cos 9°24'=0.986\,6$$

$$\tan 45°05'=1.003$$

(2) 对数函数：对数尾数的有效数字位数与真数的有效数字位数相同。例如：

$$\lg 19.83=1.297\,3$$

$$\lg 1.983=0.297\,3$$

$$\lg 0.198\,3=-\bar{1}.297\,3$$

(3) 指数函数：把 e^x，10^x 的运算结果用科学计数法表示，小数点前保留一位，小数点后面保留的位数与 x 在小数点后的位数相同，包括紧接小数点后的"0"。例如：

$$e^{9.24}=1.03\times 10^4$$

$$e^{52}=4\times 10^{22}$$

$$10^{6.25}=1.78\times 10^6$$

$$10^{0.003\,5}=1.008\,1$$

5. 纯数学数和常数的有效位数

如 2/3，π，e 等的有效数字可以认为是无限的。在计算中一般取与各测量值位数最多的相同或多取一位。

例如：　　$L=2\pi R,\quad R=2.07\underline{4}$

常数"2"的有效位数是无限的，π 取 3.1416 或 3.142 均可。

三、有效数字尾数的舍入（修约）规则

(1) 为了使舍入的概率相等，使舍入误差具有正负相消的均等机会，以减小最后结果的舍入误差，采用"四舍六入五凑偶"的方法。

例如：将下列数值取到四位有效数字。

12.1347 → 12.13

12.1361 → 12.14

12.1350 → 12.14

12.1450 → 12.14

(2) 不允许连续舍入。在确定有效位数后，应当一次舍入得到结果，不得逐次进行舍入。例如：将 13.454 6 取到两位有效数字。

正确做法：13.454 6 → 13

错误做法：13.454 6 → 13.455 → 13.46 → 13.5 → 14

四、测量仪器的有效数字

实验原始数据都是通过一定的实验方法，在一定的实验条件下，通过一定的测量仪器获得的。一般来说，数据采集时取到产生误差的那一位，未给出误差或不明确的就读至仪器最小分度的下一位(估读)。物理实验中，常用仪器可分为下列几类：

(1) 直接给出不确定度限值，根据其不确定度的概率分布由公式 $u_{B2}(x)=\frac{a}{c}$ 来计算仪器的不确定度。式中，a 是仪器说明书上所标明的最大误差或最大允差、公差、不确定度限值等，c 是一个与仪器不确定度 u_{B2} 的概率分布特性有关的常数，称为置信因子。

(2) 没有给出不确定度的限值，但给出了仪器的不确定度等级，则其不确定度限值 $a=$ 满量程值 $\times a\%$，其中 a 为不确定度的等级。例如，一指针式电流表的量程为 1 A，等级为 1 级，则其不确定度限值 $a=1\ \text{A}\times 1\%=0.01\ \text{A}$；又如，电阻箱的不确定度的限值等于示值乘以等级再加上零值电阻，因为各挡的等级不同，因此计算时应分挡计算。如果用 ZX21 型电阻箱测得一电阻的示值为 120.3 Ω，零值电阻为 0.02 Ω，则其不确定度限值为 $a=(100\times 0.1\%+20\times 0.2\%+0\times 0.5\%+0.3\times 5\%+0.02)\ \Omega=0.18\ \Omega$。

(3) 数字式仪表的不确定度限值通常采取 $a=$ 读数 $\times$ 某百分数 $+$ 最末位的几个单位(具体见说明书)。

第三节　测量不确定度的评定

一、测量不确定度的基本概念和分类

由于测量误差不可避免，使得真值也无法确定；而真值不知道，也就无法确定误差的大小，因此，实验数据处理只能求出实验的最佳估计值及其不确定度，通常把结果表示为

$$\text{测量值}=(\text{最佳估计值}\pm\text{不确定度})\ \text{单位}\quad (P=\quad)$$

或

$$x=(x_0\pm u)\ \text{单位}\quad (P=\quad) \tag{2.3.1}$$

实验测量中，消除已定的系统误差后仍然存在着随机误差和未定系统误差。设被测量 x 的测量值为 $x_1,x_2,\cdots,x_n$ 则最佳估计值为算术平均值

$$\bar{x}=\frac{1}{n}\sum_{i=1}^{n}x_i\quad (i=1,2,\cdots,n) \tag{2.3.2}$$

测量不确定度是指由于测量误差的存在而对测量值不能肯定的程度。它是表征测量结果具有分散性的一个参数，是被测量的真值在某个量值范围的一个评定。或者说测量不确定度表示测量误差可能出现的范围，表征合理的赋予被测量的分散性。常记为 u。由此可见，不确定度与误差有区别，误差是一个理想的概念，一般不能准确知道，但不确定度反映误差存在的分布范围，即随机误差分量和未定系统误差分量综合的分布范围。式(2.3.2) 测量结果是一

个范围$[\bar{x}-u,\bar{x}+u]$，即待测物理量的真值以一定的概率(称为置信概率)P落在区间(称置信区间)$[\bar{x}-u,\bar{x}+u]$内，对于正态分布P取0.683。

测量不确定度的分类：与传统的误差计算不同，不确定度取消了“系统”与“随机”的分类方法，而将不确定度分为以下三类：

(1) A类标准不确定度：在同一条件下多次测量，即由一系列观测结果的统计分析方法估算的不确定度，称为A类不确定度。

(2) B类标准不确定度：用非统计方法估算的不确定度，称为B类不确定度。

(3) 合成标准不确定度：某测量值的A类与B类不确定度按一定规则算出的测量结果的标准不确定度，称为合成不确定度。

二、标准不确定度的评定

1. A类不确定度(u_A)的评定

被测量x在相同条件下独立测量n次，用测量值的算术平均值$\bar{x}=\frac{1}{n}\sum_{i=1}^{n}x_i$作为测量结果。它的A类不确定度$u_A$由标准偏差$s$乘以因子$(t/\sqrt{n})$来求得，即

$$u_A(\bar{x})=(t/\sqrt{n})s=t\frac{s}{\sqrt{n}} \tag{2.3.3}$$

式中，t称为“t因子”，它与测量次数和置信概率有关。s是由贝塞尔公式

$$s=\sqrt{\frac{\sum_{i=1}^{n}(x_i-\bar{x})^2}{n-1}} \tag{2.3.4}$$

算出来的标准偏差。这是在随机误差服从或近似服从正态分布的前提下得出的。实际测量时只能进行有限次测量，这时随机误差不严格服从正态分布，而是服从t分布。t因子的数值可以根据测量次数和置信概率查表2.3.1得到。

表2.3.1　不同测量次数下t因子的数值

n	3	4	5	6	7	8	9	10	∞
$t_{0.683}$	1.32	1.20	1.14	1.11	1.09	1.08	1.07	1.06	1.00
$t_{0.95}$	4.30	3.18	2.78	2.57	2.45	2.36	2.31	2.26	1.96

由表2.3.1可以看出，当测量次数较少或置信概率较高时，$t>1$；当测量次数$\geqslant 10$且置信概率为68.3%时，$t\approx 1$。在普通物理实验中，为了简便，一般取$t=1$。则有

$$u_A(\bar{x})=\sqrt{\frac{\sum_{i=1}^{n}(x_i-\bar{x})^2}{n(n-1)}} \tag{2.3.5}$$

2. B类不确定度(u_B)的评定

若对某物理量x进行单次测量，那么B类不确定度由测量不确定度$u_{B1}(x)$和仪器不确定度$u_{B2}(x)$两部分组成。

(1) 测量不确定度 $u_{B1}(x)$。测量不确定度 $u_{B1}(x)$ 是由估读引起的。在测量中，通常取仪器分度值 1/2，1/5，1/10 作为估计值。但也要视具体情况而定。例如，在测钢丝的杨氏模量实验中用米尺测量反射镜到标尺之间的距离，由于米尺两端很难与被测物对齐以及很难保证米尺与被测物垂直，因而测量不确定度可取 2 mm。

(2) 仪器不确定度 $u_{B2}(x)$。仪器不确定度 $u_{B2}(x)$ 是由仪器本身的特性所决定的，它定义为

$$u_{B2}(x)=\frac{a}{c} \tag{2.3.6}$$

通常仪器不确定度 $u_{B2}(x)$ 的概率分布有正态分布、均匀分布及三角分布等，对应的置信因子 c 分别取 3，$\sqrt{3}$ 和$\sqrt{6}$。如果仪器说明书上只给出不确定度的限值，却没有给出不确定度概率分布的数值，一般按均匀分布处理，即取$c=\sqrt{3}$。

3. 标准不确定度的合成与传递

(1) 标准不确定度的合成。对于直接测量量的标准不确定度的合成采用“方和根”法，即

$$u(x)=\sqrt{u_A^2(x)+u_B^2(x)} \tag{2.3.7}$$

在相同条件下，对被测量 x 进行多次测量时，其标准不确定度 $u(x)$ 由 A 类不确定度 $u_A(x)$ 和 B 类的仪器不确定度 $u_{B2}(x)$ 合成，即

$$u(x)=\sqrt{u_A^2(x)+u_{B2}^2(x)} \tag{2.3.8}$$

若对被测量进行单次测量时，其标准不确定度 $u(x)$ 由 B 类的测量不确定度 $u_{B1}(x)$ 和仪器不确定度 $u_{B2}(x)$ 合成，即

$$u(x)=\sqrt{u_{B1}^2(x)+u_{B2}^2(x)} \tag{2.3.9}$$

(2) 标准不确定度的传递。设间接测量量 y 与直接测量量 $x_i(i=1,2,\cdots,n)$ 的函数关系为

$$y=f(x_1,x_2,\cdots,x_n) \tag{2.3.10}$$

式中，$x_1,x_2,\cdots,x_n$ 均为彼此相互独立的直接测量量，每一个直接测量量都为等精度测量。由于直接测量量存在不确定度，那么由直接测量量经过运算得到的间接测量量也必然存在不确定度，这就叫不确定度的传递。

若每个直接测量量 $x_1,x_2,\cdots,x_n$ 的标准不确定度相应为 $u(x_1),u(x_2),\cdots,u(x_n)$，则测量结果 y 的标准不确定度 $u(y)$ 的传递公式如下：

绝对不确定度

$$u(y)=\sqrt{\left(\frac{\partial f}{\partial x_1}\right)^2u^2(x_1)+\left(\frac{\partial f}{\partial x_2}\right)^2u^2(x_2)+\cdots+\left(\frac{\partial f}{\partial x_n}\right)^2u^2(x_n)}=\sqrt{\sum_{i=1}^{n}\left(\frac{\partial f}{\partial x_i}\right)^2u^2(x_i)} \tag{2.3.11}$$

相对不确定度

$$\frac{u(y)}{y}=\sqrt{\left(\frac{\partial \ln f}{\partial x_1}\right)^2u^2(x_1)+\left(\frac{\partial \ln f}{\partial x_2}\right)^2u^2(x_2)+\cdots+\left(\frac{\partial \ln f}{\partial x_n}\right)^2u^2(x_n)}=\sqrt{\sum_{i=1}^{n}\left(\frac{\partial \ln f}{\partial x_i}\right)^2u^2(x_i)} \tag{2.3.12}$$

一些常用函数的不确定度传递公式在表 2.3.2 中列出。

表 2.3.2 常用函数的不确定度传递公式

函数表达式	测量不确定度的传递公式
$y=x_1+x_2$	$u(y)=\sqrt{u^2(x_1)+u^2(x_2)}$
$y=x_1x_2$ 或 $y=\frac{x_1}{x_2}$	$\frac{u(y)}{y}=\sqrt{\left[\frac{u(x_1)}{x_1}\right]^2+\left[\frac{u(x_2)}{x_2}\right]^2}$
$y=kx$	$u(y)=ku(x)$
$y=x^{\frac{1}{k}}$	$\frac{u(y)}{y}=\frac{1}{k}\frac{u(x)}{x}$
$y=\sin x$	$u(y)=\|\cos x\|u(x)$
$y=\ln x$	$u(y)=\frac{u(x)}{x}$

需要注意的是，当函数为加减关系时，可先求函数的绝对不确定度 $u(y)$；当函数为乘除关系时，应先求函数的相对不确定度$\frac{u(y)}{y}$，然后再由$\frac{u(y)}{y}\bar{y}$ 求出绝对不确定度。

三、测量结果及不确定度的表示

直接测量量的结果表示为

$$\left.\begin{aligned}x&=\bar{x}\pm u(x)\\E_x&=\frac{u(x)}{\bar{x}}\times 100\%\end{aligned}\right\}\qquad(2.3.13)$$

间接测量量的结果表示为

$$\left.\begin{aligned}y&=\bar{y}\pm u(y)\\E_y&=\frac{u(y)}{\bar{y}}\times 100\%\end{aligned}\right\}\qquad(2.3.14)$$

需要说明的是，在普通物理实验中，绝对不确定度只取一位有效数字(中间运算可取两位)；相对不确定度一般取两位。测量结果末位有效数字应与不确定度的有效数字对齐。尾数的舍入可采用“四舍六入五凑偶”的规则。

在具体的实验中，有时不要求或很难评定测量结果的不确定度，这时就用测量结果的有效数字来表示不确定度，即测量结果的有效数字的最后一位表示不确定度所在位。

四、测量结果不确定度评定步骤及例题

由以上的内容，可将测量不确定度的计算步骤总结见表 2.3.3 和表 2.3.4。

表 2.3.3　直接测量结果不确定度的评定步骤

1.列表记录实验数据	$x_1,x_2,\cdots,x_n$(n 为数据个数)
2.求最佳估计值 $\bar{x}$	$\bar{x}=\frac{1}{n}\sum_{i=1}^{n}x_i$
3.计算不确定度 A 类分量	$u_A(\bar{x})=\sqrt{\frac{\sum_{i=1}^{n}(x_i-\bar{x})^2}{n(n-1)}}$
4.计算不确定度的 B 类分量	$u_{B2}(x)=\frac{a}{c}$
5.计算合成不确定度 $u(x)$	$u(x)=\sqrt{u_A^2(\bar{x})+u_{B2}^2(x)}$
6.计算相对不确定度	$E_x=\frac{u(x)}{\bar{x}}\times 100\%$
7.表示测量结果	$x=(\bar{x}\pm u(x))$ 单位　($P=0.683$) $E_x=\frac{u(x)}{\bar{x}}\times 100\%$

表 2.3.4　间接测量结果不确定度评定步骤

1.按表 2.3.3 的方法表示各直接测量量	$x_1=\bar{x}_1\pm u(x_1),x_2=\bar{x}_2\pm u(x_2),\cdots,x_n=\bar{x}_n\pm u(x_n)$
2.求最佳估计值	$\bar{y}=f(\bar{x}_1,\bar{x}_2,\cdots,\bar{x}_n)$
3.计算不确定度 $u(y)$	$u(y)=\sqrt{\sum_{i=1}^{n}\left(\frac{\partial f}{\partial x_i}\right)^2u^2(x_i)}$
4.计算相对不确定度	$E_y=\sqrt{\sum_{i=1}^{n}\left(\frac{\partial \ln f}{\partial x_i}\right)^2u^2(x_i)}$
5.表示测量结果	$y=(\bar{y}\pm u(y))$ 单位　($P=0.683$) $E_y=\frac{u(y)}{\bar{y}}\times 100\%$

例 2.3.1　用物理天平和游标卡尺测量黄铜圆柱体的密度并计算其不确定度。

用卡尺测圆柱体的直径、高度,测得数据见表 2.3.5。

表 2.3.5

测量次数 / 次	1	2	3	4	5	6
直径 d/mm	16.06	16.10	16.08	16.08	16.08	16.06
高度 h/mm	18.14	18.20	18.16	18.16	18.18	18.16

卡尺的量程为 0 ～ 125 mm，分度值为 0.02 mm，不确定度限值为 0.02 mm。

用称量 500 g 的物理天平测其质量 $m=31.18$ g，已知天平的不确定度的限值为 0.01 g。

解 (1) 黄铜圆柱体的密度 ρ。

直径 d 的平均值为

$$\bar{d}=\frac{1}{6}\sum_{i=1}^{6}d_i=16.08\ \text{mm}$$

高度 h 的平均值为

$$\bar{h}=\frac{1}{6}\sum_{i=1}^{6}h_i=18.17\ \text{mm}$$

圆柱体的质量为

$$m=31.18\text{g}$$

圆柱体的密度为

$$\bar{\rho}=\frac{4m}{\pi\bar{d}^2\bar{h}}=\frac{4\times 31.18}{3.1416\times 16.08^2\times 18.17}=8.450\times 10^{-3}\ \text{g/mm}^3$$

(2) 直径 d 的不确定度。

A 类评定：

$$u_{\text{A}}(\bar{d})=\sqrt{\frac{\sum\limits_{i=1}^{6}(d_i-\bar{d})^2}{n(n-1)}}=0.006\ \text{mm}$$

B 类评定：游标卡尺的不确定度为 0.02 mm，按近似均匀分布，则有

$$u_{\text{B2}}(d)=0.02/\sqrt{3}=0.01\ \text{mm}$$

d 的合成不确定度

$$u(d)=\sqrt{u_{\text{A}}^2(\bar{d})+u_{\text{B2}}^2(d)}=\sqrt{0.006^2+0.01^2}=0.01\ \text{mm}$$

(3) 高度 h 的不确定度。

A 类评定：

$$u_{\text{A}}(\bar{h})=\sqrt{\frac{\sum\limits_{i=1}^{6}(h_i-\bar{h})^2}{n(n-1)}}=0.009\ \text{mm}$$

B 类评定：游标卡尺的不确定度为 0.02 mm，则

$$u_{\text{B2}}(h)=0.02/\sqrt{3}=0.01\ \text{mm}$$

h 的合成不确定度

$$u(h)=\sqrt{u_{\text{A}}^2(\bar{h})+u_{\text{B2}}^2(h)}=\sqrt{0.009^2+0.01^2}=0.01\ \text{mm}$$

(4) 质量 m 的不确定度。

用物理天平测量 m 时，测量不确定度取其最小分度值 0.02 g 的一半，即

$$u_{B1}(m)=\frac{0.02}{2}=0.01\ \mathrm{g}$$

天平的不确定度限值为 0.01 g，则有

$$u_{B2}(m)=\frac{0.01}{\sqrt{3}}=0.006\ \mathrm{g}$$

m 的合成不确定度

$$u(m)=\sqrt{u_{B1}^2(m)+u_{B2}^2(m)}=\sqrt{0.01^2+0.006^2}=0.01\ \mathrm{g}$$

(5) 铜密度的合成不确定度。

$$E_\rho=\frac{u(\rho)}{\rho}=\sqrt{\left[\frac{2u(d)}{\bar{d}}\right]^2+\left[\frac{u(h)}{\bar{h}}\right]^2+\left[\frac{u(m)}{m}\right]^2}=$$

$$\sqrt{\left(\frac{2\times0.01}{16.08}\right)^2+\left(\frac{0.01}{18.17}\right)^2+\left(\frac{0.01}{31.19}\right)^2}=0.0014=0.14\%$$

$$u(\rho)=\bar{\rho}E_\rho=8.450\times10^{-3}\times0.0014=0.01\times10^{-3}\ \mathrm{g/mm^3}$$

(6) 铜密度的测量结果。

$$\begin{cases}\rho=(8.45\pm0.01)\times10^{-3}\ \mathrm{g/mm^3}\\ E_\rho=0.14\%\end{cases}$$

第四节　数据处理的常用方法

实验的最终目的是从测量数据中找出物理量之间的内在规律，或验证某种理论。这些任务都要依赖正确的数据处理方法，亦即对测量的原始数据通过必要的整理分析，归纳计算，或通过作图得出实验结论，它贯穿于整个物理实验教学之中，都是应该逐步熟悉和掌握。

数据处理的方法较多，应用到的数理统计知识十分复杂。这里只介绍物理实验中常用的列表法、作图法、逐差法和线性回归法。

一、列表法

物理实验中，常常把实验的测量数据按照一定的形式和次序排列成表格来表示，既可以简单明确地表示出物理量之间的对应关系，又便于分析和发现数据之间的规律性。

列表的要求如下：

(1) 根据实验内容合理设计表格的形式。首先明确所要测量的物理量，然后根据测量的先后次序和测量次数，直接测量量和间接测量量等关系在表中预先写好。

(2) 要有表名，各栏目必须标明物理量的名称、符号、单位及数值的数量级，或用物理量与单位的比值来表示，例如周期 T/s，表示物理量 T 的单位是 s。

(3) 表中所列的数据要能正确反映测量结果的有效数字。

(4) 提供与表格有关的说明，并列于表格的上部或下部。如仪器的规格、型号、不确定度限值，有关的环境数据如温度、湿度、压强，以及引入的常数和物理量等。

例 2.4.1　用千分尺(螺旋测微计)测量圆柱体的体积(见表 2.4.1)。

表　2.4.1

等级____量程____分度值____零值____(mm)　　　　　　____年____月____日

<table>
<tr><td rowspan="2">项目</td><td colspan="8">测量次数</td></tr>
<tr><td>1</td><td>2</td><td>3</td><td>4</td><td>5</td><td>6</td><td>平均</td><td>标准偏差</td></tr>
<tr><td>直径 d/mm</td><td></td><td></td><td></td><td></td><td></td><td></td><td></td><td></td></tr>
<tr><td>高度 h/mm</td><td></td><td></td><td></td><td></td><td></td><td></td><td></td><td></td></tr>
<tr><td rowspan="3"></td><td colspan="2">平均值 $\bar{V}/\text{mm}^3$</td><td colspan="4">相对不确定度
$E_V=\sqrt{4\left[\frac{u(d)}{d}\right]^2+\left[\frac{u(h)}{h}\right]^2}$</td><td colspan="2">不确定度 $u(V)/\text{mm}^3$</td></tr>
<tr><td colspan="2"></td><td colspan="4"></td><td colspan="2"></td></tr>
<tr><td colspan="8">测量结果 $V=\bar{V}\pm u(V)=$ __________ mm^3</td></tr>
</table>

二、作图法

在实验中，为了清晰地看到各个物理量之间的关系，常常采用作图法处理数据。所谓作图法就是在坐标纸上将一系列数据之间的关系或其变化情况用图线直观地表示出来，它能清晰、定量地反映出物理量之间的变化规律，找出对应的函数关系。其优点是简便、形象、直观，有多次测量取其平均效果的作用。但不是建立在严格统计基础上，且受人为因素影响的一种较为粗略的数据处理方法。作图法一般遵循以下规则。

1. 选用合适的坐标纸

根据物理量之间的函数关系选用合适的坐标纸。常用的坐标纸有方格纸、单对数坐标纸(一个方向用对数分度，另一个方向是方格分度)、双对数坐标纸(两个方向都是对数分度)、极坐标纸等。坐标纸的大小应根据测量数据的有效数字确定，即应使坐标纸的最小分格与测量数据中可靠数字的最末一位对应。

2. 确定坐标轴的比例与标度

以横轴代表自变量，纵轴代表因变量，画出坐标轴，标明方向，并注明其所代表的物理量名称、符号、单位及数据的数量级。如不画箭头，则在轴中部或轴的外侧标记。

方格纸可等间隔标定，一般取 1 格表示原始数据的量值变化为 1,2,5 等数。为了使图线布局合理，应选取适当的比例和坐标轴的起点，使图形比较对称地充满整个图纸，因此坐标轴的标度不一定从零开始。

3. 描点和连线

将数据用点描在图纸上。用符号"+""•""。""×"将点明显标注，属于同一条图线的点，用同一符号标注所描的点。除校正图线要用折线外，一般应根据数据点的分布和趋势连接成细而光滑的直线或曲线，连接时要用直尺或曲线板等作图工具。连线时不必要求图线经过所有的点，但要求位于图线两侧的点基本均衡，如个别点偏离图线过远，可舍去。

4. 求斜率和截距

若图线为直线，其方程为 $y=kx+b$。求斜率时常用两点法，即在所画直线的两端取两点(非实验点)，并用不同于实验点的符号标出点以及坐标，如 $A(x_1,y_1)$，$B(x_2,y_2)$，用

$$k=\frac{y_2-y_1}{x_2-x_1} \tag{2.4.1}$$

来计算斜率。求截距时，若横坐标轴的起点为零，则可直接从图线上读取截距 b 的值；若横坐标轴的起点不为零，则直线与纵轴的交点不是截距。这时常用点斜式求出，即在图线上再选取一点 $C(x_3,y_3)$，代入直线方程求得

$$b=y_3-\frac{(y_2-y_1)}{(x_2-x_1)}x_3 \tag{2.4.2}$$

求出斜率和截距就可写出具体的直线方程。

5. 写清图名和图注

在实验报告的图纸上应写明实验名称、图名、姓名、日期及实验条件，必要时还要写注释和说明。

三、逐差法

逐差法也是物理实验中常用的数据处理方法。凡是自变量作等间隔变化，且变量的函数关系为多项式形式时，即

$$y=a_0+a_1x+a_2x^2+a_3x^3+\cdots \tag{2.4.3}$$

则可采用逐差法处理数据。

逐差法的含义：将测量数据按次序排列，分成前后两组，要求各组数据个数相同。运算时，用后面的一组数据依次与前面的一组数据对应相减，即后面一组的第一个数据与前面一组的第一个数据相减，接着两组中对应的第二个数据再相减 …… 直至处理完所有的数据。然后取其平均值求得结果，这就称为一次逐差法。把一次逐差值再做逐差，然后计算结果的称为二次逐差。

经过第一次逐差后，所得的各差值如果是个常数，表明因变量和自变量为线性关系。如果经过两次逐差后所得各项的差值为常数，则表明因变量和自变量的二次方成线性关系。逐差法只适用于一次和二次多项式。

例 2.4.2 用拉伸法测量钢丝的杨氏模量 E 时，公式为

$$E=\frac{F/S}{\Delta L/L}$$

利用光杠杆放大原理 $E=\dfrac{8FLD}{\pi d^2 b\Delta n}$，此式中 Δn 为增加等值砝码时通过望远镜，观测到的标尺的读数。

现在以求 Δn 为例，列举所测得的数据见表 2.4.2。

表 2.4.2　增、减砝码时的标尺读数

测量次数	砝码质量 m/kg	望远镜中标尺读数 /mm			用逐差法计算 $\Delta n_{i+4,i} = (\bar{n}_{i+4} - \bar{n}_i)$ mm
		逐个增加砝码时 n_i	逐个减少砝码时 n_i	平均 $\bar{n}_i$	
1	0	0.0	0.0	0.0	$\Delta n_{51} = 28.2$
2	1×0.32	7.2	7.1	7.2	
3	2×0.32	14.1	14.1	14.1	$\Delta n_{62} = 28.1$
4	3×0.32	21.2	21.1	21.2	
5	4×0.32	28.2	28.2	28.2	$\Delta n_{73} = 28.3$
6	5×0.32	35.4	35.2	35.3	
7	6×0.32	42.4	42.3	42.4	$\Delta n_{84} = 28.4$
8	7×0.32	49.6	49.6	49.6	
平均值$\overline{\Delta n}$/mm					28.2

从表中可以看出，Δn 是个常数，表明了引起伸长量变化的因素 —— 砝码的质量与伸长量的变化成线性关系，即 $\Delta n \propto m$。

四、最小二乘法与线性回归

物理量之间的关系可以用作图法来表示，也可以用函数式表示。作图法虽然比较直观，但有很大的主观性，得出的结果也比较粗糙。

若两个物理量 x，y 满足线性关系，如何从一组带有误差的实验数据中找出一个最佳的函数形式（或拟合一条直线），使其函数值符合观测点的测量值，且少数偏离直线的测量点基本上均衡地分布在直线两侧附近。采用最小二乘法可以很好地解决这一问题。

1. 用最小二乘法进行一元线性回归

最小二乘法认为：若最佳拟合直线为 $y=f(x)$，则所测各 y_i 的值与拟合直线上相应的各估计值 $\hat{y}_i = f(x_i)$ 之间的偏差二次方和为最小，即

$$s = \sum_{i=1}^{n} (y_i - \hat{y}_i)^2 \rightarrow \min(\text{极小}) \tag{2.4.5}$$

为了使问题简化，需要做两条假设：

(1) 所有测量是等精度的；

(2) 两个测量值 $(x_i, y_i; i=1,2,\cdots,n)$ 中 x_i 是准确的，而所有的不确定度只联系着 y_i。

若线性方程为 $y=ax+b$，实验的测量值为 (x_i, y_i)，如果由实验测量值确定出 a，b 值，那么线性拟合的问题也就解决了，该直线也就确定了。

将 $y=ax+b$ 代入式(2.4.5)，有

$$s=\sum_{i=1}^{n}(y_i-ax_i-b)^2\rightarrow \min \tag{2.4.6}$$

根据求极小值的方法，令式(2.4.6)的一阶导数为零，即

$$\left.\begin{aligned}\frac{\partial s}{\partial a}&=-2\sum_{i=1}^{n}(y_i-ax_i-b)x_i=0\\ \frac{\partial s}{\partial b}&=-2\sum_{i=1}^{n}(y_i-ax_i-b)=0\end{aligned}\right\} \tag{2.4.7}$$

给上式两边均除以 n，且令

$$\bar{x}=\frac{1}{n}\sum_{i=1}^{n}x_i$$

$$\bar{y}=\frac{1}{n}\sum_{i=1}^{n}y_i$$

$$\overline{x^2}=\frac{1}{n}\sum_{i=1}^{n}x_i^2$$

$$\overline{xy}=\frac{1}{n}\sum_{i=1}^{n}x_iy_i$$

可得

$$\left.\begin{aligned}&\overline{xy}-a\overline{x^2}-b\bar{x}=0\\ &\bar{y}-a\bar{x}-b=0\end{aligned}\right\} \tag{2.4.8}$$

解上述方程组得

$$\left.\begin{aligned}a&=\frac{\bar{x}\,\bar{y}-\overline{xy}}{\bar{x}^2-\overline{x^2}}=\frac{l_{xy}}{l_{xx}}\\ b&=\bar{y}-a\bar{x}\end{aligned}\right\} \tag{2.4.9}$$

其中

$$l_{xy}=\bar{x}\,\bar{y}-\overline{xy}$$

$$l_{xx}=\bar{x}^2-\overline{x^2}$$

由式(2.4.9)可知，a，b 求出后，所拟合的直线方程就被唯一地确定了，并且该直线必然通过$(\bar{x},\bar{y})$这一点。

2.线性回归是否合理的检验

待定常数 a 和 b 确定之后，拟合直线的方程就已确定。但还需要检验拟合直线是否可靠。为此引入相关系数 r，它表示两变量之间的函数关系与线性函数的符合程度，具体定义为

$$r=\frac{\bar{x}\,\bar{y}-\overline{xy}}{\sqrt{(\overline{x^2}-\bar{x}^2)(\overline{y^2}-\bar{y}^2)}}=\frac{l_{xy}}{\sqrt{l_{xx}l_{yy}}} \tag{2.4.10}$$

式中，l_{yy} 的计算方法与 l_{xx} 类似。

r 越接近1，表明 x 和 y 的线性关系越好，拟合的直线比较合理；若 $|r|$ 远远小于1，而接近0，就可以认为 x 和 y 之间不存在线性关系，说明实验点对所拟合的直线来说很分散，用线性回归不合适。

3.系数 a 和 b 的标准偏差

因为 a 和 b 与测量值有关，而 y_i 含有随机误差，所以 a 和 b 也含有误差。可以证明 a 和 b 的标准偏差为

$$s_a=\sqrt{\frac{\frac{1}{r^2}-1}{n-2}}a \quad (2.4.11)$$

$$s_b=\sqrt{\overline{x^2}}\cdot s_a \quad (2.4.12)$$

在作图法和线性拟合中，都只讨论了函数关系为线性的情况。对于函数关系为指数函数、对数函数及幂函数等，可通过变量替换，使之成为线性关系，再进行处理。

例如，对指数函数 $y=ae^{bx}$，可将等式两边取对数，得 $\ln y=\ln a+bx$。再令 $Y=\ln y, c=\ln a$，即可将指数函数转化成线性函数 $Y=c+bx$。

又如，对幂函数 $y=ax^b$，同样可将等式两边取对数，得 $\ln y=\ln a+b\ln x$。再令 $Y=\ln y, X=\ln x, c=\ln a$，即可将幂函数转化成线性函数 $Y=c+bX$。

第五节 正态分布与标准偏差

一、正态分布

在相同条件下，对被测量进行多次测量，测得值和其误差视为随机变量。该随机变量的取值表现为一定的分布。常见的误差分布有正态分布、均匀分布、反正弦分布等，其中正态分布的应用最为广泛。在表示测量结果时，常用到与正态分布有关的平均值、方差等，所以常假设被测量符合正态分布，这给不确定度的计算带来极大的方便。

1. 正态分布

假设系统误差已经修正，被测量本身稳定，在重复条件下对同一被测量作 n 次测量，当 n 很大时，其测量值和误差符合正态分布，即

$$f(\Delta x)=\frac{1}{\sigma\sqrt{2\pi}}e^{-\frac{\Delta x_i^2}{2\sigma^2}} \quad (2.5.1)$$

式中，$\Delta x_i=x_i-\mu$，μ 是总体平均值。σ 是式(2.5.1)中唯一的参量，是状态分布的特征量。在一定测量条件下 σ 是一个常量，从而分布函数就唯一确定下来。参数 σ 称为总体标准偏差，它由式(2.5.2)给出。

$$\sigma=\sqrt{\frac{1}{n}\sum_{i=1}^{n}\Delta x_i^2} \quad (2.5.2)$$

σ 越小，曲线越“瘦”，说明测得值(或其误差)分布得越集中，重复性好，曲线陡而峰值高；σ 越大，曲线越“胖”，说明测得值(或其误差)越分散，大误差出现的次数多，重复性差，曲线较平坦。可见，标准偏差 σ 表征了测得值对期望 μ 的分散性，其值的大小反映了曲线的形状。如图 2.5.1 所示曲线下面的总面积表示误差出现的总概率为 100%，给定区间不同，误差出现的概率，也就是测量值出现的概率不同，这个给定的区间称为置信区间，相应的概率称为置信概率，用 P 表示。相应的置信区间[$-\sigma,\sigma$]内的置信概率为 68.3%；相应的置信区间[$-3\sigma,3\sigma$]内的置信概率为 99.7%，也就是说，进行 1 000 次测量，只有 3 次测

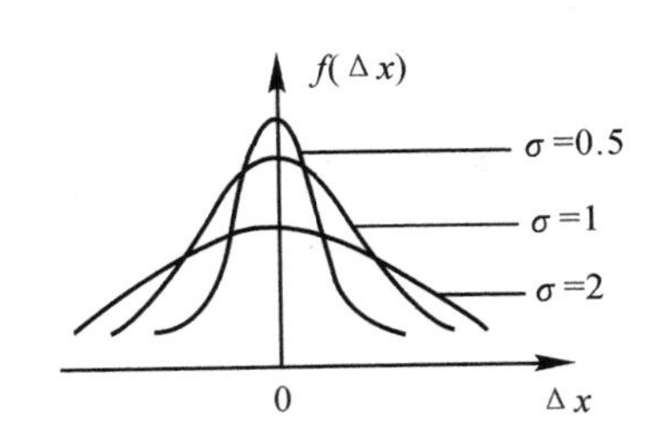

图 2.5.1 对应不同 σ 的正态分布曲线

量值落在该区间之外，故通常把置信区间等于 3σ 定为极限误差。

2. 正态分布的特点

(1) 有界性：绝对值很大的误差出现的概率极小，即误差的绝对值不超过一定的界限，通常 $|\Delta x_i| = |x_i - \mu| \leqslant 3\sigma$。

(2) 单峰性：曲线的峰值对应于其期望 μ，即测量值出现在其期望 μ 附近的频率为最大，并呈现一个峰值。

(3) 对称性：绝对值相等的正、负误差出现的概率相等。

(4) 抵偿性：随测量次数的增加，有 $\sum\limits_{n\to\infty} \Delta x_i = 0 \quad (i=1,2,\cdots,n)$。

二、标准偏差

在实验中实际测量只能进行有限次（n 次），甚至 n 也不可能太大。这 n 个测得值称为一个测量列，它是总体的一个样本。

对同一被测量 x，在相同条件下独立测量 n 次，得到下面的测量列（即样本），即

$$x_1, x_2, \cdots, x_n$$

(1) x 的最佳估算值为算术平均值，即

$$\bar{x} = \frac{1}{n}\sum_{i=1}^{n} x_i \tag{2.5.3}$$

(2) 表征测得值 x_i 对其最佳估计值 $\bar{x}$ 的分散程度的参数 $s(x)$，称为实验标准偏差，可用贝塞尔公式求得，即

$$s(x) = \sqrt{\frac{\sum\limits_{i=1}^{n}(x_i - \bar{x})^2}{n-1}} \tag{2.5.4}$$

式中，x_i 为第 i 次测得值；$\bar{x}$ 为 n 次测量值的算术平均值。

(3) 样本平均值的标准偏差 $s(\bar{x})$ 表征最佳估计值 $\bar{x}$ 对其期望 μ 的分散性，则有

$$s(\bar{x}) = \frac{s(x)}{\sqrt{n}} = \sqrt{\frac{\sum\limits_{i=1}^{n}(x_i - \bar{x})^2}{n(n-1)}} \tag{2.5.5}$$

(4) 测量数据的次数越多，误差就越小；测量次数越少，误差就越大。$s(\bar{x})$ 随测量次数 n 的变化关系可用图 2.5.2 表示。从图中可以看出，当 $n > 10$ 以后，$s(\bar{x})$ 的减小已经很不明显了。所以在物理实验中实际测量次数一般重复 5 ～ 10 次即可。若各次测得值相同，则表明所用仪器准确度不高，可以按单次测量处理。

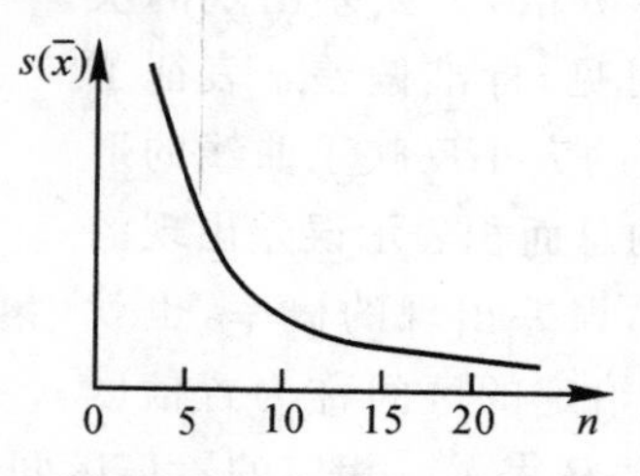

图 2.5.2　标准偏差与测量次数的关系

练　习　题

1. 按照不确定度理论和有效数字的概念，改正下列错误。

(1)$l=(10.387\,5\pm0.02)$ cm；

(2)$m=(28\,000\pm500)$ g；

(3)$t=(13.041\pm0.031)$ s；

(4)$R=(37.5\pm0.4\times10)$ Ω；

(5)$U=(7.832\times10^{3}\pm0.021\times10^{4})$ V。

2. 按有效数字的运算规则计算下列各题，并写出运算过程。

(1)$3\,723.5-25.743-32\times10^{2}$；

(2)$\pi\times2.07^{2}\times3.008$　(其中 π 为圆周率)；

(3) $\dfrac{1}{(0.000\,1)^{2}}+\dfrac{1}{(0.500\,0)^{2}}$　(其中被除数"1"为准确数)；

(4) $\dfrac{400\times1\,500}{12.60-11.6}$；

(5) $\dfrac{100.0\times(5.6+4.412)}{(78.00-77.0)\times10.000}+110.0$。

3. 计算下列各式：

(1) 已知 $x=1\,000\pm1$，求 $\dfrac{1}{x}$。

(2) 已知 $U=(7.32\pm0.02)$V，$R=(1.33\pm0.01)$Ω，求 $I=\dfrac{U}{R}$。

4. 用千分尺(不确定度限值为 0.004 mm)多次测量一钢丝直径 d，数据分别为 0.235 mm，0.236 mm，0.235 mm，0.234 mm，0.233 mm，0.236 mm，0.234 mm，0.235 mm。求钢丝的直径和不确定度，并写出测量结果的完整表达式。

5. 一个铅圆柱体，测得其直径 $d=(2.042\pm0.002)$ cm，高度 $h=(4.12\pm0.01)$ cm，质量 $m=(149.18\pm0.05)$ g。试计算铅的密度 ρ 及不确定度，并写出其结果表达式。

6. 用伏安法测电阻的数据见表题 2.1。

表题　2.1

电流 I/mA	0.00	2.00	4.00	6.00	8.00	10.00	12.00	14.00	16.00	18.00	20.00
电压 U/V	0.00	1.00	2.01	3.03	4.00	5.02	5.99	6.98	8.00	9.01	10.01

试分别用作图法、逐差法和线性回归法求出函数关系及电阻值。

第三章　基础实验

实验一　固体密度的测量

物质的密度是物质的成分或组织结构的一个重要特征，物质的密度与物质的纯度和测量时的温度有关，一般可用密度来分析物体的成分。本实验通过测量规则固体和不规则固体（不溶于水）的密度，学习和掌握常用的长度量具及质量测量。

一、实验目的

（1）掌握游标卡尺、千分尺和物理天平的使用方法。

（2）学习比重瓶的使用方法。

（3）学习流体静力称衡法测量密度。

二、实验仪器

游标卡尺，千分尺，物理天平，比重瓶，玻璃烧杯，细线，待测固体。

三、实验原理

物体的密度是单位体积中所含物质的量，如若测得一规则物体质量为 m，体积为 V，则其密度

$$\rho=\frac{m}{V} \tag{3.1.1}$$

由式(3.1.1)可见，只要能测出物体的质量 m 和体积 V 就可以计算出该物体的密度。但实际中质量 m 可以用天平精确地测出，而体积 V 则由于实际物体形状的不规则使得测量很麻烦。

对于规则形状的物体，一般可用常用的长度量具进行测量，最后计算出其体积。

对于不规则形状的物体，需借助流体静力称衡法（即阿基米德浮力原理）来精确测量体积。具体方法如下：

设不考虑空气的浮力，先测量出物体在空气中的质量 m；然后借助一玻璃杯蒸馏水称量出该物体浸入蒸馏水中后的质量 m_2。具体方法是给玻璃杯中盛一定量的蒸馏水，置于天平的托盘上，用细线将待测物体系好，挂在天平的左挂钩上，使物体全部浸入蒸馏水且不接触玻璃杯。此时称出的质量即为 m_2，由浮力公式可得

$$(m - m_2)g = V\rho_0 g \tag{3.1.2}$$

将式(3.1.2)代入式(3.1.1),可得

$$\rho = \frac{m}{m - m_2}\rho_0 \tag{3.1.3}$$

式(3.1.3)中 ρ_0 为蒸馏水的密度,故可方便得出待测物体的密度。

对于密度小于蒸馏水的物体,可再借助一比蒸馏水密度大的辅助物,且质量合适。将辅助物与待测物体系于细线上,相距一定距离,细线的另一端挂在天平挂钩上进行两次测量。第一次,只是使辅助物完全浸入蒸馏水中,待测物露于蒸馏水水面上,不接触水面,测出质量 m_3。第二次,将辅助物与待测物一起同时全部浸入蒸馏水中,测出其质量 m_4。则待测物体受到的浮力为

$$(m_3 - m_4)g = V\rho_0 g \tag{3.1.4}$$

在上述两次测量中辅助物始终浸入在蒸馏水中,故其质量和浮力不介入待测物体所受浮力测量中。

将式(3.1.4)代入到式(3.1.1)中,可得不规则物体的密度

$$\rho = \frac{m}{m_3 - m_4}\rho_0 \tag{3.1.5}$$

四、实验装置

天平是称量质量的一种精密仪器,当精度要求不太高时可以使用物理天平,当精度要求较高时需使用分析天平。一般不管哪种类型的天平,使用方法大致都是相同的,物理天平的结构如图 3.1.1 所示。

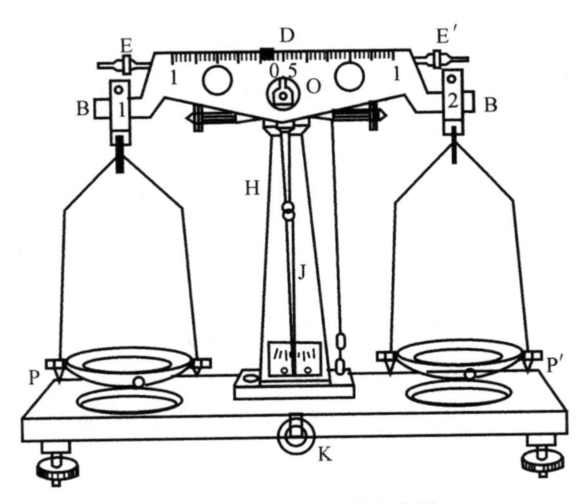

图 3.1.1 物理天平示意图

O— 主刀口;B,B′— 称盘刀口;D— 游码;E,E′— 左、右平衡调节螺母;
P,P′— 左、右托盘;J— 指针;K— 启动、制动旋钮;H— 重量锤

1. 天平的两个重要参数

反映天平基本状况的参数是最大称量和灵敏度。

(1) 最大称量。即天平允许称量的最大质量,物理天平一般有 500 g 和 1 000 g 两种,称量的质量不得超出最大称量。

(2) 灵敏度。灵敏度是天平的一个重要指标,是指天平在平衡的状态下变动一个单位砝码,指针新的平衡位置相对于原平衡位置变化的格数。重量锤 H 的位置影响天平的灵敏度,不允许随意变动其位置。

一般情况下给出的是天平的感量(又叫分度值),用 R 表示,为灵敏度的倒数

$$R=\frac{1}{\text{灵敏度}}$$

感量 R 的物理意义是使天平指针的平衡位置产生可以觉察的变化所需改变的最小砝码数值。其定义为使指针在平衡状态下,平衡位置变动一个分度所需要改变的砝码质量。

一般天平的铭牌上给出天平的感量和最大称量。

2. 使用前的调节

天平在使用前必须进行两项调节,一是调节水平,二是调节零点位置。

(1) 调水平。天平立柱后方的底座表面上有一简易水平仪,调节底脚螺钉使水平仪的气泡位于中心位置即可,此时天平横梁处于水平状态。

(2) 调零点。零点位置就是天平在空载时达到平衡状态指针所指的位置,调节前应将横梁上的游码放在最左端的零位置处,左右称盘的挂钩分别挂在刀口上,然后按照天平的使用方法进行操作,转动制动旋钮,升起横梁,指针摆动,观察指针是否以刻度盘上的"10"为中心左右摆动,若左右摆动的格数不相等,立即制动天平,调节横梁两端有关的平衡螺母 E,E′,再转动制动旋钮,升起横梁,观察摆动情况,这样反复进行直到指针以"10"为中心作等幅摆动为止,则零位置就是"10"。

3. 使用方法

天平使用时应顺时针缓慢转动制动旋钮 K,横梁便以主刀口为支点作杠杆式摆动,同时带动指针在刻度盘前左右摆动,仔细观察指针摆动情况,若需要增减砝码或调节天平,则必须将制动旋钮逆时针转动到底,横梁不再摆动时,才能进行调节。如此反复操作,直至称出质量。

五、实验内容及步骤

1. 测量小钢球的密度

(1) 用千分尺分别测量 5 个小钢球的直径,记入实验表 3.1.1,求出平均值 $\bar{d}$ 和不确定度 $u(\bar{d})$。

(2) 按照天平的调节方法调节好水平和零点。

(3) 将 5 个小钢球放入天平的左盘,称量其质量 m 并记录。

2. 测量石蜡的密度

由于石蜡的密度小于水,并且形状不规则,因而需借助辅助物用流体静力称衡法测量体积。

(1) 称量石蜡的质量 m。

(2) 选取辅助物为六角螺母,分两次测量质量 m_3,m_4。

1) 将六角螺母和石蜡系于同一根细线上,两者相距 3 ~ 4 cm。细线的另一端挂于天平挂钩上,调节细线长度,使石蜡处于水面上,六角螺母完全浸入到蒸馏水中,且不触及烧杯壁。称量出质量 m_3。

2) 将六角螺母和石蜡系在一起,一同浸入到蒸馏水中,称量出质量 m_4。

3. 用比重瓶称量蒸馏水的密度 ρ_0

4.记录测量时的室温

六、数据记录及处理

1.测量小钢球的密度

(1) 测量小钢球直径并记入表 3.1.1 中。

表　3.1.1

测量次数	1	2	3	4	5	$\bar{d}$/mm	$u(\bar{d})$/mm
直径 d/mm							

5 个小钢球在空气中的质量 $m=$____________ g。

(2) 计算小钢球的密度。有

$$\rho=\frac{6m}{5\pi\bar{d}^3} \tag{3.1.6}$$

(3) 计算钢球密度的绝对不确定度和相对不确定度。

相对不确定度为

$$E_\rho=\sqrt{\left[\frac{u(m)}{m}\right]^2+\left[3\,\frac{u(\bar{d})}{\bar{d}}\right]^2} \tag{3.1.7}$$

$u(m)$ 取天平感量的 1/2 或 1/5。

绝对不确定度为 $u(\rho)=\rho E_\rho$。

(4) 实验结果。

$$\begin{cases}\rho=\rho\pm u(\rho)\\ E_\rho=\dfrac{u(\rho)}{\rho}\times 100\%\end{cases}$$

2.测量石蜡的密度

石蜡在空气中的质量 $m=$____________ g;

石蜡在水面外,辅助物在水面下的质量 $m_3=$____________ g;

石蜡与辅助物同在水面下的质量 $m_4=$____________ g;

(1) 用式(3.1.5) 计算石蜡的密度。

(2) 计算石蜡密度的相对不确定度和绝对不确定度。

相对不确定度为

$$E_\rho=\sqrt{\left[\frac{u(m)}{m}\right]^2+\left[\frac{u(m_3)}{m_3-m_4}\right]^2+\left[\frac{u(m_4)}{m_3-m_4}\right]^2} \tag{3.1.8}$$

$u(m_3)$,$u(m_4)$,$u(m)$ 取天平感量的 1/2 或 1/5。

绝对不确定度为 $u(\rho)=\rho E_\rho$。

(3) 实验结果。

$$\left.\begin{aligned}&\rho=\rho\pm u(\rho)\\ &E_\rho=\frac{u(\rho)}{\rho}\times 100\%\end{aligned}\right\} \tag{3.1.9}$$

七、注意事项

天平是精密仪器，使用时必须按照操作规则进行，特别要注意：

(1) 只有在制动所示状态下，才能对天平进行调节。

(2) 取用砝码时必须用镊子，用完后必须放回原砝码盒。

八、思考题

1. 预习思考题

(1) 观察天平称衡时，是否需要将天平横梁完全升起？

(2) 试推导相对不确定度式(3.1.7)和式(3.1.8)。

2. 实验思考题

(1) 若固体溶于水，能否用流体静力称衡法测量密度？

(2) 若要求提高测量精度，如何消除空气浮力的影响？

(3) 若天平存在不等臂现象，使用时如何消除？

九、相关知识

1. 游标卡尺

游标卡尺简称卡尺，是一种比较精密的测量长度量具，主要由米尺(常称为主尺)和附加在米尺上的一段能滑动的副尺(常称为游标)构成。一般可用来测量长度、圆柱的直径、圆环的内外直径及孔的深度。通常用到的游标卡尺的精度有 0.1 mm，0.05 mm 和 0.02 mm 几种。

卡尺测量的基本原理都是相同的，在此仅就精度为 0.02 mm 的卡尺原理介绍如下：精度为 0.02 mm 的卡尺游标的总长度为 49 mm，等分为 50 等份，每一等份的长度为 0.98 mm，因而每一刻度值的长度和主尺上 1 mm 刻度值的差值为 0.02 mm。测量时的读数规则如下：

如游标上零刻线介于主尺上 15 mm 刻线和 16 mm 刻线之间，同时游标上的第 26 个刻线和主尺上的刻线对齐，则应从主尺上读得数据为 15 mm，从游标上读得数据为 0.02 mm×26＝0.52 mm。因而所测量的长度

$$l = 15\ \text{mm} + 0.52\ \text{mm} = 15.52\ \text{mm}$$

2. 千分尺

千分尺又叫螺旋测微计，是另一种精密测量长度的量具，主要由测微螺旋、测微螺杆和固定套筒组成。在固定套筒上有一条横线，此线是测微螺旋上圆周刻线的读数基准，在该横线上面刻有整毫米刻线，横线下方是半毫米刻线；测微螺旋上的圆周等分为 50 个分格，测微螺旋与测微螺杆相连，转动测微螺旋时，测微螺杆和螺旋一起前进，将待测量物体夹持在测量砧与测微螺杆之间，从而可以从固定套筒和测微螺旋上读出待测物的长度。千分尺内测微螺旋的螺距为 0.5 mm，因而测微螺旋每旋转一周螺杆前进 0.5 mm；测微螺旋每旋转一格，螺旋前进 0.01 mm；再到下一位需要估读到 0.001 mm。

千分尺在使用前应先进行零点修正，即将测微螺杆旋至与测量砧闭合，读出螺旋零点位置与准线的重合情况，记录零点读数，结合正、负，给予修正。

千分尺在记录零点和测量长度时，为了使每次加在测量砧上的力大小相等，应轻轻转动测微螺旋后的棘轮，待听到“咔、咔”两声后，再进行读数。

实验二　金属丝杨氏模量的测定

杨氏模量是描述固体材料在线度方向受力后，抵抗形变能力的重要物理量。它与材料自身性质有关，与材料的几何形状和所受到外力的大小无关，是工程设计选材的重要参数和依据。测量杨氏模量的常用方法有拉伸法、弯曲法和振动法等。本实验采用静态拉伸法来测量金属丝的杨氏模量。

一、实验目的

(1) 熟练掌握千分尺、游标卡尺的正确使用。

(2) 掌握光杠杆法测量微小长度的原理和方法。

(3) 学会用逐差法处理数据。

二、实验仪器

杨氏模量仪，光杠杆，千分尺，钢卷尺，游标卡尺。

三、实验原理

物体在外力作用下发生形变，当形变不超过某限度时，在撤走外力后，形变能够逐渐消失，这种形变称为弹性形变，这一限度称为弹性限度。在形变超过弹性限度后，撤走外力，形变依然存在，这种形变称为塑性形变。

1. 杨氏模量的定义

物体在弹性限度内，在长度方向单位横截面积所受的力 F/S 称为应力，物体在长度方向产生的相对形变 $\Delta L/L$ 称为应变，由胡克定律知道，这二者是成正比的，即

$$\frac{F}{S}=E\frac{\Delta L}{L} \tag{3.2.1}$$

其比例系数 E 称作杨氏模量，它表征材料本身的性质，仅与材料的物质结构、化学结构及其加工制作方法相关。E 越大的材料，要使它发生一定的相对形变所需要的单位横截面积上的作用力也越大。杨氏模量标志了材料的刚性。

由式(3.2.1)可以看出，只要测量出外力 F、金属丝原长 L 和截面积 S 以及在外力 F 作用下金属丝的伸长量 ΔL，就可以测量出金属丝的杨氏模量。由于 ΔL 是个微小伸长量，不易测量，而它对杨氏模量的影响却很大，因此必须准确测量，这也是本实验要解决的核心问题。

2. 光杠杆放大原理

对于微小量的测量，通常采用放大法，光杠杆法就是其中一种放大方法，图 3.2.1 所示为光杠杆结构图。光杠杆的工作原理如图 3.2.2 所示，当有一微小变化 ΔL(对应角度变化为 θ)时，由于光杠杆装置是连为一体的，平面镜也将有 θ 角度的变化，当 θ 很小时，有

$$\theta\approx\tan\theta=\frac{\Delta L}{b} \tag{3.2.2}$$

标尺反射的光线通过平面镜的反射，会有 2θ 的偏转，有

$$\tan 2\theta\approx 2\theta=\frac{\Delta n}{D} \tag{3.2.3}$$

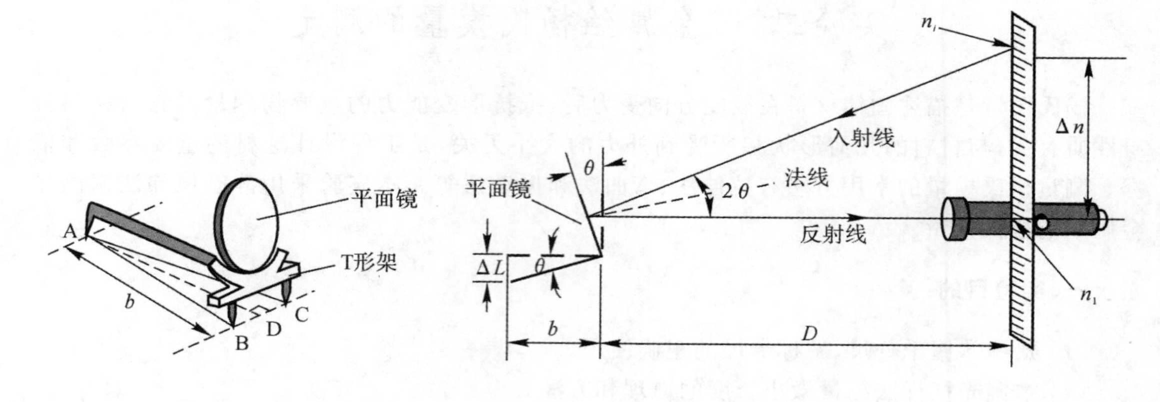

图 3.2.1　光杠杆结构图

图 3.2.2　光杠杆原理

由式(3.2.2)、式(3.2.3)可以得出

$$\Delta L=\frac{b}{2D}\Delta n \tag{3.2.4}$$

式中，$\frac{2D}{b}$ 称为光杠杆的放大因数。

若金属丝直径为 d，则其截面面积 $S=\frac{1}{4}\pi d^2$，将其与式(3.2.4)代入到式(3.2.1)中，可得

$$E=\frac{8FLD}{\pi d^2 b\Delta n} \tag{3.2.5}$$

在式(3.2.5)中，只要测量出外力 F，金属丝原长 L，望远镜上镜尺到光杠杆平面反射镜的距离 D，金属丝的直径 d，光杠杆上平面镜到后足的垂直距离 b，以及光线反射后在镜尺上的变化 Δn，就可以计算出该金属丝的杨氏模量 E。

3. 逐差法处理数据

为了使金属丝的微小伸长 ΔL 测量得更准确，实验中采取了多次测量的方法来减少随机误差，即在给钢丝施加外力时，逐个累加砝码并逐次记录伸长变化，增加到 7 个砝码时，再逐个递减砝码并逐次记录伸长变化。在处理数据时，为了合理使用测量数据，应采用逐差法。每 n 项之差作为一个差值，叫作 n 项差值，逐差一次后，还可以再进行一次逐差，称为二次逐差。本实验可采用四项一次逐差法。

逐差法的优点是充分利用了所测数据，减少了测量的随机误差，而且还可以减少测量仪器带来的误差。

四、实验装置

杨氏模量测试系统由杨氏模量测定仪、光杠杆及尺读望远镜组成。实验装置图如图 3.2.3 所示。

五、实验内容及步骤

1. 杨氏模量测量仪的调整

(1) 先在托盘上放置一个砝码，调节杨氏模量测量仪的支架螺丝，使砝码托盘处于竖直状

态，且砝码托盘处于两立柱中央。

(2) 安放光杠杆装置。将光杠杆放在工作平台上，两前足尖放在工作平台的同一横槽内，后足尖放在夹头上，不得与钢丝相碰，或放在夹头边缘上，然后将光杠杆镜面竖直，使平面反射镜面法线基本水平。

(3) 调节望远镜镜面中心与光杠杆镜面中心等高。

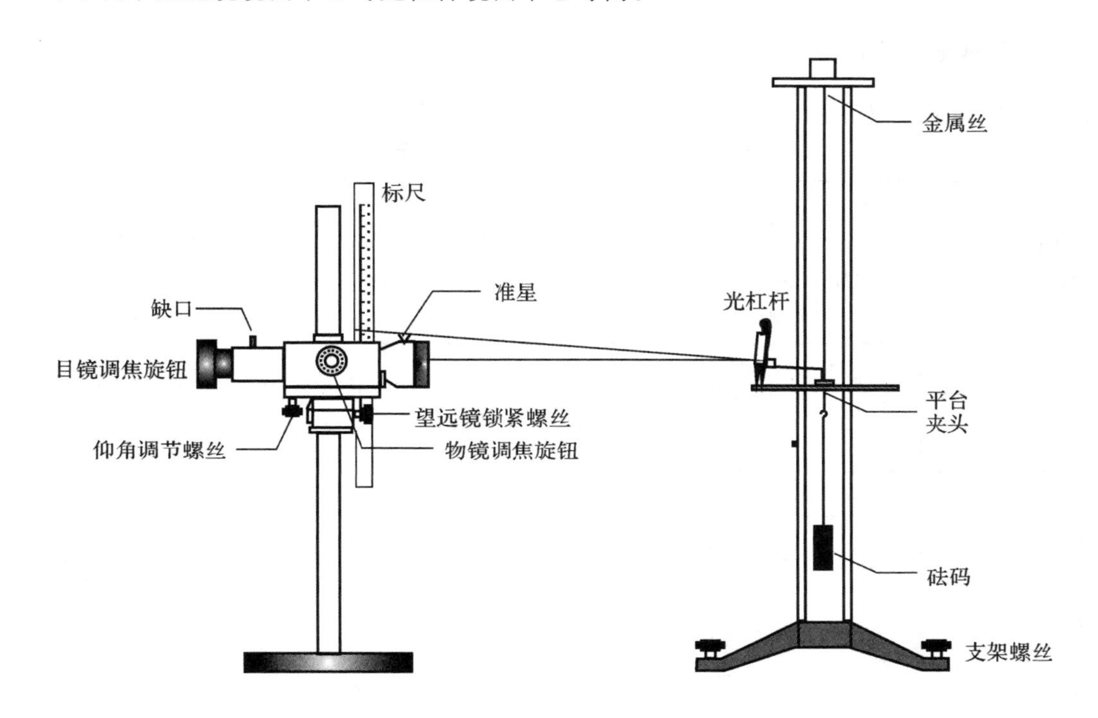

图 3.2.3　测定杨氏模量的实验装置

2. 望远镜的调节

(1) 调节目镜，使分划板中刻线清晰。

(2) 调节仰角调节螺丝，使望远镜视线基本水平。

(3) 镜外找像，从视线沿望远镜上方 V 形缺口和准星的连线看过去，观察反射镜内是否有标尺的像，如果看不到，可左右移动望远镜，直到反射镜中看见望远镜标尺的像为止。

(4) 镜内找像，眼睛通过目镜观察，调节望远镜调焦旋钮并微调望远镜的高低和左右，使平面反射镜处于望远镜目镜视场中。

(5) 细调对准，调节望远镜调焦旋钮，直至看清楚反射镜中标尺的反射像，且无视差，此时可通过望远镜读出标尺的刻度值在叉丝的中心位置，作为第一刻度值 n_1（一般取 $n_1=0$）。

3. 测量

(1) 仪器调节好后，按表 3.2.1 所示数据表格来进行测量，先逐个增加砝码，记录相应的标尺读数 n_2 至 n_8，再逐个去掉砝码，记录相应的标尺读数 n'_8 至 n'_1。

(2) 用千分尺测出金属丝三个不同位置的直径，求出平均值 $\overline{d}$，注意记录千分尺的零点误差，记录数据于表 3.2.2；

(3) 用米尺测量出金属丝的长度 L 及标尺到反射镜面的距离 D，注意估读，记录数据于表3.2.3。

(4) 将光杠杆放在纸上，压出三个尖脚的迹点，连成三角形，如图 3.2.1 所示用游标卡尺测量出前足和后足之间的垂直距离 b，即 AD 长度，注意游标卡尺的零点误差，记录数据于表3.2.3。

六、数据记录及处理

(1) 原始数据记录。

表 3.2.1　增、减砝码时的标尺读数

测量次数	砝码质量 m/kg	望远镜中标尺读数/mm			用逐差法计算 $\Delta n_i=\bar{n}_{i+4}-\bar{n}_i$/mm	测量不确定度 $u(\overline{\Delta n})$/mm
		逐个增加砝码时 n_i	逐个减少砝码时 n_i'	平均		
1						$u_A(\overline{\Delta n})=\sqrt{\dfrac{\sum_{i=1}^{4}(\overline{\Delta n}-\Delta n_i)^2}{4\times(4-1)}}$ $u_B(\overline{\Delta n})=\dfrac{0.5}{\sqrt{3}}$ $u(\overline{\Delta n})=\sqrt{u_A^2(\overline{\Delta n})+u_B^2(\overline{\Delta n})}$ (列式计算)
2						
3						
4						
5						
6						
7						
8						
四个砝码的伸长量平均值$\overline{\Delta n}=\dfrac{1}{4}\sum_{i=1}^{4}\Delta n_i$(mm)						
结果表示 $\Delta n=\overline{\Delta n}\pm u(\overline{\Delta n})$(mm)						

表 3.2.2　钢丝直径(d)的测量数据记录

零点系统误差 $d_0=$ ______ mm

次数	1	2	3	平均值 $\bar{d}$	测量值 $d=\bar{d}-d_0$/mm
测量值 d/mm					
不确定度 $u(d)$/mm	$u_A(d)=\sqrt{\dfrac{\sum_{i=1}^{3}(\bar{d}-d_i)^2}{3\times(3-1)}}$；　$u_B(d)=\dfrac{0.004}{\sqrt{3}}$；　$u(\bar{d})=\sqrt{u_A^2(d)+u_B^2(d)}$				
结果表示 $d=d\pm u(\bar{d})$/mm					

表 3.2.3　b,D,L,F 的测量数据记录

b/mm	$u(b)$/mm	D/mm	$u(D)$/mm	L/mm	$u(L)$/mm	F/N
$b=(\quad\pm\quad)$mm		$D=(\quad\pm\quad)$mm		$L=(\quad\pm\quad)$mm		

注：对只测一次的物理量不确定度仅有 B 类分量而无 A 类分量。

(2) 杨氏弹性模量 E 及误差计算：

$$E=\frac{8FLD}{\pi d^2 b\Delta n}$$

式中，$F=4mg$，注意有效数字的“四舍六入五凑偶”取舍原则。

相对不确定度：

$$E_E=\sqrt{\left[\frac{u(L)}{L}\right]^2+\left[\frac{u(D)}{D}\right]^2+\left[2\frac{u(d)}{d}\right]^2+\left[\frac{u(b)}{b}\right]^2+\left[\frac{u(\overline{\Delta n})}{\overline{\Delta n}}\right]^2}$$

绝对不确定度：$u(E)=E\cdot E_E$

测量结果表示：$E=E\pm u(E)$

七、注意事项

(1) 光杠杆后足不能接触钢丝，不要靠着夹头边，也不要放在夹缝中。

(2) 实验系统调好后，一旦开始测量，在实验过程中绝对不能对系统的任一部分进行任何调整。否则，所有数据需要重新再测。

(3) 加减砝码时，要轻拿轻放，并使系统稳定后才能读取刻度尺刻度；增加砝码时，砝码缺口要反向交替放置。

(4) 注意保护平面镜和望远镜，不能用手触摸镜面。

(5) 测量金属丝直径时要特别注意不能扭折钢丝。

(6) 实验完成后，应将砝码取下，防止钢丝疲劳。

八、思考题

1. 预习思考题

(1) 要提高光杠杆的灵敏度，应采取什么样的措施效果好？有无限度？

(2) 两材料相同，粗细和长度不同的金属丝，它们的杨氏模量相同吗？为什么？

(3) 使用螺旋测微计（千分尺）时应该注意些什么？棘轮如何使用？千分尺用完应作何处理？

2. 实验思考题

(1) 本实验在计算 Δn 时，为什么采用了逐差法？逐差法的适用条件是什么？

(2) 试分析本实验中产生误差的主要因素有哪些？

(3) 是否可以用作图法求出杨氏模量？如果以应力为横轴，应变为纵轴作图，图线应是什么形状？

九、相关知识

对于微小量的测量方法有许多，这里仅介绍两种。

(1) 莫尔条纹：它的原理是，当一个重复结构(例如光栅)与另外一个重复结构叠放在一起，致使它们的线元(例如光栅的刻划线)几乎重叠时，能观察到莫尔花样(条纹)。莫尔条纹的宽窄 d 与两重复结构的线元夹角 θ 有关，$d=a/[2\sin(\theta/2)]\approx a/\theta$(当 θ 很小时)，a 为两线元间距。当角度不变时，若其中一个重复结构在某一方向上有移动时，莫尔条纹也将在另一方向上移动。微小位移可以通过莫尔条纹的变化来测量。

(2) 单缝衍射：利用单缝衍射来测量微小距离。$b=k\lambda Z/x$，b 为微小距离(狭缝宽度或细丝直径)，k 为衍射级次，λ 为激光波长，Z 为被测物体到接收装置的距离，x 为第 k 级暗条纹中心至中央亮斑中心的距离。此方法也可以测量微小颗粒的直径。

此外，还可以利用法布里-珀罗标准具来分辨波长差非常小的两束光，测量出它们的波长差，以及利用等厚干涉的方法来测量微小厚度和细丝直径等。

实验三　刚体转动惯量的测量

转动惯量是表征转动物体惯性大小的物理量，是研究、设计、控制转动物体运动规律的重要参数。如钟表摆轮的体形设计，枪炮的弹丸，机器零件，导弹和卫星的发射、控制等，都不能忽视转动惯量的量值大小。因此测定物体的转动惯量具有重要的实际意义。刚体的转动惯量与刚体的总质量、形状和转轴的位置有关。对于形状较简单的刚体，可以通过计算求出它绕定轴的转动惯量。形状较复杂的刚体的转动惯量计算起来非常困难，所以都采用实验方法测定。本实验采用三线摆装置测定刚体转动惯量。

一、实验目的

(1) 加深对转动惯量概念和平行轴定理等的理解。

(2) 掌握用三线摆装置测转动惯量的原理和方法。

(3) 熟练掌握钢直尺，游标卡尺，计时计数毫秒仪的使用方法。

二、实验仪器

三线摆装置，水平仪，计时计数毫秒仪，游标卡尺，钢直尺。

三、实验原理

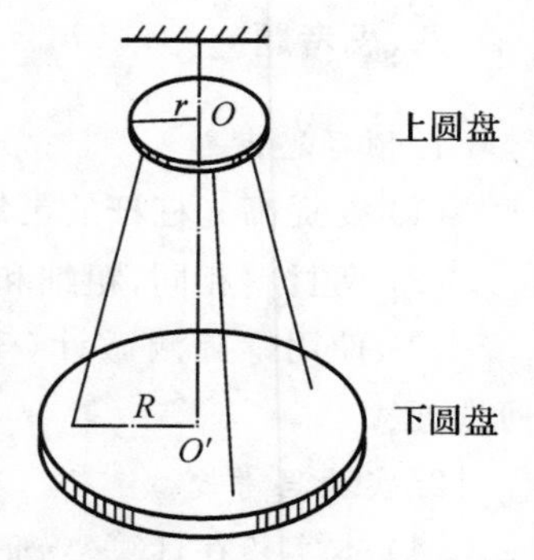

图 3.3.1　三线摆原理示意图

图3.3.1所示为三线摆原理示意图。上、下为两个匀质圆盘，中间由三根细线相连接，且连接点均构成等边三角形，下盘处于悬挂状态，并可绕垂直于盘面而又通过上、下盘中心的轴线 OO' 作扭转摆动，故下盘也称为摆盘。由于三线摆的摆动周期与摆盘的转动惯量有关，所以把待测样品放在摆盘上后，三线摆系统的摆动周期就要相应地随之改变。这样，根据摆动周期、摆盘质量及有关的参量，就能得出三线摆周期与摆盘系统的转动惯量之间的相互关系。在扭角很小并且忽略空气摩擦阻力和悬线扭

力的影响时，根据能量守恒定律可以推出下圆盘绕中心轴 OO' 的转动惯量 J_0，即

$$J_0=\frac{m_0 gRr}{4\pi^2 H}T_0^2 \tag{3.3.1}$$

式(3.3.1)中，m_0 为下圆盘的质量；r 和 R 分别为上、下悬点离各自圆盘中心的距离；H 为平衡时上下圆盘间的垂直距离；T_0 为下圆盘的摆动周期；g 为重力加速度。西安地区的重力加速度为 $9.797\ \mathrm{m\cdot s^{-2}}$。

将质量为 m 的待测刚体放在下圆盘上，并使它的质心位于中心轴 OO' 上。测出此时的摆动周期 T 和上、下圆盘间的垂直距离 H，则待测刚体和下圆盘对中心轴的总转动惯量

$$J_1=\frac{(m_0+m)gRr}{4\pi^2 H}T^2 \tag{3.3.2}$$

待测刚体对中心轴的转动量 J 与 J_1 的关系为

$$J=J_1-J_0 \tag{3.3.3}$$

利用三线摆装置可以验证平行轴定理。如果一刚体对通过质心的某一转轴的转动惯量为 J_c，则这刚体对平行于该轴且相距为 d 的另一转轴的转动惯量

$$J_x=J_c+md^2 \tag{3.3.4}$$

式中，m 为刚体的质量。

四、实验装置

如图 3.3.2 所示为三线摆实验装置图。

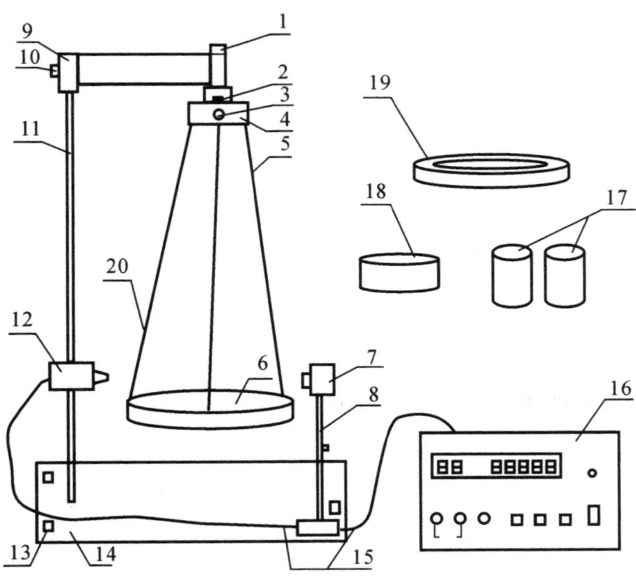

图 3.3.2　三线摆实验装置图

1— 上圆盘锁紧螺母；2— 摆线调节锁紧螺栓；3— 摆线调节旋钮；4— 上圆盘；5— 摆线(其中一根线挡光计时)；6— 下圆盘；7— 光电接收器；8— 接收器支架；9— 悬臂；10— 悬臂锁紧螺栓；11— 支杆；12— 半导体激光器；13— 调节脚；14— 底板；15— 连接线；16— 计时计数毫秒仪；17— 小圆柱样品；18,19— 大圆柱和圆环样品；20— 挡光标记

五、实验内容及步骤

1. 调节上圆盘(启动盘)及下圆盘水平

上圆盘水平调节:将圆形水平仪放到旋臂上,调节底座调节螺钉,使水平仪气泡处在中央,使其水平。

下圆盘水平调节:将圆形水平仪放到圆盘中心,通过摆线旋钮调节悬线长度,使其下圆盘水平。

2. 调节激光器和计时计数毫秒仪

(1) 先将光电接收器放到一个适当位置,后调节激光器位置,使其和光电接收器在一个水平线上。此时可打开电源,将激光束调整到最佳位置,即激光打到光电接收器的小孔上,计时计数毫秒仪右上角的低电平指示灯状态为“暗”(注意此时切勿直视激光光源)。

(2) 再调整启动盘,使一根摆线靠近激光束(此时也可轻轻旋转启动盘,使其转动起来,在小于 5° 内转动)。

(3) 调节计时计数毫秒仪的预置为 20。

3. 测量下圆盘的转动惯量 J_0

(1) 用游标卡尺测量上、下圆盘悬点间的距离 a,b,以及下圆盘的直径 D,用米尺测量上、下圆盘之间的垂直距离 H,并各测三次,记录数据于表 3.3.1。

(2) 记录圆盘的质量 m_0。

(3) 测量时,先使下圆盘静止,然后轻轻转动上圆盘,使上圆盘通过三条等长悬线的张力带动下圆盘随着作单纯的扭转振动,注意作扭转摆动摆角 $<5^\circ$,振动稳定后测量 20 次摆动的时间,连续测三次,记录数据于表 3.3.1。

(4) 求出下圆盘对于 O_1O_2 轴的转动惯量 J_0,和理论值进行比较。

4. 测量下圆盘加圆环的转动惯量 J_1

在下圆盘上放上圆环并使它的中心对准下圆盘中心,测量三次下圆盘加圆环的扭转摆动周期 T_1。用游标卡尺测量圆环的内、外直径 $D_{内}$ 和 $D_{外}$,各测量一次,记录数据于表 3.3.1,求出下圆盘加圆环的转动惯量 J_1,和圆环理论值进行比较。

5. 测量下圆盘加大圆柱的转动惯量 J_3

在下圆盘上放上大圆柱并使它的中心对准下圆盘中心。测量下圆盘加圆环的扭动摆动周期 T_3,用游标卡尺测量并记录大圆柱的直径 $D_{大柱}$。

6. 验证平行轴定理

将两个相同的圆柱体按照下圆盘上的刻线对称地放在下圆盘上,相距一定距离 $2d=D_{槽}-D_{小柱}$,测量扭转摆动周期 T_2,测量圆柱体的直径 $D_{小柱}$ 和下圆盘上刻线直径 $D_{槽}$,圆柱体的总质量 $2M_2$ 求出 J_3 和 J_2,按式(3.3.4)计算 md^2 值,并与理论值进行比较。

六、数据记录及处理

1. 实验数据记录

表 3.3.1　圆盘和圆环的周期、参数测量

<table>
<tr><td colspan="2" rowspan="2">测量内容</td><td colspan="5">下圆盘质量 $m_0 =$ ________ g</td><td colspan="2">圆环质量 $m_1 =$ ________ g</td></tr>
<tr><td>摆动次数
$n = 20$
周期 T_0/s</td><td>下圆盘直径
D/cm</td><td>垂直高度
H/cm</td><td>上悬线点
间距 a/cm</td><td>下悬线点
间距 b/cm</td><td>摆动次数
$n = 20$
周期 T/s</td><td>内直径 $D_{内}$
外直径 $D_{外}$
/cm</td></tr>
<tr><td rowspan="3">次数</td><td>1</td><td></td><td></td><td></td><td></td><td></td><td></td><td>$D_{内} =$</td></tr>
<tr><td>2</td><td></td><td></td><td></td><td></td><td></td><td></td><td>$D_{外} =$</td></tr>
<tr><td>3</td><td></td><td></td><td></td><td></td><td></td><td></td><td rowspan="6">注：$r = \frac{\sqrt{3}}{3}a$
$R = \frac{\sqrt{3}}{3}b$
$u(r) = \frac{\sqrt{3}}{3}u(a)$
$u(R) = \frac{\sqrt{3}}{3}u(b)$</td></tr>
<tr><td colspan="2">平均值</td><td></td><td></td><td></td><td></td><td></td><td></td></tr>
<tr><td colspan="2">A 类不确定度</td><td></td><td></td><td></td><td></td><td></td><td></td></tr>
<tr><td colspan="2">B 类不确定度</td><td></td><td></td><td></td><td></td><td></td><td></td></tr>
<tr><td colspan="2">合成不确定度</td><td></td><td></td><td></td><td></td><td></td><td></td></tr>
<tr><td colspan="2">结果表示</td><td></td><td></td><td></td><td></td><td></td><td></td></tr>
</table>

2. 转动惯量的计算及误差处理

(1) 计算下圆盘的转动惯量 J_0。

计算实验值

$$J_0 = \frac{m_0 g R r}{4\pi^2 H} T_0^2$$

相对不确定度

$$E_J = \sqrt{\left[2\frac{u(T_0)}{T_0}\right]^2 + \left[\frac{u(H)}{H}\right]^2 + \left[\frac{u(R)}{R}\right]^2 + \left[\frac{u(r)}{r}\right]^2}$$

绝对不确定度

$$u(J_0) = J_0 E_J$$

实验结果表示

$$J_0 = J_0 \pm u(J_0)$$

理论值计算

$$J = \frac{1}{8} m D^2$$

(2) 用式(3.3.3)计算圆环的转动惯量 J 不确定计算方法与下圆盘的转动惯量类似，并与圆环理论值 $J = \frac{1}{8} m (D_{内}^2 + D_{外}^2)$ 进行比较。

七、注意事项

(1) 切勿直视激光源或将激光束直射入眼，以免损坏眼睛。

(2) 做完实验后，要把样品放好，不要划伤表面，以免以后实验中影响实验数据。

(3) 移动接收器时，请不要直接搬上面的支杆，要拿住下面的小盒后，再作移动。

八、思考题

(1) 三线摆装置在摆动过程中要受到空气的阻尼，振幅会越来越小，它的周期是否会随时间而变？

(2) 在三线摆装置下圆盘上加上待测物体后的摆动周期是否一定比不加时的周期大？

(3) 用逐差法求转动惯量时，如何进行？

九、相关知识

三线摆转动惯量公式 $J=\frac{mgRr}{4\pi^2 H}T^2$ 的证明。

如图 3.3.3 所示，当质量为 m 的悬盘偏离平衡位置向某一方向转动一角度 θ 时，整个圆盘的质心位置将沿 OO' 升高 h。设圆盘在平衡位置时的势能为 0，则由于圆盘升高而增加的势能

$$E_p=mgh$$

当圆盘转回平衡位置时，$E_p=0$，而转动动能

$$E_k=\frac{1}{2}J\omega_0^2$$

式中，J 为悬盘转动惯量；ω_0 为平衡位置上的瞬时角速度。

如果不考虑运动过程中的阻力，按机械能守恒定律可得

$$mgh=\frac{1}{2}J\omega_0^2 \tag{3.3.5}$$

当扭转的角度足够小时，可把圆盘的扭转摆动当作准简谐振动，则圆盘的最大角速度

$$\omega_0=\frac{2\pi}{T}\theta_0 \tag{3.3.6}$$

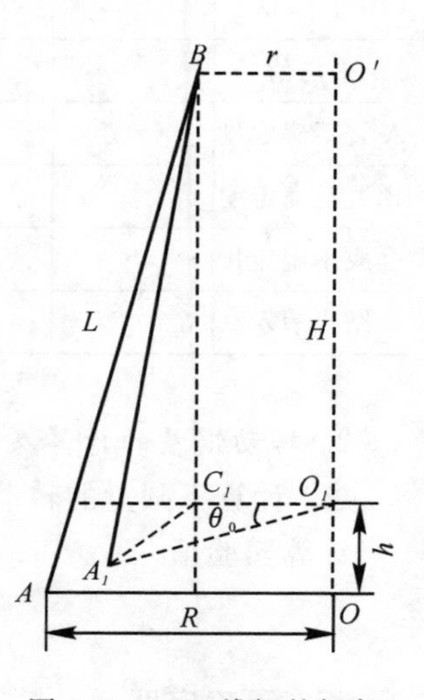

图 3.3.3　三线摆的扭角

式中，θ_0 为下圆盘的最大角位移；T 为下圆盘的运动周期。

从图 3.3.3 可见，下圆盘转动 θ_0 角后，下圆盘中心从 O 升高到 O_1，下圆盘边上 A 点升高至 A_1。当悬线 L 很长且转角 θ_0 很小时，由几何关系可知

$$L^2=H^2+(R-r)^2=(H-h)^2+R^2-2Rr\cos\theta_0+r^2$$

略去 $h^2/2$，由于 θ_0 较小，取 $1-\cos\theta_0\approx\theta_0^2/2$ 得

$$h=\frac{Rr\theta_0^2}{2H} \tag{3.3.7}$$

将式(3.3.6)，式(3.3.7) 代入式(3.3.5) 得

$$J=\frac{mgRr}{4\pi^2 H}T^2 \tag{3.3.8}$$

或

$$J=\frac{g}{4\pi^2}\frac{mRr}{H}T^2$$

式中，$g/4\pi^2$ 为常量，其中 g 为当地的重力加速度，Rr/H 为恒量，其中 R 为下圆盘悬线中心与盘心的距离（下圆盘半径），r 为上圆盘悬线中心与盘心的距离（上圆盘有效半径），H 为上、下两盘间距离，此三量为仪器的三个参数，测量过程中不变。m 为摆动系统质量，T 为扭摆周期。若测得 m,R,r,H 及 T，就可求出下圆盘或置于圆盘上的物体的转动惯量。

九、拓展实验

(1) 用三线摆装置验证转动惯量的平行轴定理。
(2) 研究三线摆装置底盘转动惯量与不同扭角的关系。
(3) 用三线摆装置测定重力加速度。
(4) 用三线摆装置测定不规则物体绕自身重心轴的转动惯量。

实验四　气轨上简谐振动的研究和弹性碰撞

一、实验目的

(1) 学会电子天平的使用，掌握气轨的使用方法。
(2) 观察简谐振动现象，测定简谐振动的周期。
(3) 研究谐振子周期与质量的关系，并验证动量守恒定律。

二、实验仪器

气垫导轨，弹簧，滑块，光电门，计时计数测速仪，电子天平，米尺，气源。

三、实验原理

1. 弹簧振子的简谐运动方程

质量为 m_1 的质点由两个弹簧拉着，弹簧劲度系数分别为 k_1 和 k_2，如图 3.4.1 所示，当 m_1 离平衡位置的距离为 x 时，它受弹簧的作用力 f 为

$$f=-(k_1+k_2)x \tag{3.4.1}$$

令 $k=k_1+k_2$，并用牛顿第二定律写出方程

$$-kx=m\frac{\mathrm{d}^2x}{\mathrm{d}t^2} \tag{3.4.2}$$

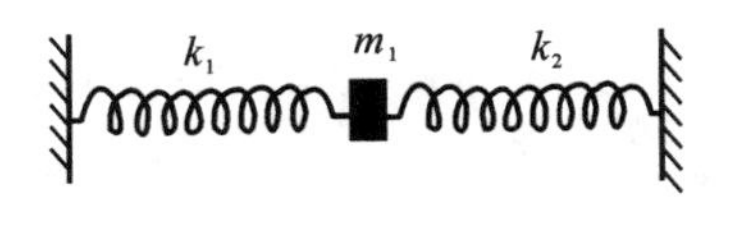

图 3.4.1　滑块的简谐振动

方程的解为

$$x=A\sin(\omega_0 t+\varphi_0) \tag{3.4.3}$$

即物体系作简谐振动，其中

$$\omega_0=\sqrt{\frac{k}{m}} \tag{3.4.4}$$

ω_0 是振动系统的固有角频率。$m=m_1+m_0$ 是振动系统的有效质量，m_0 是弹簧的有效质量，通常取弹簧质量的1/3。A 是振幅，φ_0 是初相位，ω_0 由系统本身决定，A 和 φ_0 由起始条件决定。系统的振动周期为

$$T=\frac{2\pi}{\omega_0}=2\pi\sqrt{\frac{m}{k}}=2\pi\sqrt{\frac{m_1+m_0}{k}} \tag{3.4.5}$$

2. 动量守恒定律

若一个系统受到的合外力等于零，则该系统的总动量(包括方向和大小)保持不变。即总动量的大小为

$$P=\sum_{i=1}^{n}m_i v_i=\text{恒量}$$

式中，m_i 和 v_i 分别为系统中第 i 个物体的质量和速度；n 是组成该系统的物体个数。

本实验研究两个物体沿一直线碰撞的情况。由于水平气轨上滑块的运动可近似看作是无摩擦阻力，且空气阻力及黏滞力可忽略不计。因此，可认为两个滑块是一个所受合外力为零的封闭系统，该系统在运动方向上动量守恒，若设定了速度的正方向，则有下列关系：

$$m_1\boldsymbol{v}_{11}+m_2\boldsymbol{v}_{21}=m_1\boldsymbol{v}_{12}+m_2\boldsymbol{v}_{22} \tag{3.4.6}$$

其中，m_1，m_2 为两滑块的质量；$\boldsymbol{v}_{11}$，$\boldsymbol{v}_{21}$ 为两滑块碰撞前的速度；$\boldsymbol{v}_{12}$，$\boldsymbol{v}_{22}$ 为它们碰撞后各自的速度。

四、实验装置

气垫导轨(简称气轨)是一种力学装置，它由导轨、滑块和光电计时装置等组成，如图3.4.2所示。

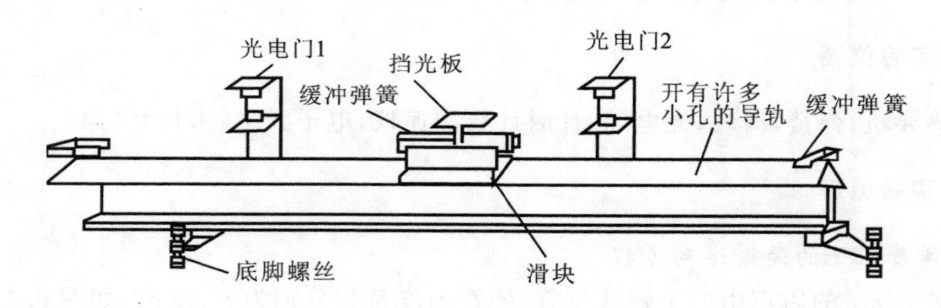

图 3.4.2　气垫导轨装置

(1) 导轨。导轨是长 1.2 ～ 1.5 m，固定于工字钢上的三角形中空铝管，在管上部相邻的两个侧面上，钻有两组等距离的小孔，小孔直径为0.4 mm左右，导轨一端装有进气嘴，当压缩空气由进气嘴送入管腔后，就从小孔喷出高速气流。在导轨上还装有缓冲弹簧和调节水平用的底脚螺丝等附件。

(2) 滑块。滑块由长约15 cm的角形铝材制成，其内表面与导轨的两个侧面精密吻合。当导轨上小孔喷出气流时，在滑块与导轨之间便形成很薄的气层(也就是所谓气垫)，使滑块悬浮在导轨上，故滑块能在导轨上做接近于无摩擦的运动。滑块两端也装有缓冲弹簧，中部装有用来测量时间间隔的挡光板。

(3) 光电计时装置。光电计时装置由光电门、光电控制器和计时计数测速仪组成。在导轨的一个侧面安装位置可以移动的光电门(它由光电二极管和小聚光灯组成)，它能测定滑块在气垫导轨上不同位置的速度。将光电二极管的两极通过导线和计时计数测速仪的光控输入端相接，当光电门中的聚光小灯泡射向二极管的光被运动滑块上的挡光板所遮挡时，光电控制

器立即输出开始计时脉冲，计时计数测速仪开始计时，待滑块通过，挡光结束，光电控制器输出一个停止计时脉冲，使计时计数测速仪停止计时，这时计时计数测速仪上显示的数字就是开始挡光到挡光结束之间的时间间隔。若挡光板的宽度为 Δx，计时计数测速仪所显示的时间为 Δt，则可求得滑块经过光电门时的平均速度 $\bar{v}=\dfrac{\Delta x}{\Delta t}$，如适当地减小挡光板的宽度 Δx，以致挡光板通过光电门的时间 Δt 非常短暂，则上述平均速度就近似为瞬时速度。

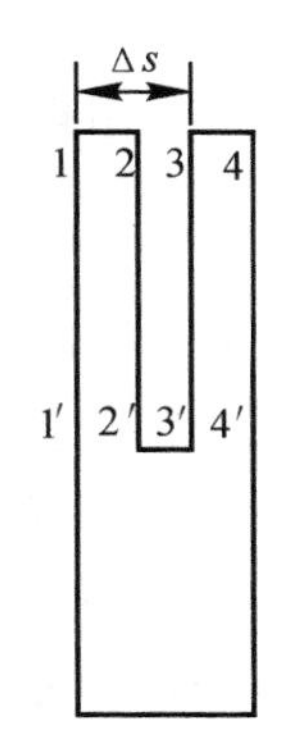

图　3.4.3

要测准滑块的速度就要准确地测量时间，一方面计时器要准确，另一方面开启和停止的动作要迅速、及时，用手按停表是达不到要求的。本实验采用光电计时装置计时，可读到 0.000 1 s，开启和停止动作是由光电二极管和遮光刀片控制的，误差可小于 0.01 ms。光电二极管固定在气轨近旁，它被铅直向上的光所照亮。挡光刀片装在滑块上，随滑块在气轨上运动，如图 3.4.3 所示，它的 $11'$ 边和 $33'$ 边放在垂直气轨的方向。当刀片移到光电二极管下方时，就把光挡住了。它的第一个边 $11'$ 刚挡住光，二极管就发出信号使计时计数测速仪开启。当第二个边 $22'$ 移过后，刀片有一缺口，光可通过去照亮二极管，这时计时计数测速仪继续计时。当第三个边 $33'$ 再次把光挡住时，二极管又发出信号使计时计数测速仪停止并显示出两次挡光的时间间隔 Δt。用游标卡尺或读数显微镜测出 $11'$ 边与 $33'$ 边的垂直距离 Δs，就可算出滑块的运动速度。

$$v=\frac{\Delta s}{\Delta t}$$

五、实验内容及步骤

1. 气轨的水平调节方法

打开计时计数测速仪的电源开关，按下功能键至计时。打开气源，放上滑块，使 U 形遮光片面向光电门。先进行粗调，即旋转调节底脚螺钉，使放在导轨中间处的滑块基本处于静止。再进行细调，用手轻推滑块，使它在导轨上以一定的速度运动，这时注意滑块经过两个光电门的时间；同时仔细微调导轨底脚螺钉（调节导轨一端的两个螺钉应使其在同一水平面向同一方向旋转，以防导轨横向倾斜），直至计时计数测速仪上的两个读数大致相等为止。一般 $\Delta t_2-\Delta t_1<1$ ms 即可。

2. 直接测量简谐振动的周期

(1) 按图 3.4.1 所示，安装好谐振子系统测量周期。注意不能使弹簧与气轨表面摩擦，如有摩擦可将弹簧的端点挂高一些。使条形遮光片面向光电门，按下计时计数测速仪的功能键至周期挡的指示灯亮，然后按住转换键至显示屏数码跳至 10，即预设 10 个周期，移动任一光电门至振子的平衡位置附近，拉开滑块使振幅约 5 ～ 10 cm 时放开，等振子振动平稳后，再按功能键复位，计时计数测速仪开始计时，显示 10 个周期的时间后，计时计数测速仪自动停止计时。读取显示时间后，若需重新测量，按一下计时计数测速仪的功能键即可复位。

(2) 验证周期随系统的质量变化关系。对滑块分别附加两次质量 Δm（$\Delta m=50$ g），测量相应的周期。计算 $\dfrac{T_i}{\sqrt{m_i}}$ 是否彼此相等。

3. 间接测量系统的周期

由 $T=2\pi\sqrt{\frac{m}{k}}$ 可知，只要测得 m 和 k 的值就可得知 T 的值。

(1) 用电子天平称量小滑块质量 m_1、大滑块质量 m_2 及两个弹簧的质量和 $m_{弹}$，$m_0=\frac{1}{3}m_{弹}$。

(2) 测量弹簧的劲度系数。将弹簧竖直挂在铁支架上，另一端挂一砝码盘，记下砝码盘在米尺上的位置 x_0，然后依次增加 5 g 左右的砝码共 5 次，记下相应的位置 $x_1,x_2,\cdots,x_5$，由此计算 k_1。另一弹簧的劲度系数 k_2 测量也用此方法。

4. 动量守恒的验证

把两个光电门放在相距约 50 cm 的位置上，质量较大的滑块放在两个光电门之间，且靠近光电门 2。按住计时计数测速仪功能键至碰撞挡指示灯亮，再按住转换键至 cm/s 挡指示灯亮。将小滑块放置在光电门 1 的外侧。大滑块静止，用手轻推小滑块，使其经光电门 1 与大滑块发生弹性碰撞(注意此时应使 U 形遮光条对着光电门)。计时计数测速仪将记录下小滑块两次经过光电门 1 的速度 v_{11}，v_{12} 和大滑块一次经过光电门 2 的速度 v_{22}，并在碰撞结束后依次显示碰撞前后的速度。取小滑块碰撞前速度方向为正方向，动量守恒形式为

$$mv_{11}=mv_{22}-mv_{12}$$

对应一组大小滑块，作三次碰撞，并分别记录对应的时间。将所得数据代入上式验证动量是否守恒。

六、数据记录及处理

1. 弹簧劲度系数 k_1，k_2 和 $u(k_1)$，$u(k_2)$ 的测量

将实验数据记入表 3.4.1 中。

表 3.4.1

<table>
<tr><td colspan="2">次序</td><td>初始</td><td>1</td><td>2</td><td>3</td><td>4</td><td>5</td><td>6</td><td colspan="2" rowspan="2">弹簧劲度系数
N • m^{-1}</td></tr>
<tr><td>质量</td><td>m/g</td><td>0</td><td>5</td><td>10</td><td>15</td><td>20</td><td>25</td><td>30</td></tr>
<tr><td rowspan="2">弹
簧
1</td><td>x/cm</td><td></td><td></td><td></td><td></td><td></td><td></td><td></td><td rowspan="2">$\bar{k}_1=$</td><td rowspan="2">$u(k_1)$</td></tr>
<tr><td>k_{1i}/(N • m^{-1})</td><td></td><td></td><td></td><td></td><td></td><td></td><td></td></tr>
<tr><td rowspan="2">弹
簧
2</td><td>x/cm</td><td></td><td></td><td></td><td></td><td></td><td></td><td></td><td rowspan="2">$\bar{k}_2=$</td><td rowspan="2">$u(k_2)$</td></tr>
<tr><td>k_{2i}/(N • m^{-1})</td><td></td><td></td><td></td><td></td><td></td><td></td><td></td></tr>
</table>

2. 简谐振动周期 T 的测量

将实验数据记入表 3.4.2 中。

表　3.4.2

次序	滑块质量/g	不同振幅 A 10个周期时间			一个周期的时间 T/s	理论计算周期 $T_{理论}$/s	实验结果表示 $T_{理论}\pm u(T)$/s	验证关系 $T_{测}/\sqrt{m_i}$
		A_1	A_2	A_3				
		5 cm	8 cm	10 cm				
1	m_1							
2	m_1+50							
3	m_1+100							

小滑块质量 $m_1=$____________ g；　大滑块质量 $m_2=$____________ g；

弹簧的质量 $m_{弹}=$____________ g；　天平的感量为 0.02 g

3. 实验误差的计算

(1) 周期为

$$T_{理论}=2\pi\sqrt{\frac{m_1+\frac{1}{3}m_{弹}}{k_1+k_2}}$$

(2) 相对不确定度为

$$E_T=\sqrt{\left[\frac{3u(m_1)}{2(3m_1+m_{弹})}\right]^2+\left[\frac{u(m_{弹})}{2(3m_1+m_{弹})}\right]^2+\left[\frac{u(k_1)}{2(k_1+k_2)}\right]^2+\left[\frac{u(k_2)}{2(k_1+k_2)}\right]^2}$$

(3) 不确定度为

$$u(T)=TE_T$$

4. 动量守恒的验证

将实验数据记入表 3.4.3 中。

表　3.4.3

次序	m_1 碰撞前速度 v_{11} / $\mathrm{cm\cdot s^{-1}}$	m_1 碰撞后速度 v_{12} / $\mathrm{cm\cdot s^{-1}}$	m_2 碰撞后速度 v_{22} / $\mathrm{cm\cdot s^{-1}}$	碰撞前的总动量 $P_{前}$ / $\mathrm{kg\cdot m\cdot s^{-1}}$	碰撞后的总动量 $P_{后}$ / $\mathrm{kg\cdot m\cdot s^{-1}}$	$u(P)=P_{前}-P_{后}$ / $\mathrm{kg\cdot m\cdot s^{-1}}$	结论
1							
2							
3							

七、注意事项

(1) 实验开始，先开气源，后放滑块；实验结束，应先取下滑块，后关气源。

(2) 测周期时，条形遮光片面向光电门；测速度(或加速度)时，U 形遮光片面向光电门。

八、思考题

1. 预习思考题

(1) 气垫导轨实验装置包括几大部分？滑块在气轨上作什么运动？

(2) 使用气轨和天平时要注意什么问题？

2. 实验思考题

(1) 如将两个弹簧并联，总弹性系数怎样计算？

(2) 如果弹簧的质量不能忽略，则需要在系统的质量中附加弹簧的等效质量 Δm。你能用作图的方法确定 Δm 吗？请简述之。

实验五　固定均匀弦振动的研究

振动和波动是自然界中常见的两个物理现象，振动是产生波动的源，波动是振动的传播。波动具有反射、折射、衍射、干涉等现象。驻波是干涉的特例，本质是两个振幅相同的相干波(同频率、同振动方向、相位差恒定)在同一弦线上沿相反方向传播时波的叠加。

一、实验目的

(1) 了解固定均匀弦振动传播的规律。

(2) 观察形成驻波的波形，并掌握形成驻波的条件。

(3) 测定均匀弦线上横波的传播速度。

二、实验仪器

固定均匀弦振动仪，砝码。

三、实验原理

一根均匀弦线，一端由劈尖 A 支撑，另一端由劈尖 B 支撑。对均匀弦线扰动，引起弦线振动，于是波动由 A 沿弦线向 B 传播，称其为入射波。到达固定端点 B，发生反射，反射波沿弦线由 B 向 A 传播。弦线上两列相反方向传播的波叠加在一起，当弦线两固定端 A，B 之间长度满足适当条件时，两列波会产生干涉叠加，形成驻波。此时，弦线上某些点始终静止不动，称其为波节，另一些点的振幅始终最大，称其为波腹，其他点的振幅介于两者之间。

驻波的形状如图 3.5.1 所示，两列沿 x 轴相对传播的横波是同振幅、同频率的简谐波。其合成波是驻波。由图可见，相邻两波节间或相邻两波腹间的距离都等于半波长。两固定端用劈尖支撑，故这两点必为波节，因而，仅当弦线的两固定端点的距离等于半波长的整数倍时，才能形成驻波，即

$$l=n\frac{\lambda}{2} \tag{3.5.1}$$

此即形成驻波条件的数学表达式，由此可得弦线上传播的横波波长为

$$\lambda=\frac{2l}{n} \tag{3.5.2}$$

式中，n 为驻波的波段数，即半波数。

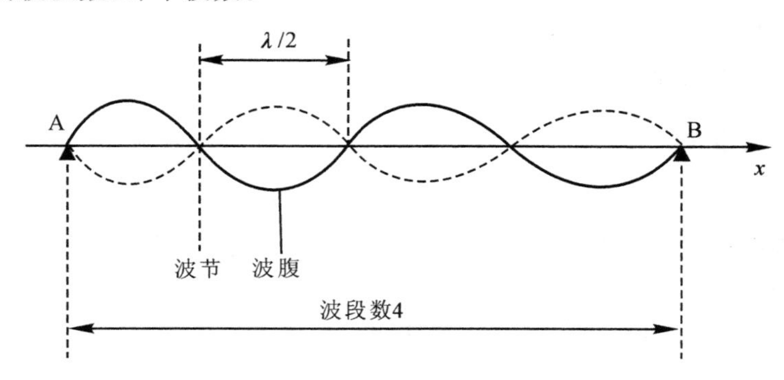

图 3.5.1　驻波示意图

由波动理论知，弦线上横波的传播速度为

$$v=\sqrt{\frac{T}{\rho}} \tag{3.5.3}$$

式中，T 为弦线中的张力；ρ 为线密度，即单位长度的质量。

又将波速、波长、频率的普遍关系式 $v=f\lambda$ 代入式(3.5.2)，可得

$$v=f\,\frac{2l}{n} \tag{3.5.4}$$

由式(3.5.3)，式(3.5.4) 可得

$$f=\frac{n}{2l}\sqrt{\frac{T}{\rho}}\quad (n=1,2,3,\cdots) \tag{3.5.5}$$

由式(3.5.5) 可知，给定 T,ρ,l 时，只有满足式(3.5.5) 的 f 才能形成驻波。对式(3.5.5) 变形后可得

$$\rho=\frac{n^2 T}{4l^2 f^2} \tag{3.5.6}$$

因此若在给出的弦上形成驻波，也可用式(3.5.6) 来测量弦线的密度。

四、实验装置

固定均匀弦振动仪面板如图 3.5.2 所示。

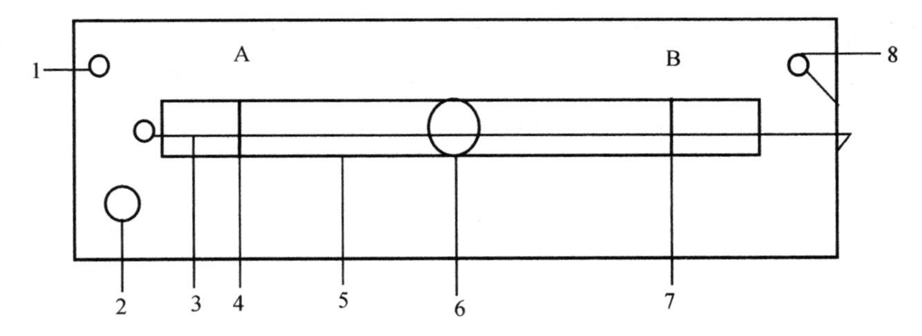

图 3.5.2　弦线驻波实验装置示意图

1,8— 电源接线柱；2— 频率调节旋钮；3— 弦线；4,7— 劈尖；6— 磁铁；5— 标尺

实验时将弦线两端点与接线柱1,8相接,打开电源开关,调节频率旋钮至某一频率,弦线中即通有该频率的交流电流;在磁铁处弦线受磁场作用振动起来,此处即是振源,产生的机械波沿弦线传播,移动磁铁和劈尖B的位置,可调整出稳定的驻波。

五、实验内容及步骤

(1) 测定弦线线密度 ρ。

取频率 $f=100$ Hz,张力 T 加40 g砝码。调节A,B劈尖和磁铁,使A,B间分别出现二段、三段驻波段,记录相应 l_A,l_B 坐标。

(2) f 一定时,改变张力 T,测弦线中横波速度 v_f。

1) 取频率 $f=75$ Hz,张力 T 加30 g砝码,调节劈尖B使出现尽可能多驻波段数。记录相应 T,n,l。

2) 逐次增加5 g砝码至50 g砝码为止,在各张力 T 下,重复以上操作。

(3) 张力 T 一定时,改变频率 f,测量弦线上横波的速度 v_T。

1) 取40 g砝码,频率 f 取50 Hz,调节劈尖B和磁铁,使出现尽可能多的驻波段,记录相应数据。

2) f 分别取75 Hz,100 Hz,125 Hz,150 Hz,在各频率 f 下,重复以上操作。

六、数据记录及处理

(1) 测量弦线线密度。将实验数据记入表3.5.1中。

表 3.5.1

$f=$ ________ Hz; $T=$ ________ N; 砝码盘质量 $m_0=$ ________ g;砝码质量 $m_i=$ ________ g

位置坐标	l_A/cm	l_B/cm	$l=(l_B-l_A)$/cm	线密度 ρ/(kg·m^{-1})
$n=2$				
$n=3$				

$\bar{\rho}=$ ________ kg/m,其中 ρ 由式(3.5.6)计算得出。

(2) f 一定时,改变张力 T,测弦线中横波速度 v_f,并作出 v_f-T 的关系图,说明二者的关系。将实验数据记入表3.5.2中。

表 3.5.2

$f=$ ________ Hz; $\rho=$ ________ kg/m

砝码质量/g	张力 $T=mg$/N	驻波段数 n	l_A/cm	l_B/cm	λ/cm	$v_f=f\lambda$/(m·s^{-1})	$v=\sqrt{\frac{T}{\rho}}$/(m·s^{-1})
30							
35							
40							
45							
50							

(3) 张力 T 一定时，改变频率 f，测量弦线上横波的速度 v_T，并作出 v_T-f 的关系图，说明二者关系。将实验数据记入表 3.5.3 中。

表　3.5.3

$T=$ ________ N；　$\rho=$ ________ kg/m

频率 f/Hz	驻波段数 n	l_A/cm	l_B/cm	λ/cm	$v_T=f\lambda/(\mathrm{m\cdot s^{-1}})$	$v=\sqrt{\frac{T}{\rho}}\Big/(\mathrm{m\cdot s^{-1}})$
50						
75						
100						
125						
150						

七、注意事项

(1) 改变砝码后，应使砝码稳定后再进行测量。

(2) 移动劈尖形成驻波时，磁铁应在两劈尖之间，并且要放在波腹附近。

(3) 记录数据时应等波形稳定后进行。

(4) 计算张力 T 时应计入砝码盘的质量。

八、思考题

1. 预习思考题

(1) 描述驻波的基本特征是什么。

(2) 固定端反射时入射波和反射波的相位有什么关系？

2. 实验思考题

(1) 本实验中驻波形成的条件是什么？

(2) 由两个波源产生的两列波，沿一直线行进，能否形成驻波？为什么？

实验六　线膨胀系数的测量

材料的线膨胀是材料受热膨胀时，在一维方向的伸长。这个特性在工程结构的设计和材料的加工中必须考虑，否则将影响结构的稳定性和仪表的精度。它也是选用材料的一项重要指标，特别是研制新材料，必须对材料线胀系数进行测定。

一、实验目的

(1) 学习并掌握测量线胀系数的原理和方法。

(2) 学会千分表和温度控制仪的使用方法。

二、实验仪器

金属线胀系数测量仪，智能温度控制仪，千分表。

三、实验原理

固体受热后其长度的增加称为线膨胀。经验表明，在一定的温度范围内，原长为 L 的物体，受热后其伸长量 ΔL 与其温度的增加量 ΔT 近似成正比，与原长 L 亦成正比，即

$$\Delta L = \alpha L \Delta T \tag{3.6.1}$$

式(3.6.1)中的比例系数 α 称为固体的线膨胀系数(简称线胀系数)。大量实验表明，不同材料的线胀系数不同，塑料的线胀系数最大，金属次之，殷钢、熔融石英的线胀系数很小。殷钢和石英的这一特性在精密测量仪器中有较多的应用。

实验还发现，同一材料在不同温度区域，其线胀系数不一定相同。某些合金，在金相组织发生变化的温度附近，同时会出现线胀量的突变。另外线胀系数与材料纯度有关，某些材料掺杂后，线胀系数变化很大。但是，在温度变化不大的范围内，线胀系数仍可认为是一常量。

为了测量线胀系数，一般将材料做成条状或杆状。由式(3.6.1)可知，测量出长度 L、受热后温度从 T_1 升高到 T_2 时的伸长量 ΔL 和受热前后的温度升高量 $\Delta T(\Delta T = T_2 - T_1)$，则该材料在 $T_1 \sim T_2$ 温度区域的线胀系数为

$$\alpha = \frac{\Delta L}{L \Delta T} \tag{3.6.2}$$

式(3.6.2)物理意义是固体材料在 $T_1 \sim T_2$ 温度区域内，温度每升高 1℃ 时材料的相对伸长量，其单位为 $℃^{-1}$。

即测量线胀系数主要就是测量伸长量 ΔL，通常采用的仪器或方法有千分表、读数显微镜、光杠杆放大法、光学干涉法等。本实验中采用分度值为 0.001 mm 千分表测量伸长量。

四、实验装置

金属线胀系数测量仪主要由温度控制仪和待测样品组成，仪器结构如图 3.6.1 所示，其中温度控制精度可达 ±0.1℃，预设温度和样品实际温度由四位数码管显示，样品伸长量由千分表直接读出。

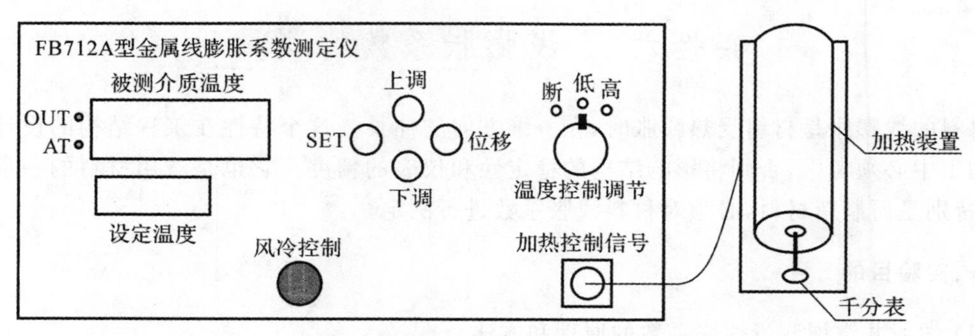

图 3.6.1 金属线胀系数测定仪

1. PID 智能温度控制仪的使用方法

温度控制是通过"温度控制调节"的 4 个按键来完成的。

(1) 先按下"设定键 SET"约 0.5 s;

(2) 按"位移键"选择需要调整的位数,数字闪烁的位数即为当前可以调整操作的位数;

(3) 按"上调"或"下调"确定当前位数值,按此办法调整,直到各位数值均满足温度设定要求。

(4) 再按一次"SET"键,退出设定工作程序。当实验中需改变温度设定时,重复以上步骤即可。

2. 千分表

千分表结构如图 3.6.2 所示。其参数为:

(1) 有效量程:0 ~ 1 mm;

(2) 主指针:每圈 200 格,每格 0.001 mm;

(3) 副指针:每格 0.2 mm,共分 5 格,总计 1 mm;

(4) 主尺刻度调节圈用于主尺调零;

(5) 极限量程可达 0 ~ 1.4 mm。

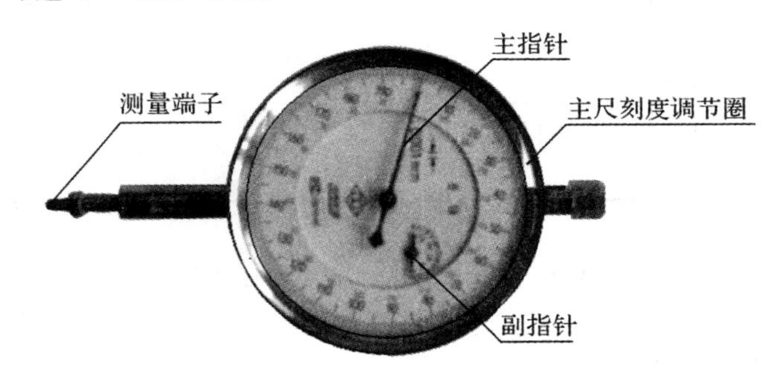

图 3.6.2　千分表

五、实验内容和步骤

(1) 用米尺测量样品铁、铜、铝杆在室温下的长度,记录到表 3.6.1 中。

(2) 连接温度传感器探头连线,连接加热部件接线柱,合上隔热罩上盖。

(3) 旋松千分表固定架螺钉,将待测金属杆样品插入测试架右侧的加热导热铜管,再插入短隔热棒,用力推紧后,安装千分表,旋紧千分表固定架螺栓,注意被测物体与千分表测量头保持在同一直线。

(4) 为了保证接触良好,一般可使千分表初读数为 0.1 ~ 0.2 mm,只要把该数值作为初读数对待,不必调零。

(5) 打开电源开关,设定上限温度 75℃。将"加热功能选择"旋钮放在"高"的位置,实际温度从室温开始上升,上升到 25℃ 时开始用低挡加热,当温度分别为 35℃,40℃,…,70℃ 时,记录对应的千分表读数 L_{35},L_{40},…,L_{70},记入表 3.6.2 中。

(6) 为消除误差,要做一次降温过程的测量,然后取平均值。即在温度大于 70℃ 后,将"加热功能选择"开关放在"断"的位置,让温度下降,金属杆冷却,可以用"风冷控制"按钮打开风扇冷却，也可以打开测试架的上盖自然冷却。在降温过程中依次读数。与上升过程的对应值平均，作为金属杆在 T 温度时的微小伸长量。

(7) 用镊子拿出铜杆，分别换上铁杆和铝杆，按同样的方法进行测量。

(8) 用逐差法求出温度每升高 20℃ 金属杆的平均伸长量，由式(3.6.2)即可求出金属杆在(35℃，70℃)温度区间的线胀系数。

六、数据记录及处理

表 3.6.1　金属长度测量

测量次数	1	2	3	平均值
铁杆有效长度 /mm				
铜杆有效长度 /mm				
铝杆有效长度 /mm				

表 3.6.2　样品在不同温度时伸长量的测量

样品温度 /℃	35	40	45	50	55	60	65	70
铁杆千分表读数 $L_i/(\times 10^{-6}\,\mathrm{m})$								
铜杆千分表读数 $L_i/(\times 10^{-6}\,\mathrm{m})$								
铝杆千分表读数 $L_i/(\times 10^{-6}\,\mathrm{m})$								

用逐差法分别求出金属杆每升高 20℃ 的平均伸长量，计算 $\alpha_{铜}$，$\alpha_{铝}$，$\alpha_{铁}$。

七、注意事项

(1) 温度设定时，按 SET 键时间不要超过 5 s，否则仪器将进入温控器单片机第二设定区。这时应静等 30 ～ 40 s，或者再按住 SET 键 5 s，单片机程序会自动恢复到正常温控状态，否则，将造成仪器不能正常工作。

(2) 风扇是快速冷却加热管时使用，此时要求“加热控制”在“断”位置，并打开隔热罩上盖。

八、思考题

(1) 本实验的误差来源主要有哪些？

(2) 如何利用逐差法来处理数据？

(3) 利用千分表读数时应注意哪些问题，如何消除误差？

九、相关知识

几种材料的线胀系数见表 3.6.3。

表 3.6.3　几种材料的线胀系数

材　料	铜、铁、铝	普通玻璃、陶瓷	殷　钢	熔凝石英
数量级	$\times 10^{-5}$ (℃)$^{-1}$	$\times 10^{-6}$ (℃)$^{-1}$	$< 2\times 10^{-6}$ (℃)$^{-1}$	$\times 10^{-7}$ (℃)$^{-1}$

当温度范围为 0 ～ 100℃ 时纯铝线胀系数为 23.8×10^{-6}(℃)$^{-1}$、纯铜钱胀系数为 17.1×10^{-6}(℃)$^{-1}$。

由于材料提炼和加工的难度，例如纯铝几乎无法进行机械加工，一般使用的材料多非纯金属，所以以上参数并非标准数据。而实际使用的金属材料的线膨胀系数比纯金属要小 10% ～ 15%，铜合金约为 1.4×10^{-5} (℃)$^{-1}$，铝合金约为 2.0×10^{-5} (℃)$^{-1}$。

实验七　固体比热容的测量

比热容是物质的基本属性之一，也是物理学的基本测量量之一，属于量热学的范围。量热学的基本概念和方法在许多领域中有广泛的应用，特别是在新能源的开发和新材料的研制中，量热学的方法必不可少。

一、实验目的

(1) 学习测量固体比热容的原理和方法。

(1) 通过实验了解金属的冷却速率与环境温差之间的关系。

(3) 用冷却法测量样品的比热容。

二、实验仪器

比热容测量仪。

三、实验原理

单位质量的物质，其温度每升高 1 K(1℃) 所需的热量称为该物质的比热容，其值随温度变化。将质量为 M_1 的金属样品加热后，放在较低温度的介质中，如室温的空气中，样品将会逐渐冷却。其单位时间的热量损失($\Delta Q/\Delta t$) 与温度下降的速率成正比，于是得到

$$\frac{\Delta Q}{\Delta t}=C_1M_1\frac{\Delta T_1}{\Delta t_1} \tag{3.7.1}$$

式中，C_1 为该样品在温度 T_1 时的比热容；$\frac{\Delta T_1}{\Delta t_1}$ 为样品在 T_1 温度的下降速率。

根据牛顿冷却定律，当物体表面与周围环境存在温度差时，单位时间内从单位面积上散失的热量与温度差成正比，这一比例系数称为热传递系数，即

$$\frac{\Delta Q}{\Delta t}=a_1S_1(T_1-T_0)^m \tag{3.7.2}$$

式中，a_1 为热交换系数；S_1 为散热面积；T_1 为样品的温度；T_0 为环境温度；m 为常数，其值与环境对流条件有关。

由式(3.7.1) 和式(3.7.2)，可得

$$C_1M_1\frac{\Delta T_1}{\Delta t_1}=a_1S_1(T_1-T_0)^m \tag{3.7.3}$$

同理，对质量为 M_2，比热容为 C_2 的另一种样品，有同样的表达式

$$C_2M_2\frac{\Delta T_2}{\Delta t_2}=a_2S_2(T_2-T_0)^m \tag{3.7.4}$$

式(3.7.3)和式(3.7.4)相比,可得

$$\frac{C_2 M_2 \dfrac{\Delta T_2}{\Delta t_2}}{C_1 M_1 \dfrac{\Delta T_1}{\Delta t_1}} = \frac{a_2 S_2 (T_2 - T_0)^m}{a_1 S_1 (T_1 - T_0)^m}$$

所以

$$C_2 = C_1 \frac{M_1 \dfrac{\Delta T_1}{\Delta t_1} a_2 S_2 (T_2 - T_0)^m}{M_2 \dfrac{\Delta T_2}{\Delta t_2} a_1 S_1 (T_1 - T_0)^m}$$

如果两样品的形状尺寸都相同,即 $S_1 = S_2$,两样品的表面状况也相同,而周围介质的性质也不变,则有 $a_1 = a_2$。于是当周围介质温度不变(即室温 T_0 恒定而样品又处于相同温度 $T_1 = T_2$)时,上式可以简化为

$$C_2 = C_1 \frac{M_1 \dfrac{\Delta T_1}{\Delta t_1}}{M_2 \dfrac{\Delta T_2}{\Delta t_2}} \tag{3.7.5}$$

以 Cu 为标准样品,Cu 在 100℃ 时的比热 $C_{Cu} = 0.0940$ Cal/(g·℃)。分别测量 100℃ 时 Fe 和 Al 的降温速率,即可用式(3.7.5)算出 Fe 和 Al 的比热容。

四、实验装置

实验仪器为 FB312 型冷却法金属比热容测量仪,仪器包括测试仪和测试架两部分。仪器结构如图 3.7.1 所示。测试架包括升降调节手轮、接线盒、保护罩(高温不可触摸)、防风容器、待测金属棒套在热电偶上。

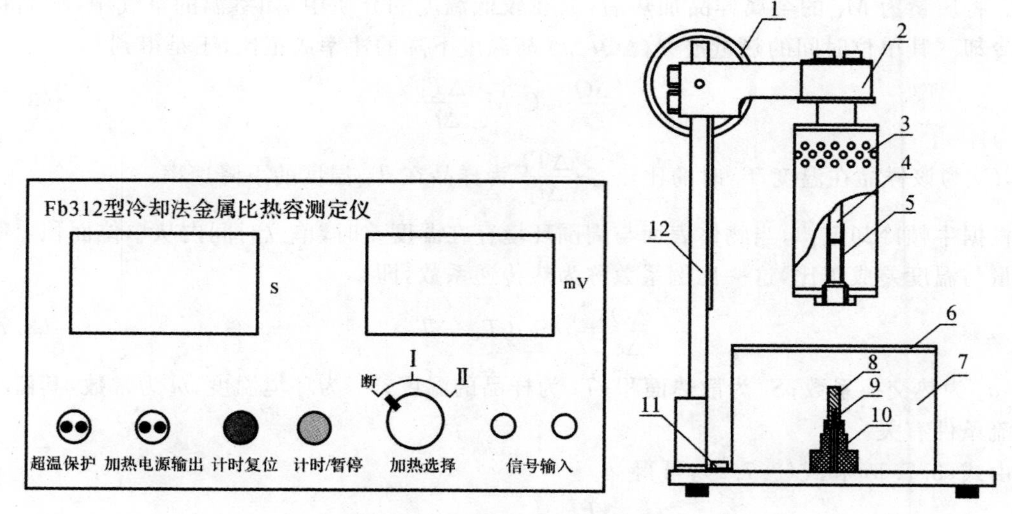

图 3.7.1 比热容测量仪装置图

1—升降调节手轮; 2—接线盒; 3—防护罩; 4—加热元件; 5—铜管; 6—容器盖; 7—防风容器; 8—待测金属棒; 9—热电偶; 10—基座; 11—热电偶信号输出插座; 12—升降齿杆

实验温度通过铜-康铜热电偶测量，热端铜固定在仪器底座上，冷端康铜放置在盛有冰水混合物的保温杯中，保证温度为0℃，测得的热电动势与待测温度一一对应。

五、实验内容及步骤

(1)“热电偶信号输出插座”与测试仪表的“信号输入”端用专用导线连接，热电偶冷端插入装有冰水混合物的容器中，测试仪表的“加热电源输出”“超温指示”与接线盒上的两插座用专用导线连接。

(2) 在基座上插入待测样品，然后转动升降调节手轮使整个加热装置下降并使铜管套入待测样品。

(3) 开启测试仪电源，将“加热选择”开关置于“Ⅱ”挡，开始加热，并观察电压表的读数，等电压值 > 4.927 mV 时，表示其加热温度已达到120℃，然后将“加热选择”开关置于“断”挡，转动升降调节手轮使整个加热装置上升，让待测样品在防风容器内自然冷却，同时将容器上面的盖子拿掉，以保证不同样品降温时散热条件基本一致，避免引起附加测量误差，(但若实验室内因电风扇造成空气流速过快，则应加上容器盖子，防止空气对流造成散热时间的改变)。当电压值为4.157 mV时开始按下“计时”按钮，当电压值为3.998 mV时停止计时，记录仪表上所显示的时间，即为冷端温度为室温时，样品从102℃下降到98℃所需要时间 Δt。

(4) 重新加热，转动升降手轮，使加热装置重新装入被测样品，重复测量6次，记录数据。

(5) 用镊子取出铜棒分别换上铁和铝棒，同样测量6次，记录数据。

(6) 样品质量可从样品标签直接读出。

因为各样品的温度下降范围相同($\Delta T = 4$℃)，所以式(3.7.5)可以简化为

$$C_2 = C_1 \frac{M_1 \Delta t_2}{M_2 \Delta t_1} \tag{3.7.6}$$

六、实验数据记录及处理

将实验数据记入表3.7.1中。样品质量分别为

M_{Cu} = ________ g，M_{Fe} = ________ g，M_{Al} = ________ g，热电偶冷端温度：__________℃。

表3.7.1 样品温度从102℃下降到98℃所需时间 （单位：s）

样品 \ 次数	1	2	3	4	5	6	平均值 Δt
Fe							
Cu							
Al							

以铜为标准：$C_1 = C_{Cu} = 0.0940$ cal/(g·℃)，计算铁和铝在100℃的比热容。

七、注意事项

(1) 仪器红色指示灯亮，表示连接线未连好或加热温度过高(> 200℃)已启动自动保护。

(2) 测量降温时间时，按“计时”或“暂停”按钮动作应迅速、准确，以减小人为计时误差。

八、思考题

(1) 实验为何要多次测量？怎样剔除粗大误差？

(2) 如果冷端不是冰水混合物，怎样进行温度补偿？

九、相关知识

本实验使用的铜-康铜热电偶分度表见表3.7.2。由于配方和工艺的不同，实际使用的热电偶在100℃时，输出的电动势一般为4.0～4.3 mV。本仪器使用的热电偶在100℃时，输出的电动势一般为4.072 mV。

表3.7.2　铜-康铜热电偶分度表

温　度	0	1	2	3	4	5	6	7	8	9
0	0	0.038	0.076	0.114	0.152	0.190	0.228	0.266	0.304	0.342
10	0.380	0.419	0.458	0.497	0.536	0.575	0.614	0.654	0.693	0.732
20	0.772	0.811	0.850	0.889	0.929	0.969	1.008	1.048	1.088	1.128
30	1.169	1.209	1.249	1.289	1.330	1.371	1.411	1.451	1.492	1.532
40	1.573	1.614	1.655	1.696	1.737	1.778	1.819	1.860	1.901	1.942
50	1.983	2.025	2.066	2.108	2.149	2.191	2.232	2.274	2.315	2.356
60	2.398	2.440	2.482	2.524	2.565	2.607	2.649	2.691	2.733	2.775
70	2.816	2.858	2.900	2.941	2.983	3.025	3.066	3.108	3.150	3.191
80	3.233	3.275	3.316	3.358	3.400	3.442	3.484	3.526	3.568	3.610
90	3.652	3.694	3.736	3.778	3.820	3.862	3.904	3.946	3.988	4.030
100	4.072	4.115	4.157	4.199	4.242	4.285	4.328	4.371	4.413	4.456
110	4.499	4.543	4.587	4.631	4.674	4.707	4.751	4.795	4.839	4.883
120	4.927									

实验八　气体比热容比的测定

气体比热容比是一个重要的热力学参量，在研究物质结构、确定相变、鉴定物质纯度等方面起着重要的作用。本实验采用一种新颖的测量方法测定气体比热容比。

一、实验目的

(1) 掌握计时计数毫秒仪的使用方法。

(2) 学习测定气体比热容比的一种方法。

二、实验仪器

气体比热容比测定仪，计时计数毫秒仪。

三、实验原理

理想气体的压强 p、体积 V 和温度 T 在准静态绝热过程中，遵守绝热过程方程 pV^{γ} 等于恒量，其中 γ 是气体的定压比热容 C_P 与定容比热容 C_V 之比，通常称 $\gamma=C_P/C_V$ 为该气体的比热容比(亦称绝热指数)。测定气体的比热容比的方法有好多种。其中一种较新颖的方法是通过测定物体在特定容器中的振动周期来计算 γ 值。实验基本装置如图 3.8.1 所示，振动物体为小刚球 D，它能在玻璃谐振腔 E 中上下运动，储气瓶 A 的壁上有一充气孔 B，其可以连接一根细管，通过它能将不同气体注入储气瓶 A 中。

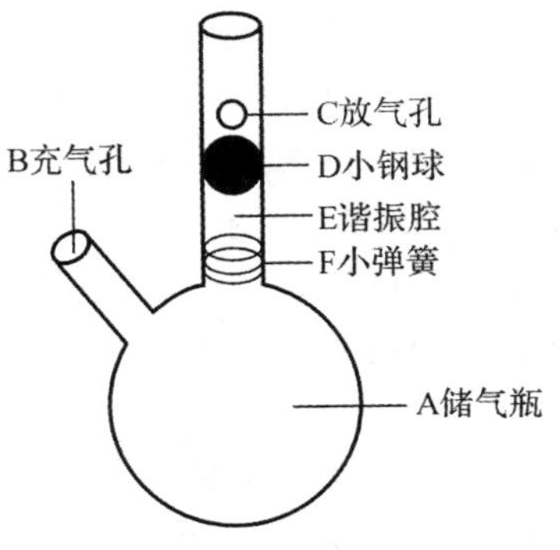

图 3.8.1 实验装置图

钢球 D 的质量为 m，半径为 r(直径为 d)，当瓶内压力 p 满足

$$p=p_{\mathrm{L}}+\frac{mg}{\pi r^2} \tag{3.8.1}$$

钢球 D 处于受力平衡状态，式中 p_{L} 为大气压强。为了补偿由于空气阻尼引起振动物体 D 振幅的衰减，通过 B 管不断注入一个小气压的气流，并在谐振腔 E 的中央开有一个小孔 C；当振动物体 D 处于小孔下方的半个振动周期时，注入气体使储气瓶 A 内压力增大，引起物体 D 向上移动，而当物体 D 处于小孔上方的半个振动周期时，容器内的气体将通过小孔流出，使储气瓶 A 内压力减小，从而使物体 D 下沉。重复上述过程，只要适当控制注入气体的流量，物体 D 就能在玻璃谐振腔 E 的小孔 C 上下作简谐振动，振动周期可利用光电计时装置来测得。

若物体偏离平衡位置一个较小距离 $\mathrm{d}x$，则容器内的压力变化 $\mathrm{d}p$，物体的运动方程为

$$m\frac{\mathrm{d}^2x}{\mathrm{d}t^2}=\pi r^2\mathrm{d}p \tag{3.8.2}$$

由于物体振动过程相当快，所以可以看作绝热过程，绝热方程

$$pV^{r}=\text{常数} \tag{3.8.3}$$

将式(3.8.3)求导数可得

$$\mathrm{d}p=-\frac{p\gamma\,\mathrm{d}V}{V},\quad \mathrm{d}V=\pi r^2\mathrm{d}x \tag{3.8.4}$$

将式(3.8.4)代入式(3.8.2)得

$$\frac{\mathrm{d}^2x}{\mathrm{d}t^2}+\frac{\pi^2r^4p\gamma}{mV}\mathrm{d}x=0 \tag{3.8.5}$$

式(3.8.5)即为简谐振动方程，其解为

$$\left.\begin{aligned}\omega&=\sqrt{\frac{\pi^2r^4p\gamma}{mV}}=\frac{2\pi}{T}\\ \gamma&=\frac{4mV}{T^2pr^4}=\frac{64mV}{T^2pd^4}\end{aligned}\right\} \tag{3.8.6}$$

式中，各量均为可测量，因而测量后可计算出 γ 值。由气体分子运动论可以知道，γ 值与气体分子的自由度有关，对单原子气体只有三个平动自由度。双原子气体有 3 个平动自由度外和 2 个转动自由度。对多原子气体，有 3 个平动自由度和 3 个转动自由度。比热容比 γ 与自由度 f 的关系为 $\gamma=\dfrac{f+2}{f}$，由此可以得到几种比较典型的气体分子的比热容比 γ。

如单原子气体 $f=3,\gamma=1.67$;双原子气体 $f=5,\gamma=1.40$;多原子气体 $f=6,\gamma=1.33$。

四、实验装置

实验装置为玻璃制品,其结构和连接方式如图 3.8.2 所示。振动物体为直径 14.00 mm 的不锈钢球,该直径尺寸比玻璃管内径小 0.01 mm 左右,因此振动物体表面不允许擦伤,玻璃管内必须保持洁净。不锈钢球静止时停留在玻璃管的下方,被弹簧托住。若需要将其取出,只需在它振动时,用手指将玻璃管壁上的小孔堵住,稍稍加大气体流量,不锈钢球便会上浮到管子上方开口处,用手可以方便地取出,也可以将玻璃管从储气瓶 Ⅱ 上取下,将不锈钢球倒出来。振动周期用计时计数毫秒仪测量。

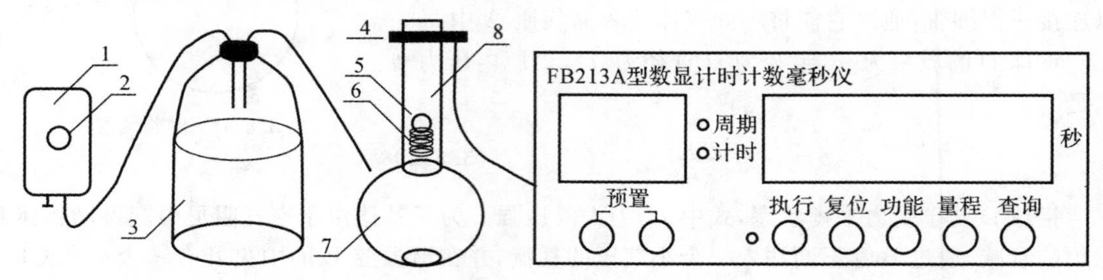

图 3.8.2 气体比热容比测定仪

1—空压机; 2—气压调节器; 3—储气瓶 Ⅰ; 4—光电门; 5—不锈钢球;
6—小弹簧; 7—储气瓶 Ⅱ; 8—钢球简谐振动腔

五、实验内容及步骤

1. 实验仪器的调整

(1) 将空压机、储气瓶 Ⅰ 用橡皮管连接好,装有钢球的玻璃管插入球形储气瓶 Ⅱ。将光电接收装置利用方形连接块固定在立杆上,固定位置于空心玻璃管的小孔附近。空压机可以两路独立工作,一般情况下,只需要采用单通道供气。在碰到一路气量不足时,可以用三通把两路出口并联使用,但此时要注意把气泵的调节开关逆时针调小一些,避免气压太大把钢球冲出。

(2) 接通空压机电源,缓慢调节空压机上的调节旋钮,数分钟后,待储气瓶内注入一定压力的气体后,玻璃管中的钢球浮起离开弹簧向管子上方移动,此时适当调节进气的大小,使钢球在玻璃管中以小孔为中心上下振动,并维持简谐振动状态。

2. 振动周期测量

接通数显计数计时毫秒仪的电源,把光电接收装置与之连接。打开电源开关,预置测量次数。设置计数次数时,可分别按"预置"键的十位或个位按钮进行调节,设置完成后自动保持设置值(直到再次改变设置为止)。在不锈钢球正常振动的情况下,按"执行"键,毫秒仪即开始计时,每计量一个周期,周期显示数值逐一递减 ,直到递减为 0 时,计时结束,毫秒仪显示出累计周期的时间。重复以上测量 5 次,并记录数据。

3. 其他物理量的测量

用螺旋测微计和天平分别测出钢球的直径 d 和质量 m。储气瓶容积由实验室给出,大气压力由气压表读出,计算时注意换算成国际单位制 Pa(N/m^2),(760 mmHg = 1.013 ×

10^5 N/m²)。

六、数据记录与处理

(1) 测量钢珠质量、直径。将实验数据记入表 3.8.1 中。

表 3.8.1 钢珠质量、直径测量

项目 \ 次数	1	2	3	4	5	平均值
质量 $m/(\times 10^{-3}\,\text{kg})$						
直径 $d/(\times 10^{-3}\,\text{m})$						

平均值：
$$\overline{m}=\frac{m_1+m_2+m_3+m_4+m_5}{5}$$

不确定度：
$$u(m)=\sqrt{\frac{\sum_{i=1}^{n}(m_i-\overline{m})^2}{n(n-1)}}$$

结果：
$$m=\overline{m}\pm u(m)\ (\times 10^{-3}\,\text{kg})$$

平均值：
$$\overline{d}=\frac{d_1+d_2+d_3+d_4+d_5}{5}$$

不确定度：
$$u(d)=\sqrt{\frac{\sum_{i=1}^{n}(d_i-\overline{d})^2}{n(n-1)}}$$

结果：
$$d=\overline{d}\pm u(d)\ (\text{mm})$$

(2) 测量钢球振动周期 T。将实验数据记入表 3.8.2 中

表 3.8.2 钢球振动周期 T(设置测量周期数 $N=50$)

项目 \ 次数	1	2	3	4	5	平均值
N 个周期时间 t/s						
振动周期 T/s						

钢球振动周期：
$$T_i=\frac{t_i}{N}$$

周期平均值：
$$\overline{T}=\frac{T_1+T_2+T_3+T_4+T_5}{5}$$

不确定度：
$$u(T)=\sqrt{\frac{\sum_{I=1}^{N}(T_i-\overline{T})^2}{N(n-1)}}$$

结果：
$$T=\overline{T}\pm u(T)\ (\text{s})$$

(3) 在忽略储气瓶体积 V 和大气压 p 测量误差的情况下估算空气的比热容及其不确定

度。并用标准形式表达

$$\gamma = \gamma \pm u(\gamma)$$

七、注意事项

(1) 装有钢球的玻璃管上端有一黑色护套,防止实验时气流过大,导致钢球冲出。如需要测钢球的质量可先拔出护套,取出钢球,待测量完毕,放入钢球后,重新装好护套。

(2) 若不能启动计时或不能停止计时,可能原因是光电门位置放置不正确,造成钢球上下振动时未能挡光,如果因外界光线过强,影响光电门的正常逻辑关系,可拉上窗帘适当遮光,问题即可解决。

八、思考题

(1) 注入气体流量的多少对小球的运动情况有没有影响?

(2) 在实际问题中,物体振动过程并不是十分理想的绝热过程,这时测得的值比实际值大还是小?为什么?

实验九 导热系数的测量

热传导是热量传递的三种基本形式之一,指物体各部分之间在没有发生宏观改变的情况下,在物体内部由于温差所引起的热量传递过程。其微观机制是,热量依靠原子、分子围绕平衡位置的振动以及自由电子的迁移运动传递。

导热系数是表征物质热传导性能的物理量。一种物体的导热系数不仅与构成物质的种类相关,而且还与它的微观结构、温度、压力、湿度及杂质等有关。因此,材料结构的变化与所含杂质等因素都会对导热系数产生明显的影响,导热系数常常需要通过实验来具体测定。

一、实验目的

(1) 用稳态法测定不良导体的导热系数,并与理论值进行比较。

(2) 用稳态法测定良导体的导热系数,分析用稳态法测定良导体的导热系数产生误差的原因。

二、实验仪器

导热系数测定仪。

三、实验原理

根据傅立叶导热方程,在物体内部,取两个垂直于热传导方向、彼此间相距为 h、温度分别为 T_1,T_2 的平行平面(设 $T_1 > T_2$),若两平面面积均为 S,在 Δt 时间内通过面积 S 的热量 ΔQ 满足表达式

$$\frac{\Delta Q}{\Delta t} = \lambda S \ \frac{(T_1 - T_2)}{h} \tag{3.9.1}$$

式中,$\frac{\Delta Q}{\Delta t}$ 为热流量;λ 即为该物质的导热系数(又称作热导率),在数值上等于相距单位长度的

两平面温度相差 1 个单位时，单位时间内通过单位面积的热量，其单位是 $W \cdot m^{-1} \cdot K^{-1}$。

测量导热系数的方法比较多，可以根据物体的导热系数范围和样品特征来选择合适的方法，一般归并为两类基本方法：稳态法和动态法。稳态法是在加热和散热达到平衡状态，样品内部形成稳定的温度分布，然后进行测量；动态法是待测样品中的温度分布随时间变化，例如按周期性变化等，测出这种变化，求出导热系数。本实验采用稳态法进行测量。

稳态法测量物体的导热系数时，设散热圆铜盘为P，在P盘的上面放上待测样品B盘(样品盘为圆形的不良导体)，再把带加热器的圆铜盘A放在B上，加热器通电后，热量从A盘传到B盘，再传到P盘。由于A，P盘都是良导体，导热性能良好，它们与待测样品B盘紧密接触，其温度即可以代表B盘上、下表面的温度 T_1，T_2。

由式(3.9.1)可以知道，单位时间内通过待测样品B任一圆截面的热流量为

$$\frac{\Delta Q}{\Delta t}=\lambda \frac{(T_1-T_2)}{h_B}\pi R_B^2 \tag{3.9.2}$$

式中，R_B 为样品的半径；h_B 为样品的厚度。当热传导达到稳定状态时，T_1 和 T_2 的值不变，于是通过B盘上表面的热流量与由P盘向周围环境散热的速率相等，因此可通过P盘在稳定温度 T_2 时的散热速率来求出热流量$\frac{\Delta Q}{\Delta t}$。实验中，在读得稳定时的 T_1 和 T_2 后，即可将待测样品B盘移去，而使A盘的底面与P盘直接接触。当P盘的温度上升到高于稳定时的 T_2 值后，再将A盘移开，让P盘自然冷却。观察其温度 T 随时间 t 变化情况，然后由此求出P盘在 T_2 的冷却速率$\frac{\Delta T}{\Delta t}$，而P盘的散热速率与其冷却速率的关系为

$$mC\left.\frac{\Delta T}{\Delta t}\right|_{T=T_2}=\frac{\Delta Q}{\Delta t} \tag{3.9.3}$$

式中，m 为P盘的质量，C 是其比热容，本实验中的散热盘为P盘。但要注意，这样求出的$\frac{\Delta T}{\Delta t}$是P盘的全部表面暴露于空气中的冷却速率，其散热表面积为 $2\pi R_P^2+2\pi R_P h_P$(其中 R_P 与 h_P 分别为散热盘P的半径与厚度)。因此在测量样品B的稳态传热时，P盘的上表面是被样品覆盖着的，考虑到物体的冷却速率与它的表面积成正比，稳态时P盘散热速率的表达式应修正为

$$\frac{\Delta Q}{\Delta t}=mC\frac{\Delta T}{\Delta t}\frac{(\pi R_P^2+2\pi R_P h_P)}{(2\pi R_P^2+2\pi R_P h_P)} \tag{3.9.4}$$

将式(3.9.4)代入式(3.9.2)，得

$$\lambda=mC\frac{\Delta T}{\Delta t}\frac{(R_P+2h_P)h_B}{(2R_P+2h_P)(T_1-T_2)}\frac{1}{\pi R_B^2} \tag{3.9.5}$$

四、实验装置

本实验所用导热系数测定仪(见图3.9.1)，采用低于36 V的隔离电压作为加热电源。整个加热圆筒可以上下升降，发热圆盘和散热圆盘的侧面有一小孔，为放置热电偶用。散热P盘放在可以调节的三个螺旋头上，调节螺旋可使待测样品盘的上下两个表面与发热圆盘和散热圆盘紧密接触。P盘下方有一个轴流式风扇，用来快速散热。两个热电偶的冷端分别插入在放有冰水杜瓦瓶的两根玻璃管中。冷、热端插入时，涂少量的硅脂，热电偶的两个接线端与仪器面板对应连接。转换仪器面板上的开关可直接测出两个温差电动势，温差电动势由量程为20 mV的数字式电压表测量，读出电压值后，再根据铜-康铜热电偶分度表转换成对应的温度

值。仪器配置了数字计时装置，计时范围为 166 min，分辨率为 1 s。实验测量过程中，温度由 PID 自动温度控制仪控制，控温精度 ±1℃，分辨率为 0.1℃。

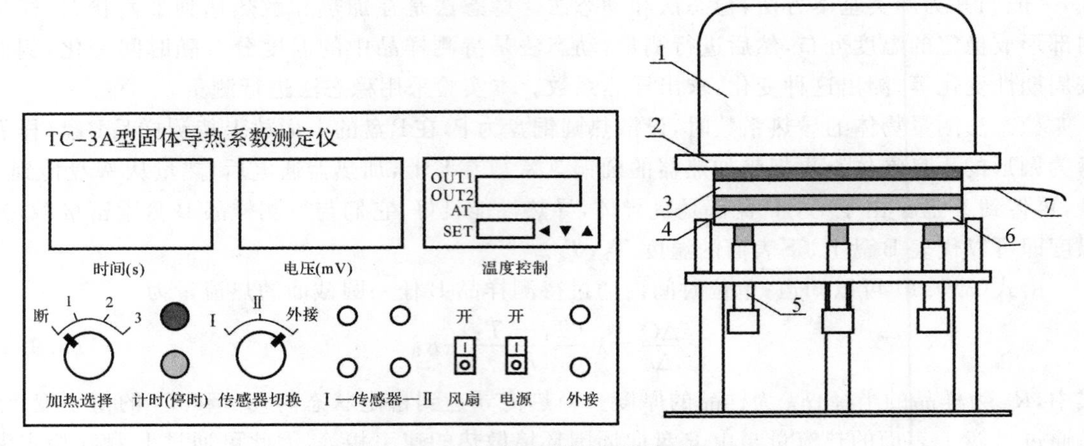

图 3.9.1　导热系数测定仪实验装置

1—防护罩；2—加热部件总成；3—加热圆铜盘 A；4—待测样品盘 B；5—调节螺杆；6—散热圆铜盘 P；7—热电偶温度传感器 E

五、实验内容及步骤

1. 测量散热铜盘 P 和待测样品盘 B 的几何尺寸

(1) 用游标卡尺分别测量 P 盘、B 盘的直径和厚度，各测 5 次。

(2) 测量 P 盘的质量。

2. 不良导体导热系数的测量

(1) 安装待测样品盘 B：在支架上先放好散热铜盘 P，再将 B 盘放在 P 盘上面，然后将 A 盘放在 B 盘上方，并用固定螺母固定在机架上，并调节三个调节螺杆，使样品盘的上、下两个表面与发热盘和散热盘紧密接触。

(2) 在杜瓦瓶中放入冰水混合物，将热电偶的冷端（黑色）插入杜瓦瓶中。将热电偶的热端涂抹导热硅脂后，分别插入 A 盘和 P 盘侧面的小孔中。再将 A 盘和 P 盘的热电偶接线连接到仪器面板的传感器 Ⅰ，Ⅱ。连接实验仪器和加热组件圆铝板。

(3) 接通电源，在“温度控制”仪表上设置加温的上限温度。将加热选择开关由“断”打向“1 ～ 3”任意一挡，此时指示灯亮；当打向“3”挡时，加温速度最快。如设置的上限温度为 100℃ 时，当传感器 Ⅰ 的温度读数为 4.1 mV 时，此时仪器会有声响，表示加热温度已达到 100℃ 可将开关打向“2”或“1”挡，降低加热电压。直到传感器 Ⅰ，Ⅱ 的读数不再上升，说明系统已达到稳态，按下计时按钮开始计时，每隔 5 min 记录一次。整个加热过程约为 40 min，V_{T_1} 和 V_{T_2} 读数时注意要切换“传感器切换”开关。

(5) 在实验中，如果使用直流电位差计和热电偶测量温度，可将“传感器切换”开关转至“外接”。“外接”两接线柱对应连接直流电位差计的“未知”端即可。

(6) 测量散热盘在稳态值 T_2 附近的散热速率 $\left(\frac{\Delta Q}{\Delta t}\right)$。移开 A 盘，取下 B 盘，并使 A 盘的底面与 P 盘直接接触（注意必须戴手套操作，防止烫伤，将固定螺钉完全拿掉才能转动加热筒，装

上之后再把相应的螺钉固定好）。当P盘的温度上升到高于稳定态的 V_{T_2} 值若干度（0.2 mV左右）后，再将A盘移开，让P盘自然冷却。测量P盘的温度随时间的变化关系，每隔30 s记录一次 $V_{T'_2}$ 值，根据测量值计算出散热速率 $\left.\frac{\Delta Q}{\Delta t}\right|_{T=T_2}$。

（7）继续测量另一种材料的导热系数，可打开风扇快速降温，待散热盘的温度接近室温时再关上风扇，重复上述步骤即可。

3. 良导体导热系数的测量

（1）将圆柱体铝合金棒置于加热圆盘与散热圆盘之间。

（2）在加热盘与散热盘达到稳定的温度分布后，T_1，T_2 值为金属样品上下两个面的温度，此时P盘的温度应为 T_3 值；则P盘的冷却速率为 $\left.\frac{\Delta Q}{\Delta t}\right|_{T=T_3}$。

由此得到导热系数为

$$\lambda = mC\left.\frac{\Delta Q}{\Delta t}\right|_{T=T_3}\frac{h}{(T_1-T_2)}\frac{1}{\pi R^2} \tag{3.9.6}$$

测 T_3 值时应在 T_1，T_2 达到稳定时，再进行测量。

4. 空气导热系数的测量

测量空气的导热系数时，调节三个螺旋头，以塞尺为基准，使发热圆盘与散热圆盘平行，且之间的距离为 h。h 一般为几个毫米，此距离即为待测空气层的厚度。注意：由于存在空气对流，所以此距离不宜过大。

六、数据记录及处理

1. 实验数据记录（铜的比热 $C=0.09197\ \text{Cal}\cdot\text{g}^{-1}\cdot℃^{-1}$，密度 $\rho=8.9\ \text{g/cm}^3$）

将实验数据分别记入表3.9.1～表3.9.4。

散热P盘：质量 $m=$ ________(g)　　半径：$R_P=\frac{1}{2}D_P=$ ________(cm)

表　3.9.1

测量次数	1	2	3	4	5	平　均
D_P/cm						
h_P/cm						

橡胶盘半径 $R_B=\frac{1}{2}D_B=$ ________(cm)

表　3.9.2

测量次数	1	2	3	4	5	平　均
D_B/cm						
h_B/cm						

稳态时 T_1，T_2 的值（转换见表3.7.2）$T_1=$ ________(℃)，　$T_2=$ ________(℃)

表 3.9.3

时间 /min	0	5	10	15	20	25	30	35	40	45
V_{T_1} /mV										
V_{T_2} /mV										

散热速率：每隔 30 s 测一次，直到约 0.5 mV。

表 3.9.4

时间 /s	0	30	60	90	120	150	180	210
$V_{T'_2}$ /mV								

2. 处理实验数据

根据实验结果，计算待测导热体的导热系数（导热系数单位换算：$1\ \mathrm{Cal \cdot cm^{-1} \cdot s^{-1} \cdot ℃^{-1}} = 418.68\ \mathrm{W/mK}$），并求出相对误差。

七、注意事项

(1) 加热盘和散热盘侧面放置热电偶的小孔应与杜瓦瓶同侧，以避免热电偶连线相互交叉。

(2) 实验中，抽出被测样品时，应先旋松加热圆筒侧面的固定螺钉。样品取出后，小心将加热圆筒降下，使发热盘与散热盘接触，注意防止高温烫伤。

八、思考题

(1) 分析用稳态法测定良导体的导热系数产生误差的原因。

(2) 什么是稳定导热状态？如何判断实验达到了稳态？

实验十　惠斯通电桥测电阻

电桥法是测量电阻的常用方法，电桥是桥式电路，用比较法进行测量的仪器。电桥线路在电磁测量技术、自动控制等方面有着较广泛的应用。电桥分为直流电桥和交流电桥两大类，直流电桥分为单臂电桥和双臂电桥，单臂电桥又称为惠斯通电桥，主要用于测量中等阻值的电阻（$10 \sim 10^6\ \Omega$）。

在测量方法上除平衡电桥外，还可利用非平衡电桥进行测量。

一、实验目的

(1) 学习用惠斯通电桥测量电阻的原理和方法。

(2) 了解电桥的测量误差及灵敏度。

二、实验仪器

SS1791 可跟踪直流稳压电源，滑线变阻器，ZX21 型电阻箱，待测电阻，电键，导线，万用表，QJ23a 型直流单臂电桥。

三、实验原理

1. 惠斯通电桥的线路原理

用伏安法测电阻时，除了因使用电表准确度不高带来的误差外，线路本身也不可避免地带来误差。而电桥线路克服了这些缺点，它是将待测电阻和标准电阻相比较，以确定待测电阻是标准电阻的多少倍。由于标准电阻的误差很小，所以电桥法测电阻可达到很高的准确度。

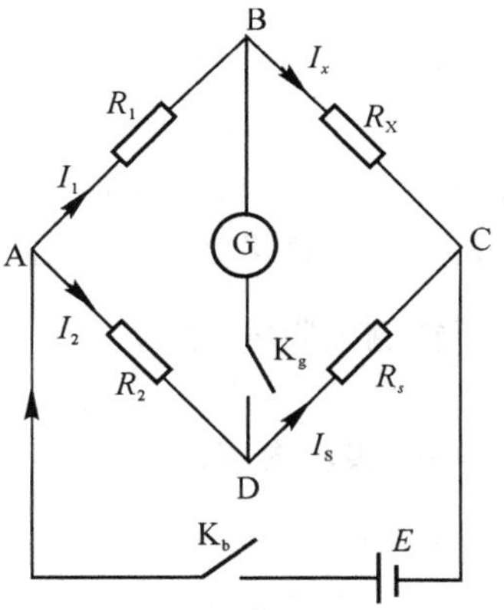

惠斯通电桥的电路如图 3.10.1 所示。R_1，R_2，R_S，R_X 连成一个四边形，其中 R_1，R_2，R_S 为已知可调标准电阻，R_X 为待测电阻。

图 3.10.1 电桥原理图

每个电阻所在的支路叫作电桥的一个桥“臂”。在一对角线上接入电源 E，在另一对角线上接入检流计 G。检流计所在的支路称为“桥”，其作用是将桥的两端点的电位直接进行比较。当合上 K_b 及 K_g 时，检流计 G 中无电流通过，此时称电桥处于平衡状态。

电桥平衡时，B，D 两点电位相等，即

$$U_{AB}=U_{AD}$$

或

$$U_{BC}=U_{DC}$$

即

$$I_1R_1=I_2R_2$$

或

$$I_XR_X=I_SR_S$$

又 $I_1=I_X$，$I_2=I_S$，故可知

$$R_X=\frac{R_1}{R_2}R_S=k_rR_S \tag{3.10.1}$$

式(3.10.1)称为电桥平衡条件，其中 R_S 为比较臂；k_r 为比率。

2. 误差来源

(1) 桥臂电阻的误差。平衡公式(3.10.1)是理想化的，实际上电桥中必定有一些接线电阻、接触电阻、漏电阻及接触电势等。但正确的设计及工艺可以保证在一定量程内忽略它们。因此主要是 R_1，R_2 及 R_S 本身的误差影响 R_X 的测量结果。对于 R_S 可以采用标准电阻，使 R_S 的误差小于0.1%。对于 R_1 和 R_2 的误差影响，可采用交换的方法予以消除。方法是按原理图 3.10.1，先调电桥平衡，则有 $R_X=\frac{R_1}{R_2}R_S$。在 R_1 和 R_2 位置及数值不变的情况下，交换 R_X 和 R_S 的位置后，再重新调节 R_S 使电桥平衡，并记下此时的阻值 R'_S，则

$$R_X=\frac{R_2}{R_1}R'_S$$

即

$$R_X=\sqrt{R_SR'_S} \tag{3.10.2}$$

这样 R_X 与 R_1，R_2 无关，仅由可调电阻 R_S 决定，因此消除了 R_1，R_2 的误差影响。

(2) 电桥灵敏度带来的误差。式(3.10.1)是在电桥平衡的条件下推导出来的，而电桥是否平衡，实际上是靠观察检流计有无偏转来判断的，而检流计本身具有一定的灵敏度，且这个灵敏度总是有限的，因此，电桥平衡与检流计的灵敏度有关。对此引入电桥灵敏度的概念，其定义为

$$S=\frac{\Delta n}{\frac{\Delta R_X}{R_X}} \tag{3.10.3}$$

式中，ΔR_X 为电桥平衡后 R_X 的微小变化量；Δn 是由于电桥偏离平衡而引起的检流计指针的偏转格数。电桥灵敏度的单位是“格”。S 越大，表明电桥越灵敏，带来的误差就越小。测量时，由于待测电阻 R_X 是不变的，常以比较臂 R_S 的相对改变 $\frac{\Delta R_S}{R_S}$ 来代替 $\frac{\Delta R_X}{R_X}$。

四、实验内容及步骤

1. 自组电桥测电阻

(1) 根据所给元件连成如图 3.10.2 所示电路。其中 R_1，R_2 用滑线变阻器代替，R_S 为 ZX21 型电阻箱。开始操作时，电桥一般处在不平衡状态，为了防止过大的电流通过检流计，应将导线接至检流计的“G_1”接线柱，初调 R_S，使检流计指针指零位，再将导线接至“G_0”接线柱处，最后调至电桥平衡。在电桥接近平衡时，为了更好地判断检流计是否为零，应反复开合开关 K_g（跃接法），细心观察检流计指针是否摆动，摆动表示不平衡，再调节，直到电桥平衡。将 R_1，R_2，R_S 值记入表 3.10.2 中。

(2) 交换 R_X 及 R_S 位置，保持 R_1，R_2 数值不变，调 R_S 使电桥重新达到平衡，得 R'_S，记录数据于表 3.10.3 中。

(3) 误差计算。相对不确定度为

$$E_R=\sqrt{\left[\frac{u(R_1)}{R_1}\right]^2+\left[\frac{u(R_2)}{R_2}\right]^2+\left[\frac{u(R_S)}{R_S}\right]^2} \tag{3.10.4}$$

1) 如直接用 $R_X=\frac{R_1}{R_2}R_S$ 计算（不用交换法）。其中 $u(R_1)$，$u(R_2)$ 分别为测量 R_1，R_2 时的仪器误差，$u(R_S)/R_S$ 等于电阻箱的等级除以 100。

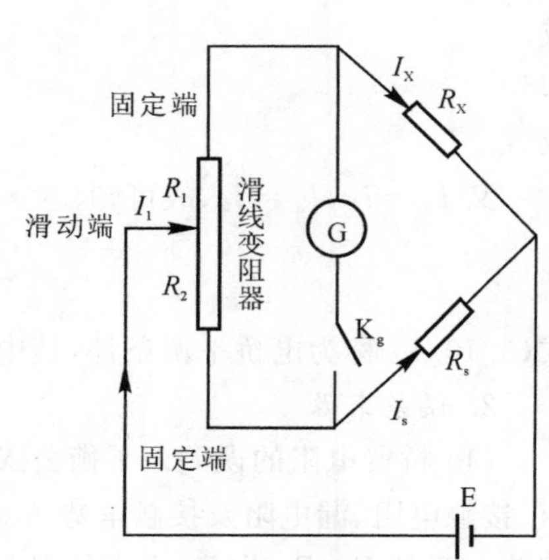

图 3.10.2　实验接线图

绝对不确定度为　$u(R_X)=E_R R_X$

表示测量结果为

$$R_X=R_X\pm u(R_X) \tag{3.10.5}$$

2) 如果用交换法，则测量值为

$$R_X=\sqrt{R_S R'_S} \tag{3.10.6}$$

相对不确定度为

$$E_R=\frac{u(R_S)}{R_S} \tag{3.10.7}$$

其中 $u,(R_S)/R_S$ 等于电阻箱的精确度除以 100。

绝对不确定度为　$u(R_X)=E_R R_X$

测量结果为

$$R_X=R_X\pm u(R_X) \tag{3.10.8}$$

2. 用箱式电桥测电阻及相应的电桥灵敏度

箱式电桥仪器电路如图 3.10.3 所示，QJ23a 型直流箱式单臂电桥面板如图 3.10.4 所示，主要参数见表 3.10.1。

表 3.10.1　QJ23a 箱式电桥主要参数

量程倍率 K	有效量程	等级指数 $a\%$	电源
×0.001	1 ~ 11.11 Ω	0.5	3 V
×0.01	10 ~ 111.11 Ω	0.2	
×0.1	100 ~ 1 111 Ω	0.1	
×1	1 ~ 11.11 kΩ	1	
×10	10 ~ 111.1 kΩ	0.1	9 V
×100	100 ~ 1 111 kΩ	0.2	
×1 000	1 ~ 5 MΩ 5 ~ 11.11 MΩ	0.5	

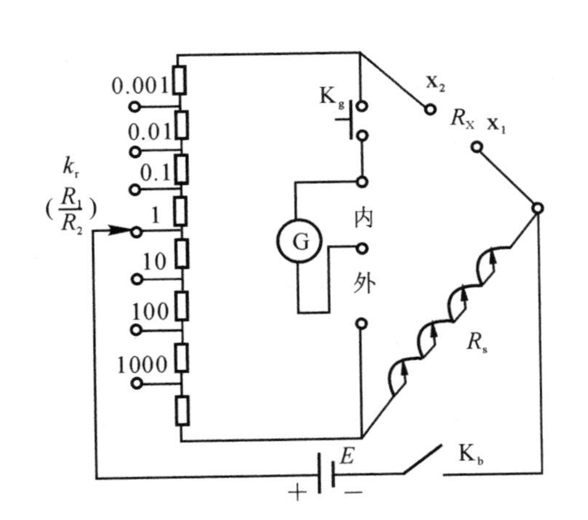

图 3.10.3　箱式电桥仪器电路

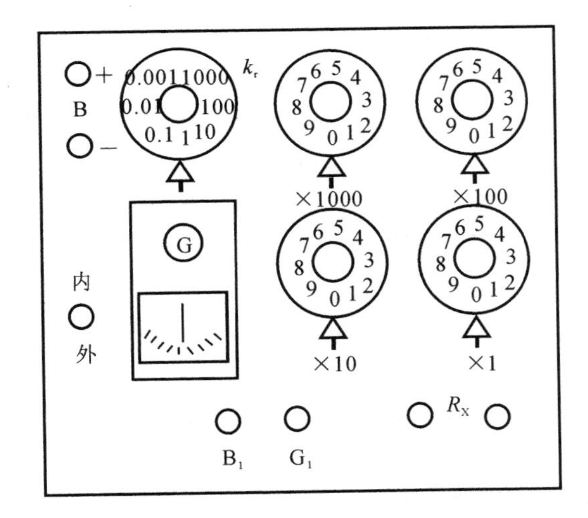

图 3.10.4　QJ23a 型直流箱式单臂电桥面板图

(1) 先调节检流计指针的机械零位(通过检流计上方的零位调整旋钮)。

(2) 用导线将待测电阻 R_{X2} 接入 R_X 接线柱。

(3) 初选一个比率 k_r，选择依据是估计待测电阻值大小，检查箱式直流单臂电桥主要参数。按下电源开关“B_1”，然后用 R_S 的最大倍数旋钮调节，点按(即按下、断开、按下、断开) 检流计开关“G_1”，使检流计指针指零。若检流计不能指零，再选适当比率 k_r，重复点按操作使 R_S 有四位读数。调节 R_S 的其他旋钮，使电桥平衡。记下 R_S 值及 k_r 值。代入式(3.10.1) 计算 R_X，记录数据于表 3.10.4。

(4) 在电桥平衡时，改变 R_S 数值，设改变后的值为 R''_S，此时电桥不平衡，检流计指针偏离零刻线，读出指针偏离格数 Δn，记下 $\Delta R_S = R_S - R''_S$，代入公式 $S = \dfrac{\Delta n}{\dfrac{\Delta R_S}{R_S}}$ 求出电桥灵敏度(式中 R_S 为电桥平衡时的电阻)，记录数据于表 3.10.4。

(5) 测量结果为

$$R_X = R_X \pm u(R_X)$$

绝对误差：$u(R_X) = a\% R_X$(其中 a 为箱式电桥级别)。

五、数据记录及处理

1. 直接测量法

表 3.10.2　直接测量法数据记录表格

内容 次数	电阻 R_1/Ω	电阻 R_2/Ω	电阻 R_S/Ω	电阻 R_X/Ω	不确定度 E_R	不确定度 $u(R_X)/\Omega$	结果表示 $/\Omega$
1							
2							
3							

2. 交换法

表 3.10.3　交换法数据记录表格

内容 次数	电阻 R_S/Ω	电阻 R'_S/Ω	电阻 R_X/Ω	不确定度 E_R	不确定度 $u(R_X)/\Omega$	结果表示 $/\Omega$
1						
2						
3						

3. 箱式电桥测电阻及灵敏度测量

表 3.10.4　箱式电桥测量数据记录表格

内容 次数	比率 k_r	电阻 R_S/Ω	电阻 R_X/Ω	不确定度 E_R	不确定度 $u(R_X)/\Omega$	结果表示 $/\Omega$	电桥灵敏度		
							R''_S/Ω	$\Delta R_S/\Omega$	S
1									
2									
3									

六、思考题

1. 预习思考题

(1) 简要叙述本实验所用直流单臂电桥的使用方法。

(2) 本实验的主要内容及步骤有哪些?

(3) 实验中要注意哪些问题?

2. 课后思考题

(1) 自组电桥测电阻时,取 R_1 等于 R_2,调节电桥平衡,得出第一个 R_S 值,如果把 R_1 和 R_2 对调后,电桥不再平衡,这说明什么问题?

(2) 用箱式电桥测电阻时,任意调节比率 k_r 及 R_S,检流计指针始终偏向平衡位置一侧,试分析判断原因何在。

(3) 总结一个使电桥较快地调到平衡的操作步骤。

七、相关知识

1. 电阻箱

简言之,电阻箱就是一种箱式结构的变阻器,它可分成插头式和转盘式两类,主要是由若干个标准的固定电阻按一定结构组合而成。物理实验中常用的是四转盘和六转盘的电阻箱,转盘越多,电阻箱可调整的范围就越宽。例如四转盘电阻箱 J2362－1 型的阻值可调范围为 1～9 999 Ω,而六转盘电阻箱 ZX21 型的阻值可调范围为 0.1～99 999.9 Ω。若电路中只需"0～9.9 Ω"或"0～0.9 Ω"的阻值变化,则分别由"0"与"9.9"或"0"与"0.9"两接线柱引出。

电阻箱的主要规格是总电阻、额定功率(额定电流)和准确度等级。电阻箱根据其误差大小可分为若干个准确度等级,常用的有 0.02,0.05,0.1,0.2,0.5 级。

电阻箱的误差主要包括基本误差和零电阻误差两个部分。零电阻值包括电阻箱本身的接线、焊接、接触等产生的电阻值。电阻箱的仪器误差由下式计算。

$$u(R)=a\%R+b(N+1)$$

$$u(R)/R=a\%+b(N+1)/R$$

式中,a 是电阻箱的准确度等级;R 是电阻箱的读数;b 是与准确度有关的系数,当 $a\leqslant 0.05$ 级时,$b=0.002\ \Omega$;当 $a\geqslant 0.1$ 级时,$b=0.005\ \Omega$;N 是实际所用二引线端钮间的电阻箱转盘数目。

2. 滑线变阻器

滑线变阻器是可以连续改变电阻值的电阻器。它是将一根涂有绝缘膜的电阻丝密绕在绝缘瓷管上,电阻丝的两端固定在引出端接线柱 A 和 B 上,与密绕电阻丝紧贴着的滑动触头通过瓷管上方的铜条与接线柱 C 相连,称作滑动端。这样,当滑动端在铜条上移动时,就改变了 AC 和 BC 之间的电阻。

滑线变阻器可用做固定电阻(只用 A,B 两个接线柱),可变电阻(用 A,C 或 B,C 两个接线柱),分压器(A,B,C 三个接线柱都要接)。使用滑线变阻器和电阻箱的注意事项如下:

(1) 使用前,应先查看电阻器铭牌上标明的最大电阻值和最大允许电流值,以免电流过大烧坏电阻器。

(2) 电路接通前,作限流用的电阻器应具有较大的电阻值,以保护仪器。

(3) 电阻器接入电路时，应拧紧接线柱，以免产生附加的接触电阻。

实验十一　电表的扩程和校准

一、实验目的

(1) 了解磁电式电表的原理和结构，掌握电表改装和扩程的原理与方法。

(2) 设计电路测量所给表头的内阻。

(3) 将所给表头扩程为 10 mA 的电流表并校准。

(4) 将所给表头改装成 1 V 的电压表并校准。

(5) 定出改装表和扩程表的精确度等级。

二、实验仪器

毫安级电流表表头，稳压电源，滑线变阻器(200 Ω)，电阻箱，电键，1 mA 指示表，标准电流表，标准电压表，导线。(或 TKDG－2 型电表改装与校准实验仪)

三、实验原理

电学实验中经常使用直流电流表、直流电压表和电阻表，这些电表都有一个公用的表头，公用表头通常是一只磁电式检流计(直流微安级电流表或直流毫安级电流表)。使电表指针到满刻度所需要的电流 I_g 称为表头的量限，表头内线圈的电阻 R_g 称为表头内阻。由于 I_g 和 R_g 都比较小，所以表头允许测量的电流和电压值很小。如果要测量较大电流和电压，就必须对表头进行改装以扩大量程。根据分流和分压原理，对表头并联或串联适当的电阻就能使表头的指示数反映不同的电流值或电压值。这样就将表头改装成了不同量程、不同用途的直流电表。

1. 将表头改装成电流表

如图 3.11.1 所示，扩大电表的电流量程的方法是根据分流原理在表头两端并联一小阻值的分流电阻 R_S，使超过检流计量程的那部分电流从分流电阻 R_S 流过，而表头上仍保持原来允许通过的最大电流 I_g。由表头和分流电阻 R_S 组成的整体就是改装后的电流表。

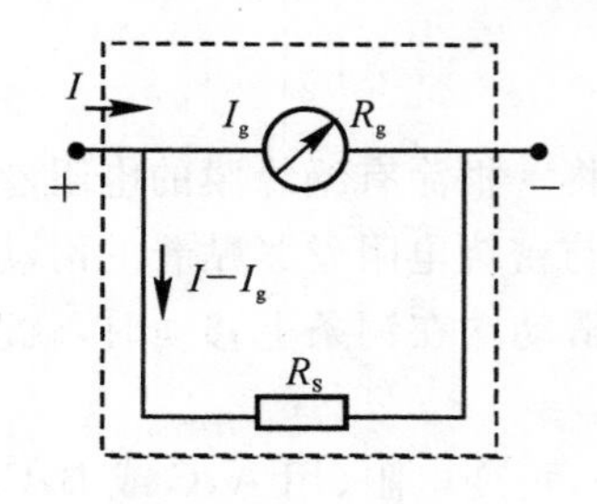

图 3.11.1　电流表

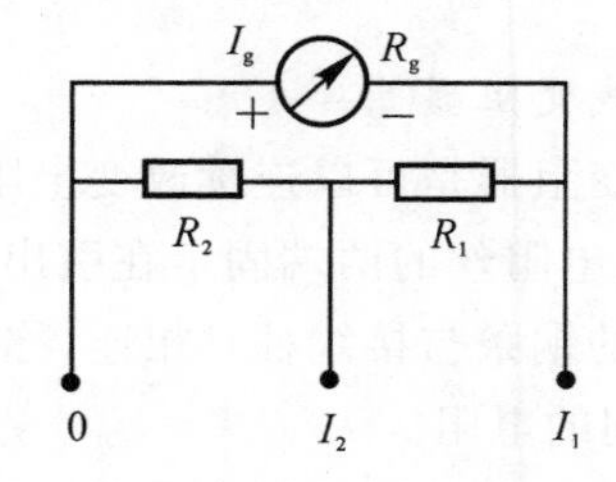

图 3.11.2　多量程电流表

设扩程量为 I，如图 3.11.1 所示，则有

$$(I-I_g)R_S=I_gR_g$$

所以,并联阻值为
$$R_S = \frac{I_g}{I - I_g} R_g \tag{3.11.1}$$

若扩大 n 倍,即 $I = nI_g$,则
$$R_S = \frac{R_g}{n-1} \tag{3.11.2}$$

若在表头上并联阻值不同的分流电阻,便可做成不同量程的电流表,即多量程的电流表。

如图 3.11.2 所示,将表头改装成两个量程的电流表,R_1,R_2 的计算方法:先按两个量程中小的量程 I_1 计算分流电阻 $R_S(=R_1+R_2)$,再由大的量程 I_2 计算分流电阻 R_2。

2. 将表头改装成电压表

由于表头的参数 I_g,R_g 很小,所以 $I_gR_g=U_g$ 也很小,即表头两端允许的电压很小。为了能测量较大电压,在表头上串联一个较大的分压电阻 R_H,如图 3.11.3 所示,超过表头所允许的那部分电压落在分压电阻上。表头与分压电阻 R_H 组成的整体就是改装后的电压表。

设改装后的量程为 U/V,由图 3.11.3 可知
$$I_g(R_H + R_g) = U$$

所以
$$R_H = \frac{U}{I_g} - R_g \tag{3.11.3}$$

在表头上串联不同阻值的分压电阻,可得到不同量程的电压表。作为多量程的电压表如图 3.11.4 所示。

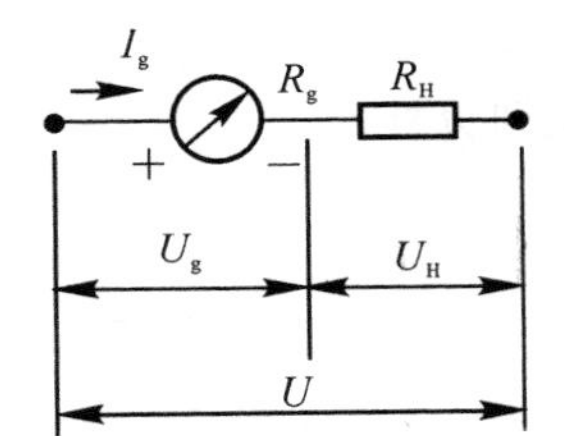

图 3.11.3 改装的电压表

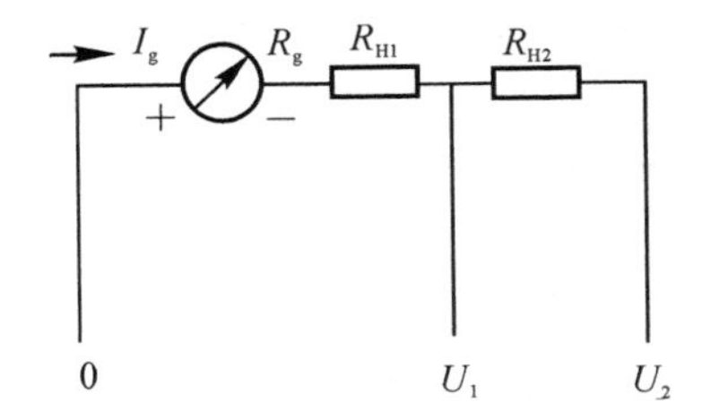

图 3.11.4 两个量程的电压表

3. 电表的校准

电表的校准就是将待校准的电表与一标准电表同时测量一定的量(电流或电压)以进行比较,得出待校电表相对于标准表各刻度的绝对不确定度,并确定出待校表的精确度等级。校准可分为量程校准和逐点校准。现以校准电压表为例加以说明。

例如,改装 10.00 V 电压表的校准,校准电路如图 3.11.8 所示,可按以下步骤操作。

(1) 量程校准:接通电路,滑动 C 点使两表同时达到满刻度(可改变 R_H 值),确定实际所用的 R'_H 值。

(2) 逐点校准:在串联电阻 R'_H 的基础上,滑动 C 点,使待校表由 0 到满量程间,均匀地选取一系列整数值,同时读出标准表上与之对应的数值,记入表 3.11.1 中进行比较,计算出 U 值。

表 3.11.1 电压表校准数据记录

$U_{校}$ /V	0.00	2.00	4.00	6.00	8.00	10.00
$U_{标}$ /V	0.00	2.02	3.94	6.00	8.04	10.00
$\Delta U = U_{标} - U_{校}$ /V	0.00	0.02	−0.06	0.00	0.04	0.00

(3) 作 $U_{校}-\Delta U$ 曲线：以 $U_{校}$ 为横坐标，ΔU 为纵坐标，画出 $U_{校}-\Delta U$ 曲线(因为校准点有限，所以是折线)，称之为电压表校准曲线，如图 3.11.5 所示。

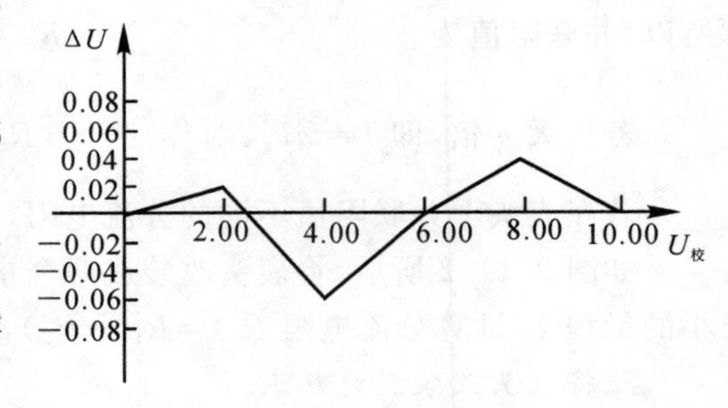

图 3.11.5 $U_{校}-\Delta U$ 曲线

(4) 求标称不确定度：由图 3.11.5 可以确定用校准表测量时相对于标准表的偏差，从而对校准表的读数给以修正，得到较为准确的结果。

$$标称不确定度=\frac{|\Delta U_{max}|}{U_{max}}\times 100\%=\frac{0.06}{10}\times 100\%=0.6\%$$

式中，$|\Delta U_{max}|$ 为 ΔU 中的绝对值最大的；U_{max} 为电表的量程。

(5) 确定校准表的级别(相对级别和绝对级别)：根据《GB6—76 电气测量指示仪表通用条例》的规定，电表的精确度等级(级别或不确度)见表 3.11.2。所以，上述校准表相对于标准表为 1.0 级，绝对级别由标准表级别加 0.6 来定。

根据级别可求出电表在测量时所产生的最大允许不确定度为

$$电表的允许不确定度=量程\times 级别\ \%$$

表 3.11.2 国标电表精确度等级划分标准

级别	0.1	0.2	0.5	1.0	1.5	2.5	5.0
$\frac{\lvert\Delta U_{max}\rvert}{U_{max}}\times 100\%$	≤0.1%	≤0.2%	≤0.5%	≤1.0%	≤1.5%	≤2.5%	≤5.0%

四、实验装置

实验装置为 TKDG－2 型电表改装与校准实验仪。

如图 3.11.6～3.11.8 所示，为本实验所用电路图。

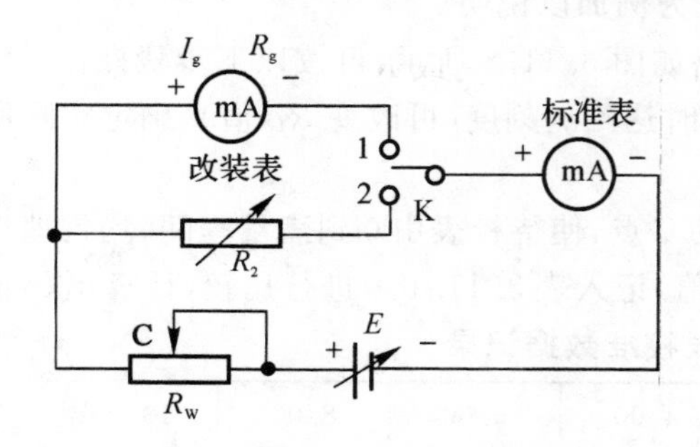

图 3.11.6 测表头内电阻电路图

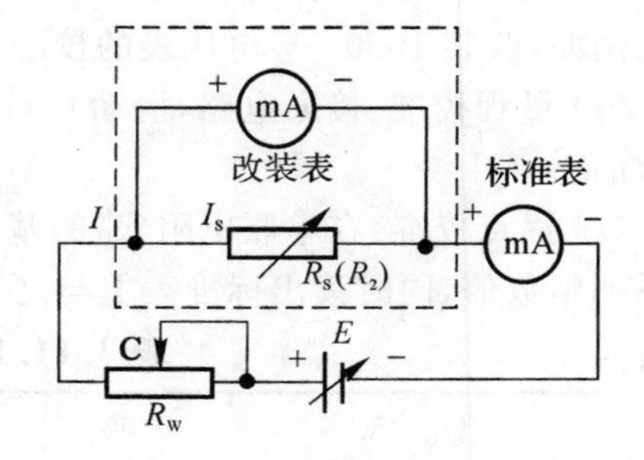

图 3.11.7 电流表校准电路图

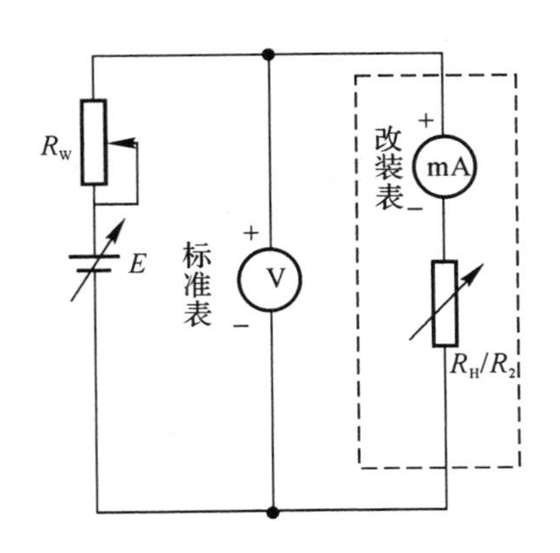

图 3.11.8　电压表校准电路图

五、实验内容及步骤

1. 测量表头内阻

常用表头内阻的测量方法有替代法和半偏法。本实验测量表头内阻采用替代法，表头电流 $I_g=1$ mA，其接线线路如图 3.11.6 所示，测量时先将开关 K 与接线柱 1 闭合，调节滑线变阻器滑动端 C，使标准表指向某一确定刻度(如：0.8 mA)；然后将开关 K 与接线柱 2 闭合，保持 C 点不动，调节电阻箱 R_2 使标准表仍指示在刚才的刻度 0.8 mA，则此时 R_2 上的阻值即为表头的内阻 R_g。

2. 将 1 mA 表头扩程为 10 mA 电流表

(1) 依据所要扩程表由公式(3.11.1) 计算出分流电阻 R_S(或 R_2)。

(2) 用电阻箱提供分流电阻 R_S(或 R_2)，将其与表头并联，即组成为 0 ～ 10 mA 的电流表。

(3) 按图 3.11.7 接好电流表的校准电路，并对其进行校准。校准时，先调节 R_W 的 C 点和电源 E，先使标准表电流为 10 mA；然后再检查改装表是否也达到满刻度，否则要对 R_2 进行实验调节，即得 R'_2，使两个表同时达到 10 mA，再进行从 0 ～ 10 mA 逐点上升校准，记录数据于表3.11.3。

3. 将 1 mA 表头扩程为 1 V 电压表

(1) 依据所要扩程表由公式(3.11.3) 计算出分流电阻 R_H(或 R_2)。

(2) 用电阻箱提供分流电阻 R_H(或 R_2)，将其与表头串联，即组成为 0 ～ 1 V 的电压表。

(3) 按图 3.11.8 接好电压表的校准电路，并对其进行校准。校准时，先调节 R_W 的 C 点和电源 E，先使标准表电压为 1 V；然后再检查改装表是否也达到满刻度，否则要对 R_2 进行实验调节，即得 R'_2，使两个表同时达到 1 V，再进行从 0 ～ 1 V 逐点上升校准，记录数据于表3.11.4。

六、数据记录及处理

1. 表头内阻测量

表头电流 I_g = ________ mA，表头内阻 R_g = ________ Ω。

2. 扩程为 10 mA 电流表

此实验内容的数据记录于表 3.11.3 中。

表 3.11.3　改装电流表校准数据记录

理论值 R_S(或 R_2) = ________ Ω　实验值 R'_S(R'_2) = ________ Ω

$I_{改}$ /mA(改装)	0.00	2.00	4.00	6.00	8.00	10.00
$I_{标}$ /mA(标准)						
$\Delta I = (I_{标} - I_{改})$ /mA						

(1) 以改装表示值 $I_{改}$ 为横坐标,以修正值 $\Delta I = I_{标} - I_{改}$ 为纵坐标,相邻两点间用直线连接,画出折线状的校正曲线 $\Delta I \sim I_{改}$。

(2) 求出标称不确定度$\left(\frac{\Delta I_{max}}{I_{量程}} \times 100\%\right)$。

(3) 确定校准表的相对级别和绝对级别(标准电流表的级别为 0.5 级,电表的相对级别为标称不确定度所在相对误差最小范围的上限对应的级别,绝对级别由标准表级别 %+标称不确定度后,再查表 3.11.2 确定)。

3. 扩程为 1 V 电压表

此实验内容的数据记录于表 3.11.4 中。

表 3.11.4　改装电压表校准数据记录

理论值 R_H(或 R_2) = ________ Ω　实验值 R'_H(R'_2) = ________ Ω

$U_{改}$ /V(改装)	0.00	0.20	0.40	0.60	0.80	1.00
$U_{标}$ /V(标准)						
$\Delta U = (U_{标} - U_{改})$/V						

(1) 以改装表示值 $U_{改}$ 为横坐标,以修正值 $\Delta U = U_{标} - U_{改}$ 为纵坐标,相邻两点间用直线连接,画出折线状的校正曲线 ΔU-$U_{改}$。

(2) 求出标称不确定度$\frac{\Delta U_{max}}{U_{量程}} \times 100\%$。

(3) 确定校准表的相对级别和绝对级别(标准电压表的级别为 0.5 级)。

七、注意事项

(1) 实验时应先测量表头内阻 R_g,电路中应有一定阻值的限流电阻,以防烧坏表头。

(2) 连线容易出现接触不好,用换线方式解决;若对接线没信心,可拆线多次连线。

八、思考题

1. 预习思考题

(1) 测量表头内阻的方法有哪几种? 其原理分别是什么?

(2) 改装电压表的基本原理是什么？

2. 实验思考题

(1) 校准电压表和校准电流表时发现改装表的读数相对标准表偏大，对应的分流电阻和分压电阻应如何调整？

(2) 在校准实验中如果调 R_S(或 R_H) 不能使两表同时到达满刻度，该如何解决？

(3) 校准时用的标准表认为是准确的，从而定出待校表的级别。如果标准表本身也有误差，即有级别，那么待校表的级别又该如何修正？

实验十二　电位差计及其应用

电位差计是精密测量电位的主要仪器之一。用它可以测量电源的电动势、电流、电阻等，还可用来校准各种精密电表，在非电量(如温度、压力、位移和速度)测量中也有较广泛的应用。

一、实验目的

(1) 了解电位差计的补偿原理。
(2) 掌握箱式电位差计的工作原理和使用方法。
(3) 了解热电偶测温的原理和方法。
(4) 学习用电位差计测量热电偶的温差电动势。

二、实验仪器

箱式电位差计(UJ34A 型)，标准电池，检流计，直流稳压电源，热电偶。

三、实验原理

1. 补偿原理

如图 3.12.1 所示，当用电压表测量电源的电动势时，所测的是端电压。由于电压表的内阻不可能为无限大，电源的内阻 r 也不可能为零，所以电源内部有电流通过，因此电压表的读数不是电动势 E_x，而是端电压 U。即

$$U = E_x - Ir \tag{3.12.1}$$

显然，只有当电源内部没有电流通过时，才能直接测得电源的电动势。怎样使电源的内部电流为零？可以采用补偿原理。

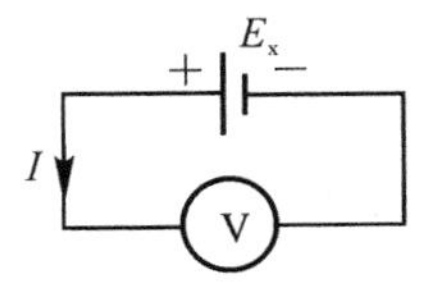

图 3.12.1　用电压表测量电池电动势

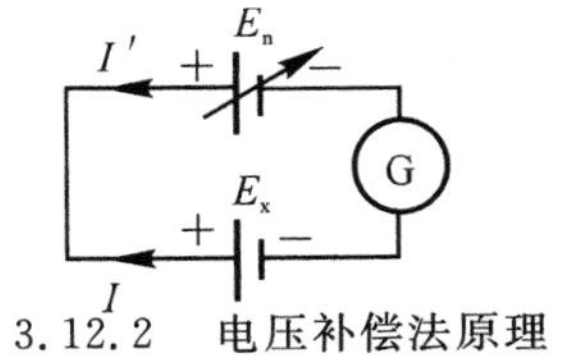

图 3.12.2　电压补偿法原理

补偿原理是将一个可调节的工作电源 E_n 和一个未知的电动势 E_x，采用图 3.12.2 所示的电路连接，调节 E_n 使检流计 G 指零，此时

$$E_n = E_x \qquad (3.12.2)$$

称被测的电动势 E_x 被已知的电动势 E_n 补偿了。因此，在达到补偿的条件下，未知电动势 E_x 可以从已知的电动势 E_n 读出，这种测量电动势的方法称为电压补偿法。电位差计测电动势就是利用了电压补偿原理。

为了使测量付诸实施，对电动势 E_n 要求如下：

(1)E_n 连续可调且稳定，可以直接读出数。

(2)E_n 与 E_x 在连接时，电动势的方向必须相反，这是保证补偿成功的关键。

(3)E_n 的可调范围应包含被测电动势 E_x。

2. 电位差计的工作原理

(1) 电路的组成。如图 3.12.3 所示为电位差计的原理图。图中 E 为辅助电源，E_S 为标准电池电动势，E_x 为被测电动势，R_n 为工作电流调节变阻器，R_1 为标准电阻，R_2 为测量用可变电阻，G 为检流计，I 为工作电流。它由三个部分组成：

1) 工作回路由 K_0，E，R_1，R_2，R_n 组成。

2) 校准回路由 E_S，R_S，G，K_1，K_2 组成。

3) 测量回路由 E_x，R_x，G，K_1，K_2 组成。

(2) 工作电流的校准。当开关 K_0 和 K_1 闭合，K_2 接标准 S 端，E_S，R_S，G 组成补偿回路，调节 R_n 使检流计 G 指针为零，此时 R_S 上的压降与 E_S 达到电压补偿，$E_S = IR_S$，工作回路的电流为

$$I = \frac{E_S}{R_S} \qquad (3.12.3)$$

即达到补偿状态，称这一步骤为工作电流 I 的校准。

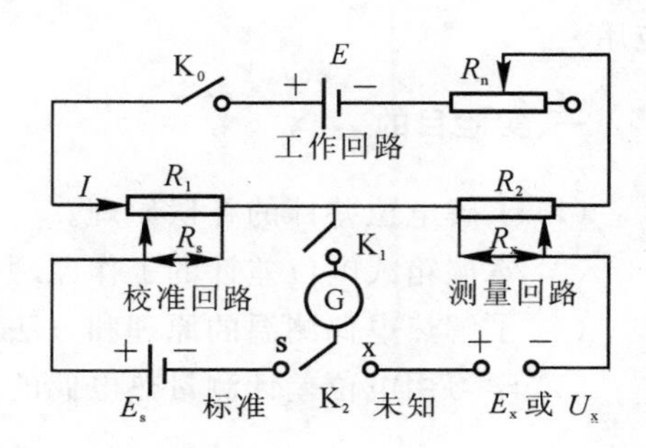

图 3.12.3　电位差计原理图

在测量时，若环境温度为20℃，此时标准电池的电动势为1.018 62 V，在 R_1 上选取标准电阻 R_S =101.862 Ω。根据电位差计设计时，所规定的工作电流 I=0.010 000 A，则在 R_S 上的电压降为1.018 62 V。这时工作回路的电流为

$$I = \frac{E_S}{R_S} = 0.010\,000\ \mathrm{A}$$

(3) 电动势的测量。当把 K_2 接到测量 X 端，接通 E_x，R_x，检流计 G，K_1 组成的测量回路，调节 R_x 使检流计 G 的指针再次为零，则

$$E_x = IR_x$$

将式(3.12.3) 代入上式得

$$E_x = \frac{E_S}{R_S} R_x \qquad (3.12.4)$$

由式(3.12.4) 可知，电位差计测量电动势是在补偿状态下，待测电源中无电流通过，所以测量的是电源的真正的电动势。在测量时，调节标准电阻 R_x 的值，使测量回路达到电压补偿状态，这时 R_x 上的电压降为 0.010 000×R_x V 就等于待测电动势 E_x 值，从电位差计上读出 R_x 旋钮对应的数值即可。

四、实验装置

1. 箱式电位差计

现以 UJ34A 型直流电位差计为例作介绍，仪器面板图如图 3.12.4 所示，图上各旋钮和接线柱分别是：

(1)“检流计”为外接的检流计接线柱。

(2)“标准”为标准电池接线柱(E_S)。

(3)“未知 Ⅰ/未知 Ⅱ”为待测电动势接线柱。

(4)“电源”为外接电源接线柱，工作电压为 4 V，电源选择开关 K_0 拨至“外”。

(5)“电阻 R_1”为温度补偿旋钮，在电阻 R_1 上改变 R_S 电阻调节旋钮，它的数值由室内温度 θ℃ 和标准电池的电动势 $E_S(\theta)$ 决定。

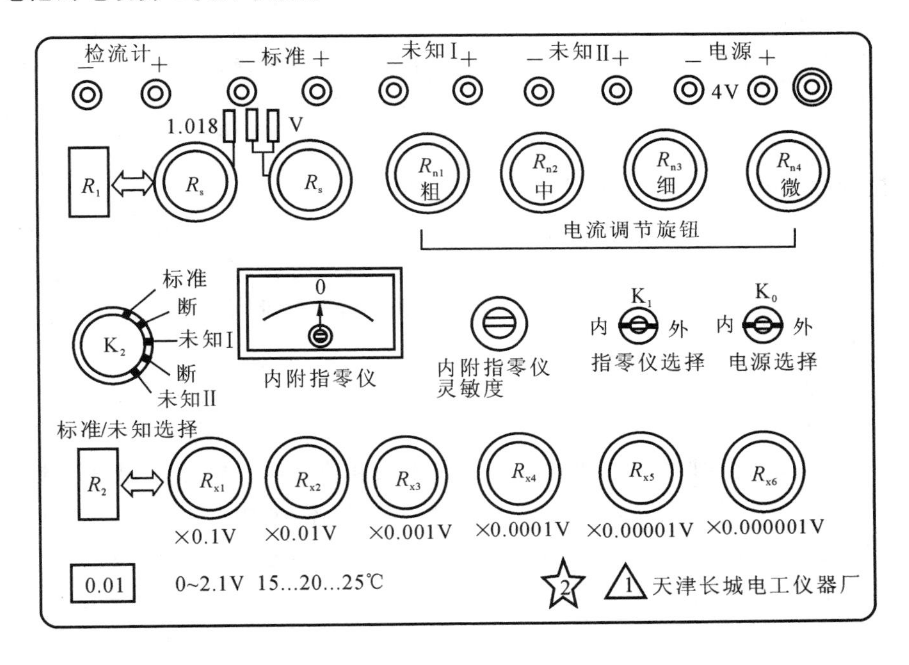

图 3.12.4　UJ34A 型箱式直流电位差计面板图

(6)“电阻 R_n”为限流电阻调节旋钮，调节方法是先粗后细的顺序，依次从 $R_{n1} \rightarrow R_{n4}$ 四个旋钮连续可调。

(7)“开关 K_2”为“标准/未知”选择。拨至“标准”时组成校准回路；拨至“未知 Ⅰ/未知 Ⅱ”时组成测量回路；拨至“断”时，不形成回路，两个回路均断开(这样可以保护检流计)。

(8)“开关 K_1”为指零仪选择。如果要用外接检流计，需将开关 K_1 拨至“外”；如果要用内接检流计，需将开关 K_1 拨至“内”。

(9)“开关 K_0”为电源选择。如果要用外接电源，需将开关 K_0 拨至“外”；如果要用内接电源，需将开关 K_0 拨至“内”。

(10)“电阻 R_2”为测量电阻，R_x 由 6 个不同阻值 $R_{x1}, \cdots, R_{x6}$ 转盘电位器串联组成，测量时可直接读出相应的电压值 E_x 或 U_x。

2. UJ34E/F 型直流电位差计

(1) 工作原理。UJ34E/F 型直流电位差计采用补偿法原理,应用带换盘结构的典型电位差计线路,在测量时将未知电压 E_x 与标准电压作消除电压偏差的比较平衡过程来测得未知电压值,其原理图如图 3.12.5 所示。

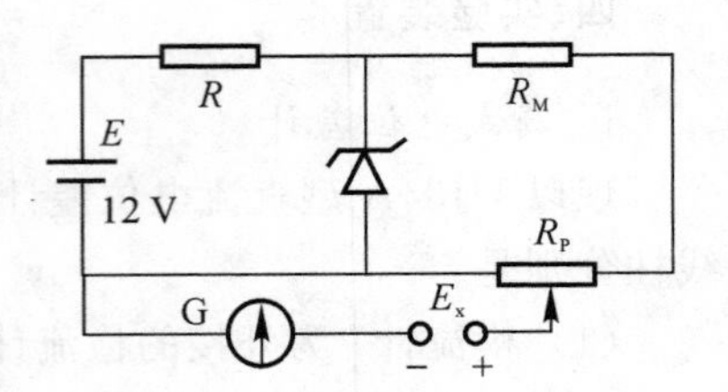

图 3.12.5 UJ34E/F 型直流电位差计原理图

当未知电压 E_x 按图示极性正确接入后调整 R_P 的活动触点,使检流计 G 指零,则由 R_P(测量盘) 的标度上便可直接得到 E_x 的数值,由于采用了自带恒温槽的高精度、超低漂移的基准稳压管,因而 E_N 的稳定性可达 10^{-5} 以上,故仪器的测量准确度和稳定性有充分的保障。

(2) 使用方法。

1) 仪器的内接电源和内附检流计的工作电源为安放在仪器底部的电池组,本实验使用外接电源和检流计。当需要外接检流计时,"功能选择" 开关应置于"外接 G" 挡,外接检流计选用指针式检流计,用外接直流稳压电源电压"12 V" 时,应将"电源选择" 开关弹出置于"外" 位。

2) 把待测的电压接到"未知 1" 或"未知 2" 处。

3) 如果使用的是内接检流计需将开关旋到相应位置对被测电压进行测量;如果使用的是外接检流计,用两根导线将检流计与电位差计相接;测量时,按下检流计的开关,同时从左向右调节电位差计下方的 6 个旋钮,当检流计表头指针指在"0" 时,此时未知电压 E_x 就等于 6 个读数盘示值之和。

3. 标准电池

标准电池是一种化学电池,其电解溶液是硫酸镉溶液。根据电解中是否含有硫酸镉晶体而分成饱和标准电池与非饱和标准电池。正极由汞和硫酸亚汞制成,负极由汞镉合金制成,如图 3.12.6 所示。饱和标准电池中含有过剩的硫酸镉晶体,使用温度为 4 ~ 40℃,其电动势比较稳定。但电动势随温度变化,若已知 20℃ 时标准电池的电动势 $E_S(20)$,则 θ(℃) 时的电动势可由以下温度修订公式算出,即

$$E_S(\theta) = E_S(20) - 4 \times 10^{-5}(\theta - 20) - 1 \times 10^{-6}(\theta - 20)^2 \text{ V} \quad (3.12.5)$$

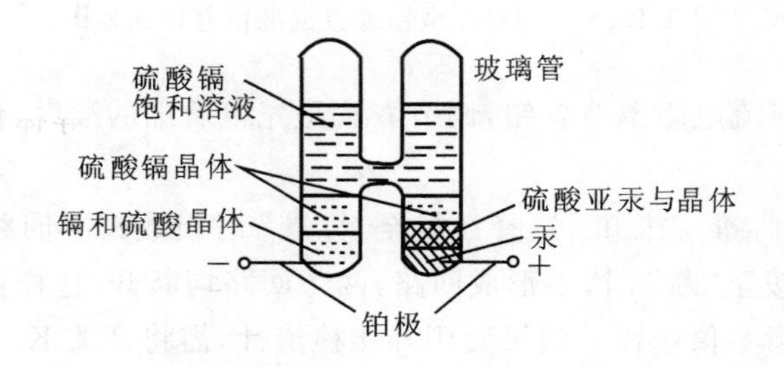

图 3.12.6 标准电池

使用时应注意:

(1) 标准电池不能作为电源用,通入或取自标准电池的电流不应大于微安数量级。

(2) 使用时正、负极不能接错,更不允许两极短路。严格禁止用一般的电表直接测量标

准电池。

(3) 标准电池是内装化学溶液的玻璃容器，要小心平稳取放，避免倾斜和震动，更不能倒置。

4. 检流计

检流计通常作为指零仪表，确定电路中有无电流通过，有时也可用来测量微小电流。检流计所允许通过的电流非常小，一般约为 10^{-6} A，内阻约为数百至数千欧姆。

如图3.12.7所示，检流计在使用时，平衡位置(零点)在标尺中央，指针可向左右两个方向偏转，便于检测流过电流的方向。使用前要检查零点，用机械调零旋钮进行通电前的指针零点调整。安全制动旋钮平时处于锁定位置(即红点)，以防止因震动造成机芯损坏，只有在使用时才打开(即白点)。

使用方法：

(1) 使用时首先将检流计接线柱端，按"+""−"标记接入电路。

(2) 将安全制动旋钮，拨向白色圆点位置，并用机械零位调节旋钮调整指针为零位。

(3) 按下电计按钮，检流计被接通。

(4) 使用时若指针不停地摆动，按一下短路按钮，指针便立即停止。

(5) 检流计使用完毕后，必须将安全制动旋钮拨向红色圆点位置，此时电计及短路按钮放松。

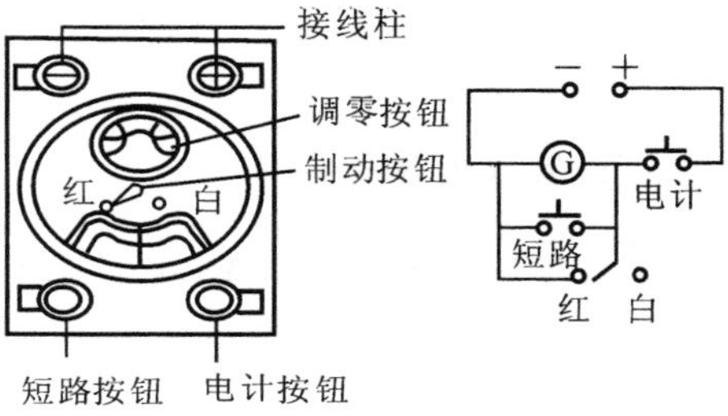

接线柱
调零按钮
制动按钮
红
白
短路按钮
电计按钮
−
+
G
电计
短路
红
白

图 3.12.7　检流计面板及内部接线图

5. 热电偶

把两种不同材料的金属或合金两端彼此焊接成一个闭合回路，即构成热电偶，如图3.12.8所示。两端点分别处于不同的温度 θ_0 和 θ，则回路中就会产生热电动势，这种现象称为热电效应，常用的热电偶有铜-康铜热电偶、铂-铂铑热电偶等。

在热电偶回路中所产生的热电势由两部分组成：

(1) 温差电势。在同一导体的两端因温度的不同而产生的一种热电势，由于材料中高温端的电子能量比低温端的电子能量大，因而从高温端扩散到低温端的电子数比低温端扩散到高温端的电子数多，结果使高温端失去电子而带正电荷，低温端得到电子而带负电荷，产生附加的静电场，此静电场阻碍电子从高温向低温端的扩散，在达到动态平衡时，导体的高温与低温端间，有一个电位差 $U_\theta - U_{\theta_0}$，即温差电势。在热电偶回路中，导体铜和康铜分别有各自的温差电势 $E_{铜}(\theta,\theta_0)$ 和 $E_{康铜}(\theta,\theta_0)$。

(2) 接触电势。由于两种导体材料的电子密度和逸出功不同，当两种导体接触时，电子在其间扩散的速率就不同，使一种导体因失去电子而带正电荷，另一导体得到电子而带负电荷，在其接触面上形成一个静电场，即产生了电位差，这就是接触电势，其数值取决于两种不同导体材料的性质和接点的温度。在热电偶回路中，两个接点分别有不同的接触电势 E_θ 和 E_{θ_0}。

(3) 热电偶的测温原理。在热电偶中如两端点保持在不同的温度 θ 和 θ_0，将回路断开，则在断开两端的电位差等于回路的温差电动势，在温度变化范围不大的情况下温差电动势与两接触点的温差成正比，即

$$E_x = c(\theta - \theta_0) \tag{3.12.6}$$

式中，θ 是热端温度；θ_0 是冷端温度；c 称为温差系数，其大小决定于组成热电偶的材料。温差热电偶可以用来测量温度。测量时，常把冷端放在冰水中，另一端放在待测温度处，可以用电位差计测量热电偶的电动势，通过附表十三查相应材料的温度和电动势的对照表，从所测的电动势就可以查出待测温度差。另一种测量线路如图 3.12.9 所示，取 θ_0 为室温，当对测量准确度要求不高时，这种接法比较简单。

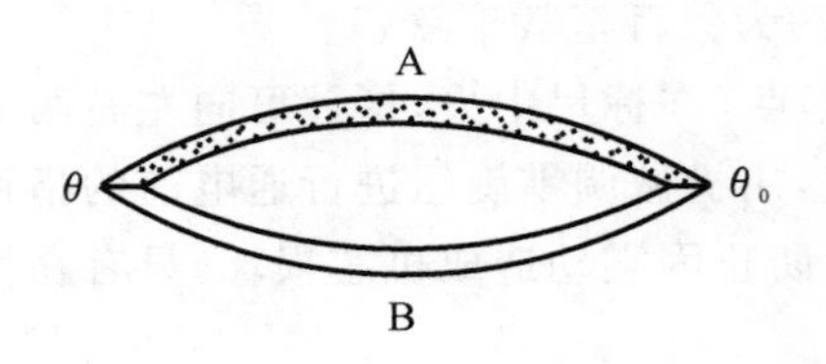

图 3.12.8　热电偶

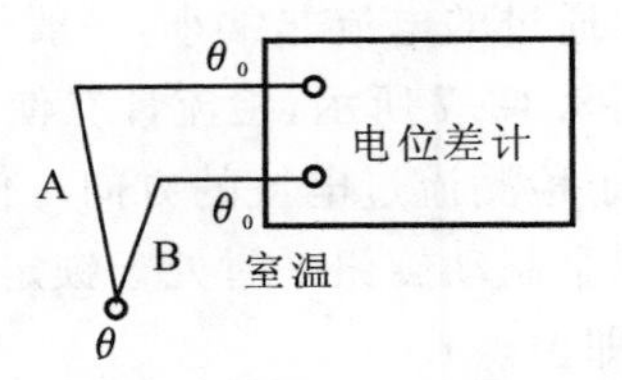

图 3.12.9　热电偶测温

五、实验内容及步骤

1. 用电位差计测量热电偶的电动势

(1) 按图 3.12.10 所示连接线路。

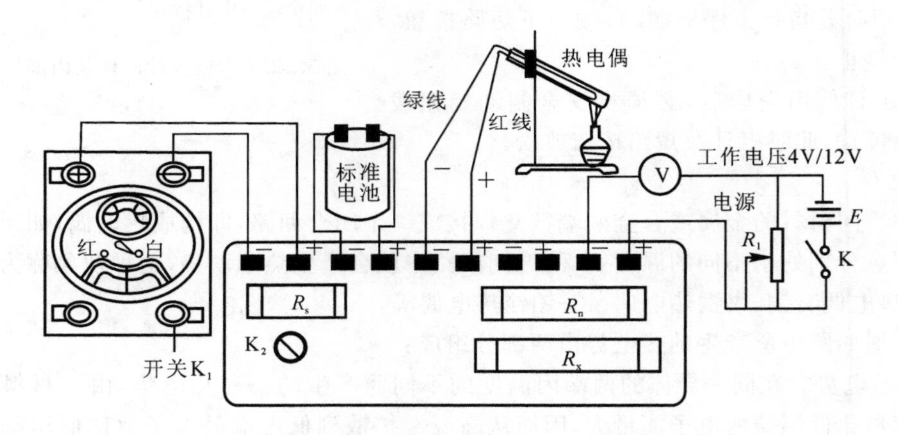

图 3.12.10　电位差计接线图

(2) 校准工作电流(UJ34A 型电位差计需要校准)。

1) 查出实验时的室温 $\theta_{室}$，已知 $E_S(20)=1.018\,62\ \text{V}$，代入公式(3.12.5) 计算出 $E_S(\theta_{室})$ 的值作为标准电池的电动势。

2) 将温度补偿旋钮上的 R_S 电压调至 $E_S(\theta)$ 的值。

3) 将“标准 / 未知”选择开关 K_2 拨向“标准”组成校准回路，按下检流计上的电计开关 K_1，调节电流调节旋钮上的电阻 R_n，先从粗调电阻 R_{n1} 开始至细调 R_{n4}，使检流计G指零，此时工作电流为标准电流。

(3) 测热电偶的温差电动势 E_x。

1) 如图 3.12.11 所示，将热电偶的两根输出引线接入电位差计的“未知 Ⅰ”或“未知 Ⅱ”。

2) 点燃酒精灯，加热热电偶，待热端温度稳定以后(约为 6 min) 方可进行测量。

3) 将选择开关 K_2 拨向“未知 Ⅰ”或“未知 Ⅱ”组成测量回路，按下检流计上的电计开关

K_1，调节未知电阻 R_{x1} 到 R_{x6}，使检流计 G 指零。读出 R_x 上的相应电压值 E_x，即为待测热电偶的温差电动势。

4）将测出的 E_x 值，与附表十三"铜-康铜热电偶温差电动势值"进行比较，查出相应的冷端和热端的温度差 $\Delta\theta$，记录数据于表3.12.1，计算出热电偶热端的温度 $\theta=\Delta\theta+\theta_{冷}$。

2. 测量电池的电动势及内阻

(1) 如图 3.12.11 所示，R 为电阻箱，取值 100 Ω。

(2) 当 K 断开时，用电位差计可以测出电池的电动势 E_x。

(3) 当 K 闭合时，可以测出路端电压 U_R。

(4) 若电池的内阻为 r，即可以用全电路欧姆定律求出

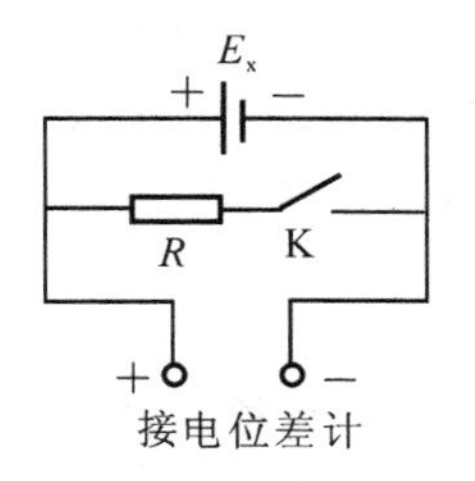

图 3.12.11 电池电动势和内阻

$$r=\left(\frac{E_x}{U_R}-1\right)R \tag{3.12.7}$$

六、数据记录及处理

将实验数据记录于表 3.12.1 中。

表 3.12.1 热电偶电动势的测量

冷端温度 $\theta_{冷}$ /℃	标准电池电动势 E_S/V	时间 t/min	未知电动势 E_x/V	查表得冷端与热端温度差 $\Delta\theta$/℃	计算热端温度 θ/℃ $\theta=\Delta\theta+\theta_{冷}$
		6			
		8			
		10			

七、注意事项

(1) 电位差计在使用前一定要先校准工作电流，方可使用。

(2) 在实验中，电位差计与其他仪器连线时，"正、负"极性不能接乱。

八、思考题

(1) 什么是补偿原理？为什么对电位差计要进行校准？如何校准？

(2) 用电位差计能够准确测量电源的电动势，其采用的方法是什么？校准的是电流还是电压？

(3) 在校准电位差计时，接通开关 K_1，任意调节电流调节旋钮 R_n，检流计的指针始终往一边偏，试分析原因并排除故障。

(4) 在测量未知电压时，接通开关 K_1，任意调节未知电阻 R_x，检流计 G 指针始终往一边偏，试分析原因并排除故障。

九、相关知识

电位差计的灵敏度

用电位差计对电动势（或电压）进行测量时，测量结果是经过两次比较才得到的，因此电

位差计的灵敏度是影响测量结果的重要因素。

由于受检流计的灵敏度的限制，当校准或测量时观察检流计的指针为零，这并不能说明回路中完全没有电流通过。为了描述检流计所带来的系统误差，引入电压灵敏度概念，即当检流计的指针指零后，从 R_x 最小的旋钮开始改变，使 R_x 上的电压有一个改变量 ΔU，此时检流计的指针相应改变 Δn 格，电位差计的灵敏度 S 定义为

$$S=\frac{\Delta n}{\Delta U}=\frac{\Delta n}{\Delta I_g}\frac{\Delta I_g}{\Delta U}=S_g S_d \quad (\text{div}\cdot\text{V}^{-1}) \tag{3.12.8}$$

式中，S_g 为检流计的电流灵敏度；S_d 为电位差计的电路灵敏度。

若电位差计在校准的工作电流为 I，由于工作电流的微小变化而不平衡，如图 3.12.12 所示，则有

$$(I-I_g)R_S=E_S+I_g(r_S+R_g)$$

$$I_g=\frac{IR_S-E_S}{r_S+R_S+R_g}=\frac{U_S-E_S}{r_S+R_S+R_g}$$

对上式的 U_S 求偏导，又考虑到是在平衡点附近的微小变化，故略去分子中的第二项，化简得到

$$S_d=\frac{\partial I_g}{\partial U_S}=\frac{1}{r_S+R_S+R_g}$$

将上式代入式(3.12.8)，得

$$S=\frac{S_g}{r_S+R_S+R_g} \tag{3.12.9}$$

同理，可以求出电位差计在测未知电动势(或电压)时，由于滑动端位置的微小变化而引起的平衡电流 I_g 和 S_d，则有

$$I_g=\frac{IR_x-E_x}{r_x+R_x+R_g}=\frac{U_x-E_x}{r_x+R_x+R_g}$$

$$S_d=\frac{\partial I_g}{\partial U_x}=\frac{1}{r_x+R_x+R_g}$$

将上式代入式(3.12.8)得

$$S=\frac{S_g}{r_x+R_x+R_g} \tag{3.12.10}$$

由式(3.12.9)和式(3.12.10)可知，选择低内阻 R_g、高灵敏度 S_g 的检流计，减少组成电位差计的各电阻值，被测电源和标准电池的内阻低，均有利于提高电位差计的灵敏度。

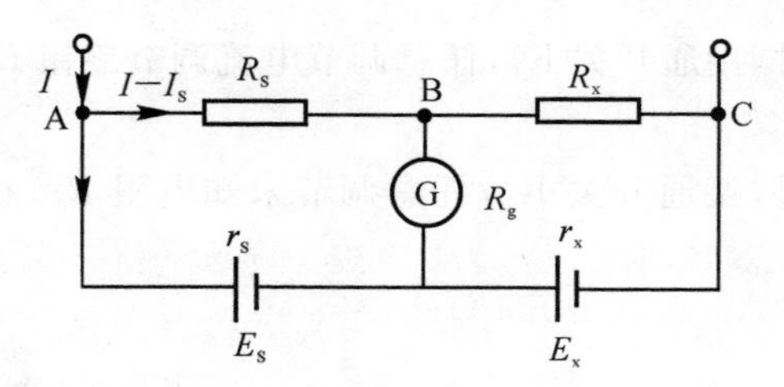

图 3.12.12　电位差计的灵敏度

电位差计具有以下优点：

(1) 灵敏度高。电位差计采用了示零比较调节技术,因而具有高的灵敏度。

(2) 内阻高。电位差计在达到平衡时,不从被测电路中吸取或注入电流,使得 E_n,E_x 的内阻以及回路的导线电阻、接触电阻都不产生附加压降。因此它相当于内阻极高的电压表。

(3) 准确度高。标准电池 E_n 及各电阻是准确而稳定的,只要配用高灵敏度的检流计,电位差计的测量准确度就很高。

实验十三 电子示波器的使用

电子示波器又称阴极射线(即电子射线)示波器。它是利用示波管内的电子束在电场(或磁场)中的偏转,显示电信号随时间变化波形的一种观测仪器,其优点是可用来直接显示、观察和测量电压波形及其参数,并可将一切转化为电压的电学量(如电流、电阻等)和非电学量(如温度、压力、声光信号、磁场等)与传感器连接用示波器来观察和测量。它不仅可以定性地观察电路(或元件)的动态过程,而且可以定量地测量各种电学量。因此,示波器已成为现代科学研究领域中用途极为广泛的一种通用测量仪器。

一、实验目的

(1) 了解示波器的基本原理和结构。

(2) 学习示波器的使用方法。

(3) 学习用示波器观测和测量电压、频率、相位差等电信号的波形和参数。

二、实验仪器

示波器,信号发生器。

三、实验原理

1. 示波器的组成

示波器主要由示波管、Y 轴衰减器(面板上的量程选择)和放大器、扫描与同步电路和 X 轴放大器(在 X 轴外接信号时,则是 X 轴衰减器和放大器)、输出各种电压的稳压电源等部分组成,如图 3.13.1 所示。

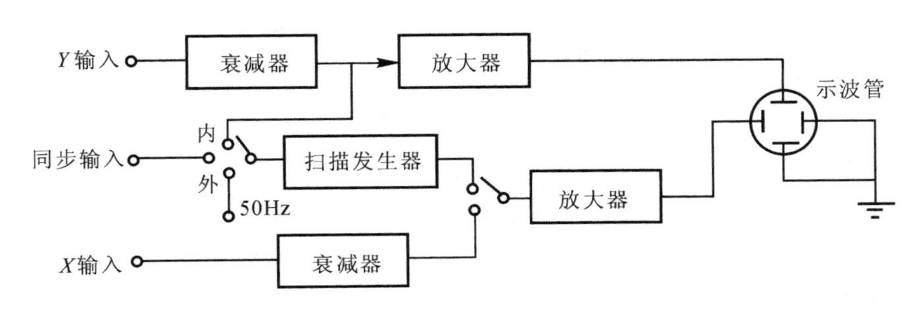

图 3.13.1 示波器的基本组成

2. 双踪示波器的基本原理

双踪示波器是可以同时观察两个信号波形的示波器,是目前使用最为广泛的一种通用示波器。它与单踪示波器的工作原理相同，只是增加了一个电子开关，使一个扫描电路能同时为 $Y_1(X)$ 和 Y_2 两个通道的信号所用，其原理如图 3.13.2 所示。

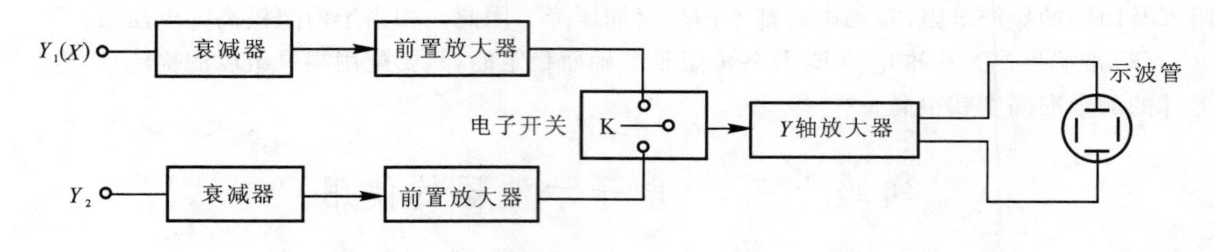

图 3.13.2　双踪示波器的原理图

当电子开关 K 接通 Y_1 时，示波管上显示的是 Y_1 通道的波形；当电子开关 K 接通 Y_2 时，示波管上显示的是 Y_2 通道的波形。电子开关不停地交替接通 Y_1 和 Y_2，由于余晖的作用，在示波器上可同时看到 Y_1 通道和 Y_2 通道的波形。

3. 示波管的构成

如图 3.13.3 所示，示波管是示波器的核心构件，它是由电子枪、偏转板和荧光屏三部分组成，被封装在高真空管内。其中电子枪又是示波管的核心部分，它是由灯丝、阴极、控制栅极、聚焦阳极和加速阳极组成。其工作原理是阴极被灯丝加热后发出大量电子，电子通过栅极后经过聚焦阳极和加速阳极，形成一束电子束，再经过偏转板打在示波管的荧光屏上，形成亮点。栅极相对阴极为负电压，因此通过调节栅极电压可改变通过栅极电子流的大小，从而改变亮点的亮度（即辉度）。改变聚焦阳极和加速阳极的电压可以调节电子束的聚焦程度，使亮度的直径最小，图像最清晰。电子束在荧光屏上的偏转距离与垂直偏转板和水平偏转板的电压成正比，因此亮点的运动轨迹描绘出纵偏和横偏的合成运动规律的图像，当偏转电压的频率为 15 ～ 20 Hz 以上时，由于荧光剂的余晖和人眼的视觉暂留作用，将看到一个连续的波形图。

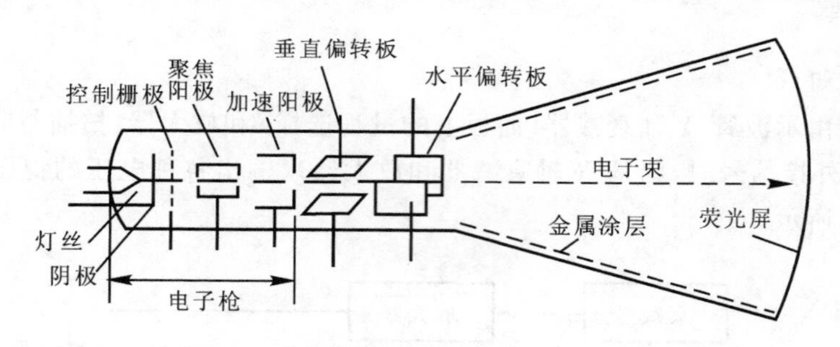

图 3.13.3　示波管的结构

4. 示波器的示波原理

电子束从电子枪射出之后，如果 X，Y 偏转板上不加任何信号电压，则在荧光屏上显示为一稳定的亮点。若在 X 偏转板上加一随时间 t 按一定比例增加的锯齿波电压（扫描电压）U_X，则光点将在 X 方向从 A 到 B 匀速移动，如图 3.13.4 所示。当光点到达 B 时，U_X 的值降到零，那么光点返回 A 点，开始第二个周期的扫描。当扫描频率 $f_X > 15$ Hz 时，将在荧光屏上观察到一条“扫描线”。

如果同时在 Y 偏转板上加一待测的正弦信号，则光点将在 X，Y 的偏转电场的共同作用下，打在荧光屏上，呈现二维图形，如图 3.13.5 所示。为了使图形简单而稳定，则扫描电压的频率 f_X（或周期 T_X）与被测信号的频率 f_Y（或周期 T_Y）必须满足：

$$f_Y = nf_X$$

或
$$T_X = nT_Y \quad (n=1,2,3,\cdots) \tag{3.13.1}$$

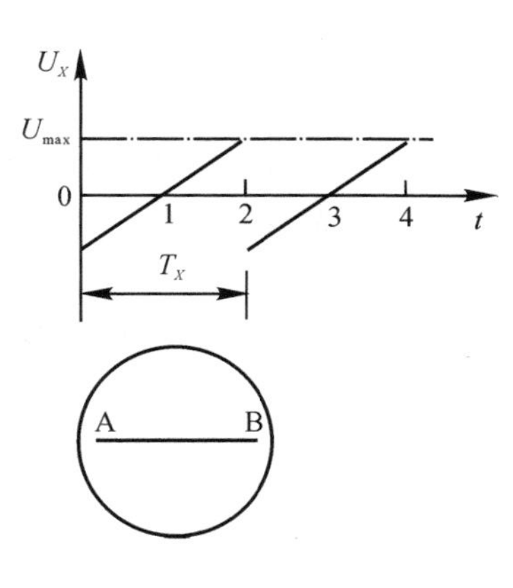

图 3.13.4　锯齿波扫描原理

通过调节扫描频率 f_X 使其满足 f_Y 整数倍关系。但由于扫描信号源与被测信号源是独立的，位相差不恒定，因而要用与被测信号有关的信号整形变成触发脉冲信号去控制扫描发生器的电压频率准确地等于纵偏电压信号频率的整数倍，这种控制作用称为同步（或整步）。同步原理如图 3.13.6 所示。U_Y 为 Y 轴的输入信号，扫描信号发生器在触发脉冲 U 的作用下产生一个扫描信号 U_X（在扫描过程中不受触发脉冲的影响），完成一次扫描后，等待下一个触发脉冲，再进行扫描，从而在荧光屏上得到稳定的波形。

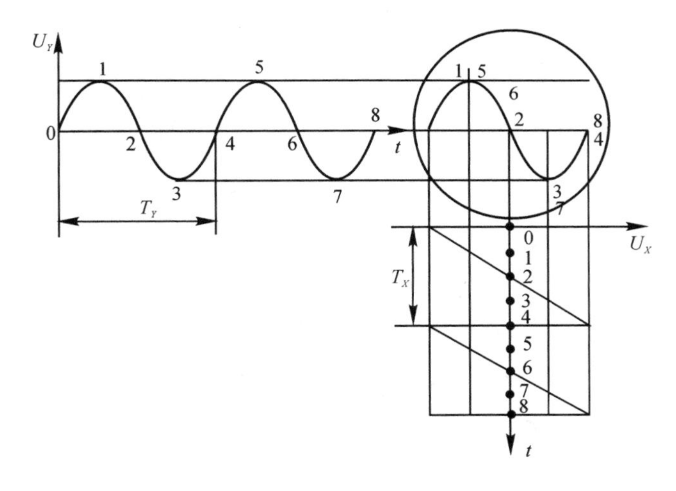

图 3.13.5　示波器的示波原理

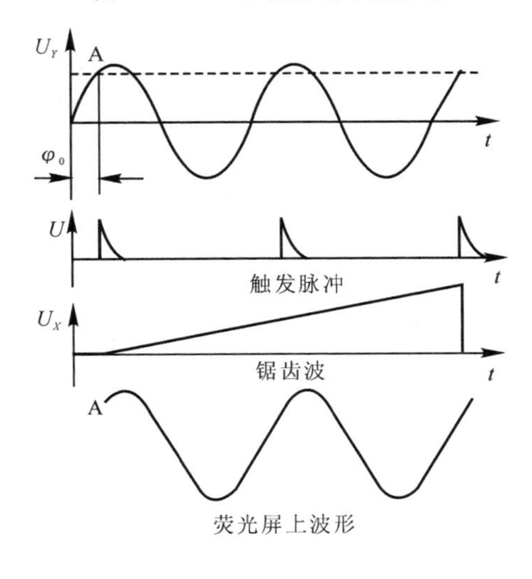

图 3.13.6　示波器的同步（整步）原理图

同步触发方式有三种：外信号触发、内触发（被测信号触发）、50 Hz 电源触发，如图 3.13.1 所示。

5. 李萨如图形测信号的频率

如果纵偏板和横偏板上同时加上正弦信号电压，那么亮点的运动是两个相互垂直正弦振动的合成。

若 $f_X = f_Y$，则设两正弦电压分别为

$$x = A\cos\omega t$$

$$y = B\cos(\omega t + \varphi)$$

消去自变量 t，得到轨迹方程为

$$\frac{x^2}{A^2} + \frac{y^2}{B^2} - \frac{2xy}{AB}\cos\varphi = \sin^2\varphi \tag{3.13.2}$$

即亮点的运动一般是椭圆，椭圆的方向取决两正弦信号的位相差。一般地说，当两正弦信号电压的位相差一定，频率比为一个有理数时，亮点合成的轨迹为一个封闭的图形，称为李萨如图形，图 3.13.7 给出了几种典型的李萨如图形。

李萨如图形与正交正弦信号频率比的关系如下：

$$\frac{f_Y}{f_X} = \frac{\text{水平切线上的切点数}}{\text{垂直切线上的切点数}} = \frac{\text{水平线与图形相交的点数}}{\text{垂直线与图形相交的点数}} = \frac{N_X}{N_Y} \tag{3.13.3}$$

若其中一个频率（如 f_Y）为已知，则利用式（3.13.3）可以确定未知频率 f_X。

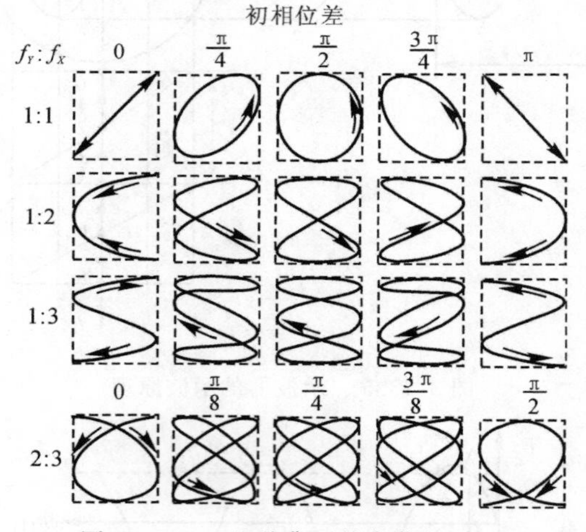

图 3.13.7　几种典型的李萨如图形

四、实验装置

双踪示波器的面板如图 3.13.8 所示，其功能说明如下：

（1）主机部分包括：电源开关、辉度（亮度）旋钮、聚焦旋钮、光迹旋钮、刻度照明控制钮。

（2）通道放大系统：CH1/CH2 为通道 1/2 的输入端，仅显示通道 1 或 2 的输入信号；若同时按下 CH1 和 CH2 旋钮，屏幕上将出现双踪并以断续或交替方式同时显示两通道的输入信号。“耦合选择开关”（AC－⊥－DC），为选择垂直放大器的耦合方式分别为交流（AC）、接地（⊥）和直流（DC）。接地方式时，屏上出现地电平扫描线，常用做测量的基本电平，即零位。

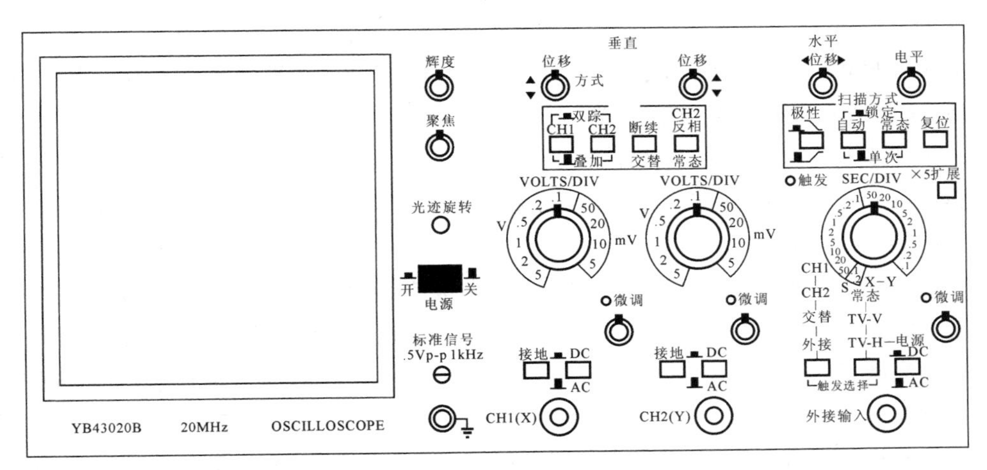

图 3.13.8 YB4320B 型双踪示波器面板

CH1/CH2 的“偏转因数”选择开关(VOLTS/DIV)及微调旋钮：在读数时，垂直微调旋钮应顺时针方向旋到底。被测信号的峰-峰值＝偏转格数 $N\times$ 垂直偏转因数 V/DIV $\times$ 探极衰减倍率。

(3) 水平方向部分(锯齿波扫描电压发生器)：“扫描时间因数”选择开关(TIME/DIV)及微调旋钮共 20 挡。测量时，根据被测信号的频率选择合适的扫描时间因数。注意在读数时，要将微调顺时针方向旋到底。

(4) 触发系统：触发源选择开关，选择触发信号源为“内”时，CH1 或 CH2 的输入信号是触发信号；选择 CH2 时，CH2 的输入信号是触发信号；选择“电源”时，电源频率为触发信号的频率；选择“外”为外输入信号为触发信号。

触发方式选择：在“常态”时，只有在触发信号起作用且触发电平合适，才能获得触发扫描，若触发信号或触发电平不合适，就得不到触发而停止扫描，此时屏上无光迹。在“自动”时，若系统不能实施触发，就自动转换为自激扫描状态，输出连续不断的锯齿波去扫描。此时屏上会出现水平亮线或不稳定波形。“TV. V”“TV. H”分别用于观察电视信号中行、场信号波形。

触发电平和触发极性旋钮：触发电平是用来确定扫描起始点的，因此大小要合适，才能使被测信号在某一电平触发同步。触发极性用来选择信号的上升沿或下降沿触发。

如何才能观测到稳定的波形呢？首先触发信号源的选择必须由观测信号提供触发，以确保获得触发扫描同步；其次必须使触发电平在合适的范围内，否则无法获得触发扫描，也就无法实现扫描同步。

(5)$X-Y$ 函数显示系统：按下 $X-Y$ 键，CH1 通道为 X 轴输入，CH2 通道为 Y 轴输入，可在屏上观测到 $X-Y$ 的函数图形。观察李萨如图形时，要按下此键。

五、实验内容及步骤

1. 观察扫描信号

(1) 熟悉示波器面板上各旋钮的名称及作用。打开示波器电源开关，预热 2 ～ 3 min。

(2) 先将扫描速率转换开关逆时针方向旋至 $X-Y$ 位置，扫描方式置于“自动”。

“CH1”“CH2” 通道耦合方式选择“接地”，此时荧光屏上看到一个亮点，这是由阴极发射出来的一束电子经聚焦、加速到达荧光屏。调节“辉度”“聚焦” 及“水平和垂直位移” 旋钮，使光点大小合适、亮度适中且处于屏居中位置。

(3) 将扫描速率转换开关顺时针方向调节，荧光屏上的亮点开始扫描移动，调节扫描速率，直至观察到一条水平线。然后关闭扫描速率转换开关，即扫描速率(SEC/DIV) 转换开关逆时针方向旋至 $X-Y$。

(4) 打开信号源开关，按下“100” 和“~”，调节频率旋钮使之在 50 Hz 左右。将“CH1” 的接地弹起，将“方式” 的“CH1” 按下，荧光屏上出现一条横线，调节 CH1 的灵敏度选择开关，可以改变垂直亮线的长度，即 CH1 通道的正弦波是加在垂直方向的。将扫描速率(SEC/DIV) 转换开关顺时针方向旋转时，水平方向为扫描锯齿波，“CH1” 通道的正弦波加在竖直方向，随即正弦波信号被扩展开，调节扫描速率(SEC/DIV) 选择开关，使正弦波幅度适中，使屏上出现一个、两个完整的正弦信号波形。

(5) 同上步骤观察“CH2” 通道的正弦波形。

2. 利用李萨如图形测量信号的频率

(1) 将扫描速率(SEC/DIV) 转换开关逆时针方向旋至 $X-Y$ 位置，首先将已知频率的信号 f_x 送至“CH1”，被测未知频率的信号 f_y 送至“CH2”。

(2) 调整 f_x 和 f_y 的频率以及“CH1”“CH2” 的灵敏度(VOLTS/DIV) 选择开关，此时荧光屏上出现一个变化的封闭的李萨如图形，继续调节 f_x 得到一个稳定的、变化缓慢的李萨如图形，如图 3.13.9 所示的例子，记录水平和垂直方向的切点(或交点) 数 N_X，N_Y，读出频率 f_x，分别调出不同形状的李萨如图形，记录数据表格见表 3.13.1。

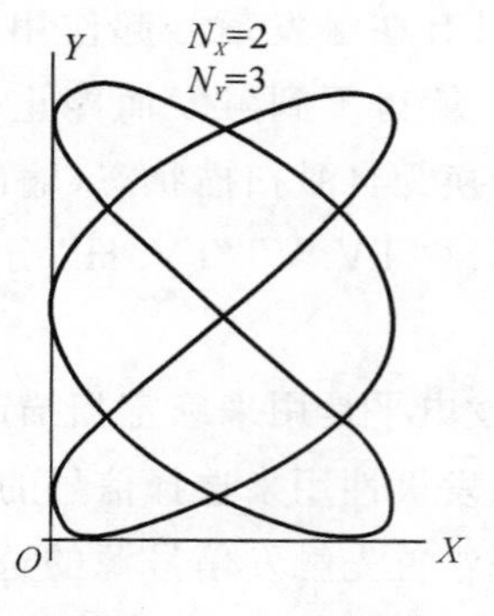

图 3.13.9　李萨如图形

(3) 根据 $f_y=\dfrac{N_X}{N_Y}f_x$，计算被测未知频率的信号 f_y 及不确定度。

3. 电压及频率测量

(1) 测量交流信号的电压值。

1) 按照步骤 2 调节，将“CH1” 信号接地，被测未知频率的信号 f_y 送至“CH2”，此时荧光屏上出现一条竖线，关闭“CH2” 灵敏度(VOLTS/DIV) 选择“微调” 开关，调节“CH2” 灵敏度(VOLTS/DIV) 选择开关使其亮线在屏内便于读数。

2) 从荧光屏上直接读出竖直亮线的长度，记录“CH2”通道的灵敏度(VOLTS/DIV)选择开关的读数，计算出“CH2”通道交流信号的峰-峰值和有效值，记录数据于表3.13.2。

(2) 频率测量：将示波器的“方式”的“CH2”按下，打开扫描速率选择开关，顺时针方向旋转，直到荧光屏上出现稳定的正弦波，记录一个周期的长度和扫描速率选择开关的读数，记录数据于表3.13.2。根据周期算出信号的频率，$f=\frac{1}{T}$。

(3) 测量直流信号的电压值。按步骤1调整好基准位置，将一节干电池接入“CH1”的输入端，其耦合开关置于“DC”位置，可看到荧光屏上水平亮线偏离 X 轴格数，读取CH1灵敏度(V/DIV)及探极的衰减倍率，记录数据于表3.13.2。

六、数据记录及处理

1. 李萨如图形测量信号的频率

表3.13.1 用李萨如图形测量频率

次数	已知频率 f_x/Hz	$N_X:N_Y$	未知频率 f_y/Hz	平均值 $\bar{f}_y$/Hz	不确定度 $u(\bar{f}_y)$/Hz	结果表示 /Hz
1						
2						
3						
4						
5						

2. 电压及频率测量

表3.13.2 电压及频率测量

<table>
<tr><td colspan="2">交流信号测量</td><td colspan="2">直流信号测量</td><td colspan="2">频率测量</td></tr>
<tr><td>竖直亮线长度 / 格</td><td></td><td>水平亮线偏离 X 轴 / 格</td><td></td><td>一个周期的长度 / 格</td><td></td></tr>
<tr><td>CH2 灵敏度</td><td></td><td>CH1 灵敏度</td><td></td><td>扫描速率</td><td></td></tr>
<tr><td>探极的衰减倍率</td><td></td><td>探极的衰减倍率</td><td></td><td>周期 T/s</td><td></td></tr>
<tr><td>电压峰-峰值 U_{P-P}/V</td><td></td><td rowspan="2">电压值 U/V</td><td rowspan="2"></td><td rowspan="2">频率 f/Hz</td><td rowspan="2"></td></tr>
<tr><td>有效值 /V</td><td></td></tr>
</table>

七、注意事项

(1) 示波器的所有开关及旋钮均有一定的转动范围，不可用力硬旋，以免使内部线路发生断路、短路或使旋钮移位。

(2) 荧光屏上的光点不可太亮，尽量将灰度调暗些，以看得清为准。

八、思考题

1. 预习思考题

(1) 什么是"同步"? 同步是如何完成的?

(2) 在荧光屏上能观察到示波器产生的锯齿波吗?

2. 实验思考题

(1) 如果在荧光屏上观察到的正弦图形不断向"左"跑,说明锯齿波扫描电压的频率相对 Y 轴信号的频率是偏低还是偏高? 为什么?

(2) 调整李萨如图形时,为什么图形一直在动? 能否用示波器的"同步"旋钮使图形稳定下来?

实验十四　模拟法测绘静电场

静电场是静止电荷周围的场物质分布,带电体或带电导体(有时称电极)在它周围空间产生电场。带电体的形状、位置、数量或电量不同,空间的电场分布也不同。研究或设计一定的电场分布有助于了解电场中的一些物理现象或控制带电粒子的运动,对科研和生产都很重要。但实际中除了简单形状的带电体的电场分布外,大都不能得到描述电场分布的数学表达式,因此很难计算出空间某点的电场大小。直接对静电场进行测量,也是相当困难的。因为不仅设备复杂,而且当把探针伸入静电场时,探针上会产生感应电荷(或试验电荷),感应电荷又会产生电场,这就与原静电场叠加,使原来电场产生显著的变化。由于静电场中无电流,因而除静电式仪表之外的大多数仪表不能用于静电场的直接测量。一般实际测量时都要用模拟法来测量。即用稳恒电流场模拟静电场,根据测量结果来描述出与静电场对应的稳恒电流场的电位分布,从而确定出静电场的电势分布。

模拟法通过一定的方法来模仿实际情况进行实验和测量,是用易于实现、便于测量的物理状态或过程模拟不易实现、难于测量的状态或过程。此方法要求两种状态或过程有一一对应的两组物理量,并且这些物理量满足数学形式基本相同的方程及边值条件。

一、实验目的

(1) 了解模拟法及适用条件。

(2) 学习用模拟法描述和研究静电场分布的方法。

(3) 加深对描述电场的两个物理量 —— 电场强度及电势的理解,进一步熟悉它们的关系。

二、实验仪器

GVZ-3 型静电场描绘仪。

三、实验原理

1. 用模拟法描绘静电场的依据

电场是用空间各点的电场强度 $\boldsymbol{E}$ 和电位 U 来描述的。为了形象地显示出电场的分布情况,可用电场线和等势面来描述电场。电场线是按空间各点电场强度的方向顺次连成的曲线,

曲线上每一点的切线方向都与该点的电场强度方向相一致。等势面(或等势线)是电场中电势相等的各点构成的面(或线)。电场线和等势面(或等势线)互相正交。因此,有了等势面(或等势线)的图形就可以画出电场线。而电场中的电势是一个标量,易于测量,因此可将一个电场强度的测绘用电场中的电势测绘来代替。由 $\boldsymbol{E}=-\nabla U$ 可知电场的方向及大小。

模拟法的特点是仿造另一个电场(模拟场),使它具有与原静电场完全类似的物理特性。当用探针去探测模拟场时,它不受干扰,因此可以间接地测出被模拟的静电场。用电流场模拟静电场就是研究静电场的一种方便有效的方法。电流场和静电场本来是两种不同的场。但是从电学理论可知,电介质中的稳恒电流场与电介质(或真空)中的静电场之间具有相似的性质。对于导电媒质中的稳恒电流场,电荷在导电媒质内的分布与时间无关,于是电荷守恒定律的积分形式可写为

$$\oiint \boldsymbol{J}\cdot \mathrm{d}\boldsymbol{s}=0$$

$$\oint \boldsymbol{J}\cdot \mathrm{d}\boldsymbol{l}=0 \quad (\boldsymbol{J}\text{ 为电流密度})$$

在电流场中,根据欧姆定律的微分形式有

$$\boldsymbol{J}=\sigma\boldsymbol{E}$$

式中,$\boldsymbol{E}$ 是模拟场中的不良导体内的电场强度;σ 是不良导体的电导率,其倒数为电阻率 ρ。

对于电介质中的静电场,在无源区域内,下列方程同时成立。

$$\oiint \boldsymbol{E}\cdot \mathrm{d}\boldsymbol{s}=0 \quad (\text{高斯定理})$$

$$\oint \boldsymbol{E}\cdot \mathrm{d}\boldsymbol{l}=0 \quad (\text{环路定理})$$

从上面两组方程可知,电介质中稳恒电流场的电流密度$\boldsymbol{J}$与电介质中的静电场强度$\boldsymbol{E}$所遵从的物理规律具有相同的数学形式,在相同的边界条件下,二者的解亦具有相同的数学形式,并且它们的内部均存在类似电势,所以可以用稳恒电流场中的电势分布来模拟静电场的电势分布。

实验中,将被模拟的电极系统放入充满均匀、电导性能远小于电极电导(不良导体)的导电玻璃上或导电溶液(如水)或导电纸上,电极系统加以稳定的电压(或信号),再用电压表(或耳机)测出电势相等的点,描出等势线(或等势面),由电场线与等势线(等势面)垂直确定电力线分布,即电场分布。

2.模拟场的模拟装置

不同形状带电体的模拟场的模拟装置不同。下面以两无限长、带等量异号电荷的同轴圆筒间的静电场的模拟为例介绍装置。

图 3.14.1 所示为用交流电压信号进行测量的实验电路。图中间为同轴圆筒的横断面,a 为中心内电极,b 为同轴外电极,将其置于导电玻璃板中。在 a,b 电极之间加上电压 U_0(内电极 a 接正,外电极 b 接负),由于电极是对称的,电流将均匀地沿径向从内电极流向外电极。由电压表读出数值相同的点为等势点,连成等势线。由此可测出不同的等位线,如图 3.14.2 中所示的虚线为同心圆。根据等势线分布可画出电场线,图中的实线为对称辐射状。即电场分布在垂直于轴的平面内呈辐射状,方向向外,越靠近圆心,电场越强。这就是所模拟的无限长、带等量异号电荷的同轴圆筒间的电势分布。

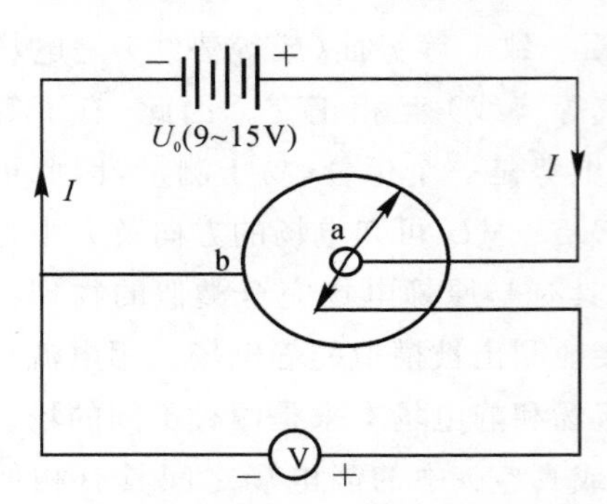

图 3.14.1　静电场模拟装置电路图

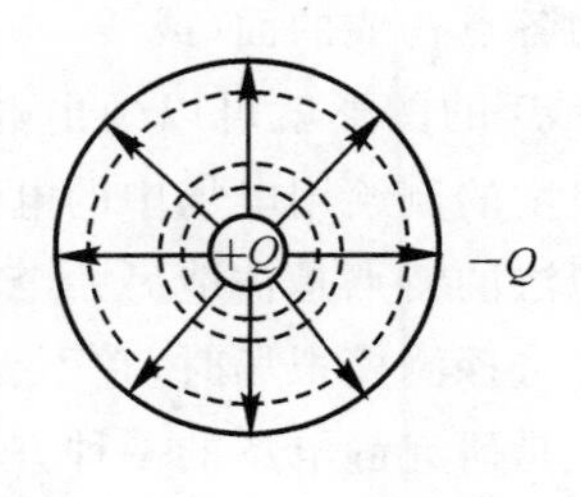

图 3.14.2　电场线等势线分布图

表 3.14.1 列举了几种电场的模拟装置。

表 3.14.1　几种静电场模拟装置示意图举例

电场类型	电极组态，模拟面S	模拟模型	S′ 面的模拟场
长平行导线（输电线）	$+U_1$ $-U_1$ $+r$ $-r$ S A B $2d$	$2U_1$ A B S′ (a)；$2U_1$ A S′ d (b)	(a) (b)
同心球	$U_2=0$ S $+U_1$ r_1 r_2	$+U_1$ S′ 水平面 A B	
示波管聚焦电极	A $+U_1$ S B $-U_1$ S_x φ	$2U_1$ A B S_1' 液；$2U_1$ A B S_2' φ	$+U_1$ S_1' A A $-U_1$ B S_2'

四、实验装置

GVZ－3型静电场测试仪(包括导电玻璃、双层固定支架、同步探针等)，如图3.14.3所示，支架为双层式结构，上层放记录纸，下层放导电玻璃。电极已直接制作在导电玻璃上，并将电极引线接出至外接线柱上。实验时将电极接线柱1,2分别与专用电源的输出接线柱“+”“−”相连接，探针接线柱与电压表“+”接线柱相连接。接通直流电源(10 V)就可以进行实验。在导电玻璃和记录纸上方各有一金属探针，通过金属探针臂把两探针固定在同一手柄上，两探针始终保持在同一铅垂线上。移动手柄，可保证两探针的运动轨迹一样，导电玻璃上的探针找到待测点后，由记录纸上方探针在记录纸上打点做出标记。做出若干个电势相同的点，即可由此描绘出等势线。GVZ－3型静电场测试仪专用电源面板如图3.14.4所示。

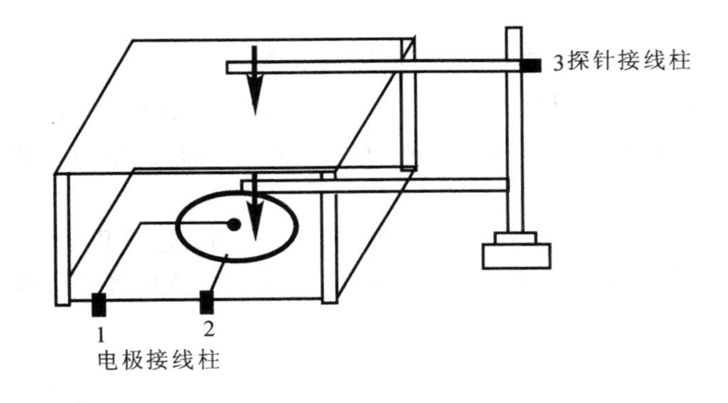

图3.14.3 静电场测试仪示意图

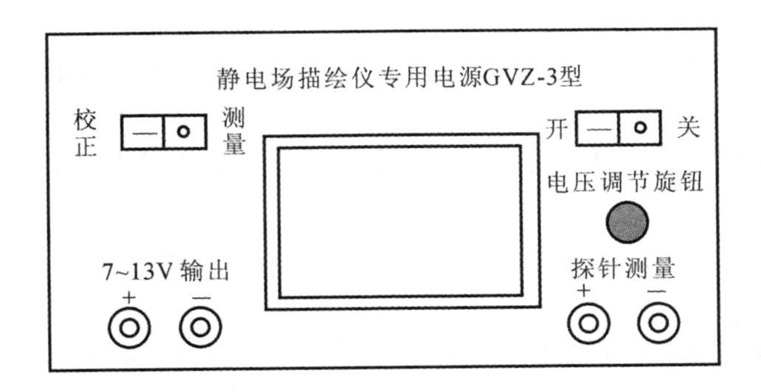

图3.14.4 GVZ－3型静电场测试仪专用电源面板示意图

五、实验内容及步骤

(1) 本静电场描绘仪可描绘同轴电缆电场、平行导线电场、劈尖形电极电场和聚焦电极电场。

(2) 打开电源，将“校正／测量”选择开关扳到“校正”，调节电源电压为10 V，然后扳到“测量”。

(3) 连接线路。将电源“+”“−”与静电场描绘仪1,2接线柱连接,手柄与电压表“+”连接。

(4) 移动手柄打点,并在记录纸上做出标记,电势分别取0 V,2 V,4 V,5 V,6 V,8 V,10 V。注意,图尽量大些,保证电场的完整性;打点要均匀,建议间距为5 mm左右;电极有特殊形状的要画出电极的形状。

六、数据记录及处理

(1) 描绘等势线:用铅笔连接等势点成光滑的曲线。

(2) 描绘电场线:根据等势线画出相应的电场线,至少应在6根以上。

七、注意事项

(1) 接线时,注意正负极不能对接,以免烧毁电源。

(2) 打点时注意标出电势值,对于非点状电极,要画出电极的形状。

(3) 场强是矢量,画电场线时应标明电场线的方向。切记:电极内部不画电场线,要注意对称性及疏密性。

(4)① 电场线和电势线正交;② 电场线发自正电荷而终止于负电荷,即从高电势指向低电势;③ 任何两条电场线都不会相交,不能形成闭合的曲线;④ 电场线的疏密表示电场的强弱。

八、思考题

1. 预习思考题

(1) 用电流场模拟静电场的条件是什么?

(2) 若电极是对称分布的,则相应的电场线、等势线分布是否也是对称分布的?

2. 实验思考题

(1) 如果电源电压增加一倍或减半,等势线、电场线的形状是否变化?电场强度和电位分布是否变化?

(2) 电场线和等势线存在什么样的关系?如何用电场线表示电场的强弱?

实验十五　光的等厚干涉

在光的本质的研究中,是光的干涉现象首先使人们认识到光的波动性质。要产生光的干涉现象,两束光必须满足频率相同、振动方向相同和相位差固定的相干条件。因此,实验中可将同一光源发出的光分成两束,经过空间不同的路径,再会合在一起产生干涉。以光的干涉为基础的光学仪器的发展,使许多精密测量得以实现。

一、实验目的

(1) 观察光的等厚干涉现象,熟悉光的等厚干涉的特点。

(2) 学会使用测量显微镜和钠光灯的方法。

(3) 学习用劈尖干涉法测量细丝直径或微小长度的原理和方法。

(4) 学习用牛顿环测量球面曲率半径的原理和方法。

二、实验仪器

测量显微镜,钠光灯,劈尖装置,牛顿环装置,45°反射镜。

三、实验原理

1. 劈尖干涉

劈尖是一种典型的分振幅装置,它由一对互相不平行的平板玻璃上下表面间的楔形薄膜材料组成。两平行平板玻璃一端用厚度为 d 的物体隔开,另一端接触,其接触直线叫作棱边线,平行于棱边线的任一直线上各点处薄膜厚度相等。如果薄膜材料是空气,则该劈尖叫作空气劈尖。一束波长为 λ 的单色光波入射于劈尖,如图 3.15.1 所示,劈尖的上下表面的反射光线是具有固定光程差的相干光,设劈尖的折射率为 n,P 点处薄膜厚度为 d,点光源发出的两条特定光线交于 P 点。它们的光程差 $\Delta L_{(P)} \approx 2nd\cos i$,其中 i 是光线在薄膜内的倾角。劈尖外平行平板玻璃的折射率为 n_1,如果 $n < n_1$,入射光为单色光,且波长为 λ 时,则 P 点处的干涉条件为

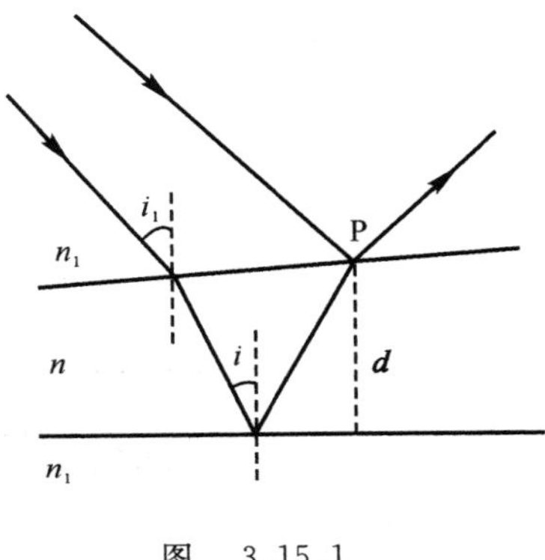

图　3.15.1

$$\Delta L = 2nd\cos i + \lambda/2 = k\lambda \quad (k=1,2,3,\cdots) \quad \text{(亮条纹)}$$

$$\Delta L = 2nd\cos i + \lambda/2 = (2k+1)\lambda/2 \quad (k=0,1,2,3,\cdots) \quad \text{(暗条纹)}$$

式中,附加光程 $\lambda/2$ 是由光疏媒质(空气)到光密媒质(平板玻璃)反射时产生的半波损失。

当光线垂直入射时,$i=0$,并且薄膜为空气时,则有

$$\left.\begin{aligned} \Delta L &= 2d + \lambda/2 = k\lambda \quad (k=1,2,3,\cdots) \quad &\text{(亮条纹)} \\ \Delta L &= 2d + \lambda/2 = (2k+1)\lambda/2 \quad (k=0,1,2,3,\cdots) \quad &\text{(暗条纹)} \end{aligned}\right\} \tag{3.15.1}$$

由式(3.15.1)可以看出,光程差取决于产生反射光的薄膜厚度,同一条干涉条纹所对应的空气薄膜厚度相同,故称为等厚干涉。两相邻暗纹(或亮纹)对应的劈尖厚度之差为

$$d_{k+1} - d_k = \frac{\lambda}{2}$$

如果两平行平板玻璃一端用厚度为 d 的玻璃丝隔开,设玻璃丝至棱边的距离为 L,对应的暗条纹数为 k,则所测量的玻璃丝的直径 d 为

$$d = k\frac{\lambda}{2} \tag{3.15.2}$$

如果 k 值很大,可用测出单位长度内的条纹数 —— 条纹密度 n,然后再乘总长度 l 的办法来求 k,即

$$k = nl \tag{3.15.3}$$

2. 牛顿环

牛顿环是一种用分振幅的方法产生的干涉现象,它也是典型的等厚干涉条纹。牛顿环通常用来测量透镜的曲率半径,或用来检查物体表面的平整度。如图 3.15.2 所示,DCE 是一块平

面玻璃板，在它上面放一块曲率半径 R 很大的平凸透镜 ACB，因为是凸面相接触，所以除了接触以外，两玻璃之间就形成一厚度不均的空气薄层。其等厚线是以接触点为中心的同心圆。

这样，如果有光从上面正入射，则空气薄膜的上缘面(即空气间隙与 ACB 交界面) 所反射的光和下缘面(即空气间隙与 DCE 交界面) 所反射的光之间便有光程差，因此产生干涉现象。光程差相等的地方形成以 C 点为中心的同心圆，因而干涉条纹是一簇以 C 点为中心的同心圆。设所用光波长为 λ 的单色光，与 C 距离为 r 处的空气间隙厚度为 d，则空气间隙上下缘面所反射的光的光程差 ΔL 为

$$\Delta L = 2d + \frac{\lambda}{2}$$

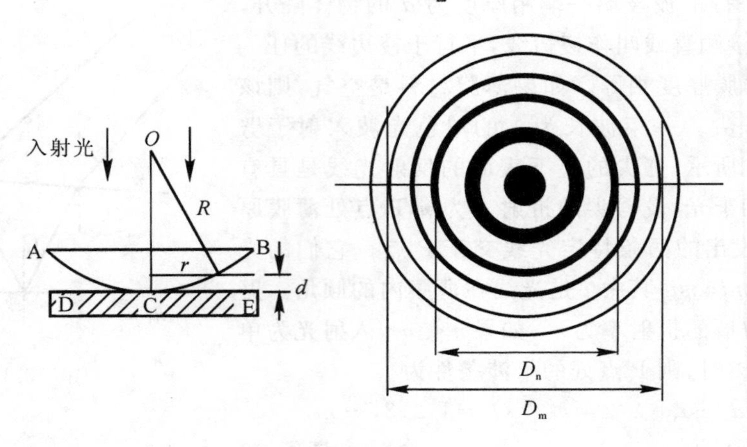

图 3.15.2

由图 3.15.2 的几何关系可知

$$d = R - \sqrt{R^2 - r^2} \approx \frac{r^2}{2R} \tag{3.15.4}$$

当
$$\Delta L = 2d + \frac{\lambda}{2} = (2k+1)\frac{\lambda}{2} \quad (k=0,1,2,\cdots) \tag{3.15.5}$$

时，产生暗条纹，则由式(3.15.4)，式(3.15.5) 得第 k 级暗纹的半径为

$$r_k = \sqrt{kR\lambda} \tag{3.15.6}$$

可见，r_k 与 k 的二次方根成正比，故 r_k 越大，圆环越密，而且越细。同理，亮环的半径为

$$r'_k = \sqrt{(2k-1)R\frac{\lambda}{2}} \quad (k=1,2,3,\cdots)$$

由上可知，如果已知 λ，并设法测得圆环的半径 r_k，就可以算出 R；或者知道了 R 可以测定 λ。但实际上，在实验中不能直接用此公式，主要因为：

(1) 实际观察牛顿环时发现，牛顿环的中心不是一个点，而是一个不甚清晰的暗或亮的圆斑。原因是透镜与平板玻璃接触时，由于接触压力引起形变，使接触处为一圆面，圆面的中心很难定准，因此 r_k 不易测准。

(2) 镜面上可能有灰尘等存在而引起一个附加厚度，从而形成附加的光程差，这样绝对级数也不易定准。

为了克服这些困难，对式(3.15.6) 进行处理，取暗环直径 d_k 来替代半径 r_k，则

$$d_k^2 = 4kR\lambda$$

或

$$R = \frac{d_k^2}{4k\lambda}$$

这样就消除了附加光程差带来的误差。若 m 级与 n 级暗环直径分别为 D_m 与 D_n，则有

$$R = \frac{D_m^2 - D_n^2}{4(m-n)\lambda} \tag{3.15.7}$$

式中，只出现相对级数 $(m-n)$，无须知道暗环的绝对级数，由于分子是 $(D_m^2 - D_n^2)$，通过几何分析可知，即使牛顿环中心无法定准，也不影响 R 的准确度。

四、实验装置

本实验用的测量显微镜如图 3.15.3 所示。E 为显微镜目镜，在显微镜物镜下面装有一个半反射镜 P，当其与入射光成 45° 夹角时可以将光线反射到平台上，旋转旋钮 H 可以使显微镜镜筒 D 上下移动，达到调焦的目的。转动鼓轮 T 一周，可使平台 M 平移 1 mm。T 的周边等分为 100 小格，平台相应平移 0.01 mm。读数可估计到 0.001 mm。

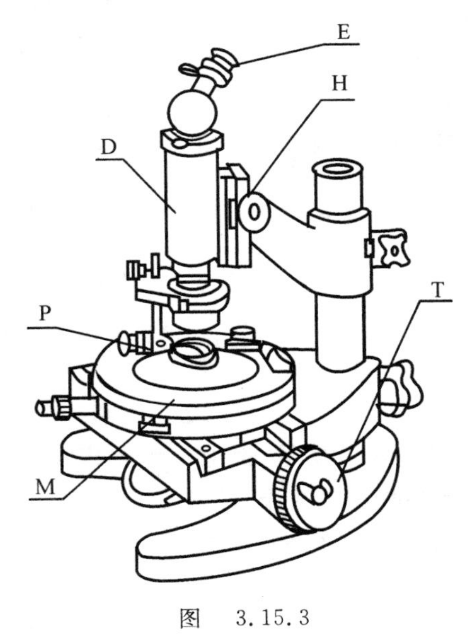

图 3.15.3

五、实验内容及步骤

1. 测量玻璃丝直径

(1) 测量前先调整好显微镜。调整目镜焦距，使十字叉丝清晰，且分别与 X，Y 轴大致平行，然后将目镜紧固。

(2) 用钠光灯作为单色光源，波长 $\lambda = 589.3$ nm，如图 3.15.4 所示，将载物台 E 玻璃片的上表面及小玻璃片 P 的两个表面擦拭净，或用毛刷掸净，选择一段较粗的玻璃丝，3 ～ 5 mm 长，放于载物台中心附近，转动载物台 E，使小段玻璃丝大致平行于 Y 方向。然后，将小玻璃片压实在玻璃丝上，并使玻璃丝靠近小玻璃片边沿。

(3) 由 S 发出的钠光经 45° 反射镜 G，垂直向下到达小玻璃片 P，转动倾仰角和方位角，首

先使视场内能看见较亮的钠黄光。

(4) 向上徐徐提升镜筒以实现对干涉图样的调焦,即看清条纹。这时条纹若不能平行 Y 方向则可转动载物台,使条纹与 Y 方向平行,当然同时还需跟踪调节 45° 反射镜。

(5) 测量 k 值和劈尖的长度 L。测量方法是由光学仪器的成像原理,根据反像原理去找劈尖端点 A 和细丝的 D 端,通过图 3.15.4 的两个图对比去看,调整 X,Y 轴手轮看清干涉条纹的全貌,先找 A 端,然后在相反方向找 D 点,用显微镜从 D 点开始记录 L_D,转动 X 手轮读出叉丝越过 10 个暗条纹,记录一个位置 L_{10},可得到单位长度的条纹数 N_1,连续测量两组 10 个暗条纹位置记录为 L_{20},L_{30} 直到 A 端位置 L_D,即可测出两块玻璃的接触处 A 端到细丝的总长度 L 和总条纹数 k,记录数据于表 3.15.1。

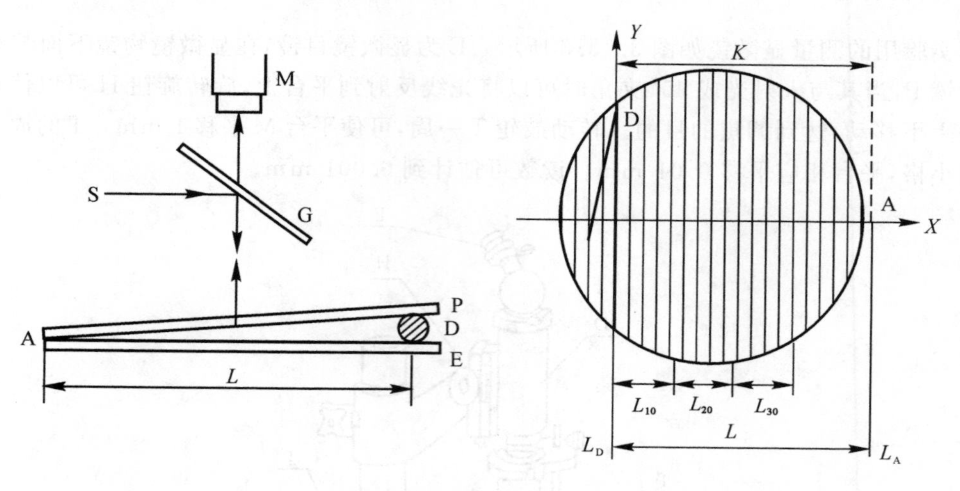

图 3.15.4

2. 测量透镜曲率半径

(1) 从载物台上取掉小玻璃片及玻璃丝,换上牛顿环装置,同时调整 45° 反射镜和显微镜焦距,直至观察到清晰的一簇同心圆条纹为止。

(2) 再调整牛顿环装置的位置,使得移动载物台时,需测的牛顿环均能在显微镜视场内出现。

(3) 在中心圆斑附近选定某一牛顿环级数,开始测量,记录数据于表 3.15.2。

六、数据记录及处理

1. 劈尖干涉细丝直径的测量

表 3.15.1 细丝直径的数据记录 (钠光波长 $\lambda = 589.3\text{nm}$)

玻璃丝 D 点 L_D/mm	L_{10}/mm	L_{20}/mm	L_{30}/mm	…	劈尖端 A 点 L_A/mm	总条纹数 k
劈间距离	$L = \mid L_A - L_D \mid =$					

(1) 直接测量直径:

$D_1 = k\,\frac{\lambda}{2}$；$u(D_1) = \frac{\lambda}{2}u(k)$；$D = D_1 \pm u(D_1)$。

(2) 间接测量直径：

条纹密度：$\bar{n}$；总条纹数：$k' = \bar{n}L$；$D_2 = k'\,\frac{\lambda}{2}$。

误差计算：$E_D = \frac{u(D)}{D} = \sqrt{\left[\frac{u(n)}{\bar{n}}\right]^2 + \left[\frac{u(L)}{L}\right]^2}$；$u(D_2) = E_{D_2}D_2$。

结果表示：$D = D_2 \pm u(D_2)$。

2. 测牛顿环的曲率半径记录数据

表 3.15.2 牛顿环曲率半径数据记录

环数 m	读数 /mm		直径 D_m/mm	环数 n	读数 /mm		直径 D_n/mm	$D_m^2 - D_n^2$/mm^2
	左方	右方			左方	右方		
20				10				
19				9				
18				8				
17				7				
16				6				
平均值								

七、注意事项

(1)45°反射镜的方位要放正确，应使钠光反射后垂直照射在劈尖或牛顿环上，而不是直接将钠光反射到显微镜中。

(2) 为了避免螺距间隙产生的测量误差，每次测量中，测微鼓轮只能朝一个方向转动，中途不可倒转。

八、思考题

1. 预习思考题

(1) 调节和使用读数显微镜应注意哪些问题？

(2) 何谓等厚干涉？劈尖等厚干涉与牛顿环等厚干涉的条纹特征有何不同？

(3) 如何调节实验装置，才能在读数显微镜中观察到等厚干涉条纹？

2. 实验思考题

(1) 用白光做光源，能否观察到牛顿环和劈尖干涉条纹？为什么？

(2) 如果在测量过程中十字叉丝的中心不通过牛顿环中央暗斑的中心，测量的是弦而不是直径，这对实验结果是否有影响？为什么？

九、相关知识

1. 钠光灯

钠蒸气放电时，发出的光可见范围内有两条强谱线589.0 nm和589.6 nm，通常称为钠双线。因两条谱线很接近，实验中可以认为是较好的单色光源，通常取平均值作为该单色光源的波长。使用钠光灯时应注意：

(1) 钠光灯必须与扼流圈串接起来使用，否则会被烧毁。

(2) 点燃后，需等待一段时间才能正常使用，故点燃后就不要轻易熄灭它。

(3) 在点燃时不得撞击或振动，否则灼热的灯丝容易震坏。

2. 利用干涉条纹检验光学表面

根据等厚干涉条纹可以判断一个表面的几何形状，即用一块光学平晶与待测表面叠在一起，由两个表面间的空气楔所产生的干涉花样的形状以及变化规律，可以判断待测表面的几何形状。

(1) 待测表面是平面，则产生直的干涉条纹。如图 3.15.5 所示，平面间的楔角愈小，条纹愈粗愈稀。

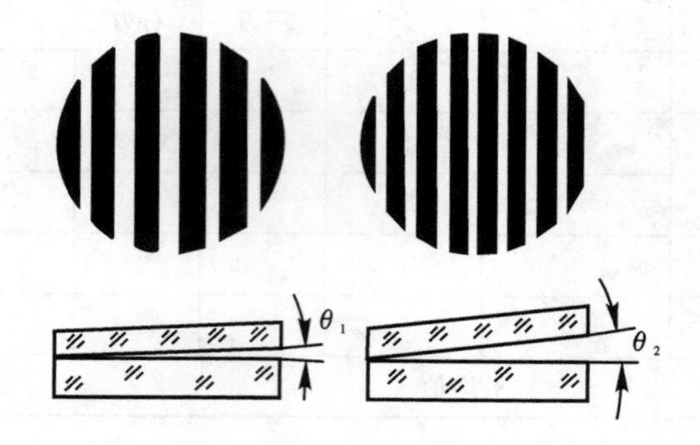

图 3.15.5　两平面间产生直干涉条纹(条纹间距 $e = \lambda/2\sin\theta$)

(2) 待测表面是凸球面或凹球面，则产生圆的干涉条纹。如图 3.15.6 所示，在边缘加压时，圆环中心趋向加压力点(接触点)者为凸面；背离加压力点者为凹面。

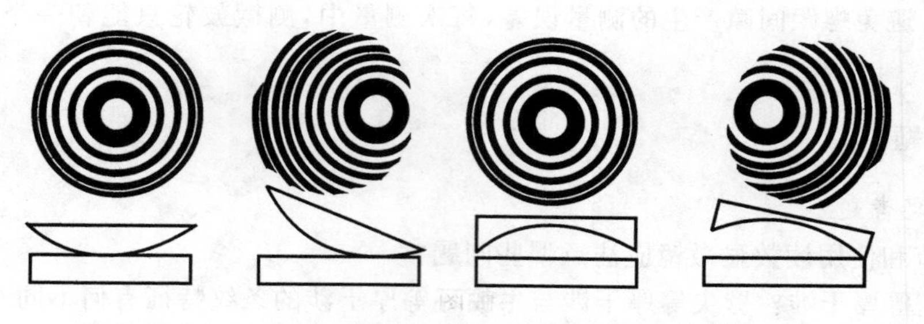

图 3.15.6　平面和球面间产生圆形干涉条纹

第四章 综合实验

实验十六 用电位差计测电表的内阻并校准电表

磁电式电表在电学测量中被广泛应用,但是由于电表结构及使用时间较长后,导致其性能发生变化,使其示值与实际值有偏离,因此,要经常对电表进行校准。通过本实验可学会一种校准电表的方法。

一、实验目的

(1)用电位差计测电表的内阻。

(2)用电位差计校准电表。

(3)进一步掌握电位差计的使用。

二、实验仪器

UJ34A 型电位差计,待校表,SS1971 可跟踪直流稳压电源,检流计,标准电阻(10 Ω,1 000 Ω),滑线变阻器(200 Ω,1.6 A),开关,导线。

三、实验原理

电位差计原理及具体用法见实验十二。下面讨论与本实验有关的内阻测量和电表校准的原理。

(1) 用电位差计测电表内阻(替代法)。按图 4.16.1 所示电路连接线路。其中 K_1 是双刀双掷开关,K_2 是单刀开关,R_S 是标准电阻,R_g 为待测电表内阻。根据串联电路中电流相等原理,保持电表电流不变,将 K_1 开关分别倒向 a,b,测出 R_S 和 R_g 两端的电压 U_S 与 U_g,可得到 $\frac{U_S}{R_S}=\frac{U_g}{R_g}$,因 R_S 是标准电阻,于是可得到

$$R_g=\frac{U_g}{U_S}R_S \tag{4.16.1}$$

(2) 用电位差计校正电流表。校正电流表的测量线路图如图 4.16.2 所示,其中毫安级电流表为待校电流表,R 为限流器,R_S 为标准电阻。电位差计可测出 R_S 上的电压 U_S,则流过 R_S

中的电流的实际值为 $I_0=\dfrac{U_S}{R_S}$，同时在毫安级电流表上读出电流表指示值 I，I 与 I_0 的差值称为电流表指示值的绝对误差，即 $\Delta I=I-I_0$。可以对照待校正电流表的不同指示值 I_i，测出相应的 I_{i0} 值，求出 $\Delta I_i=I_i-I_{i0}$ 值，并找出 ΔI_i 中的最大绝对误差 ΔI_{max}，按式 $K=\dfrac{\Delta I_{max}}{I_{imax}}\times 100\%$ 确定电流表的级别 K。

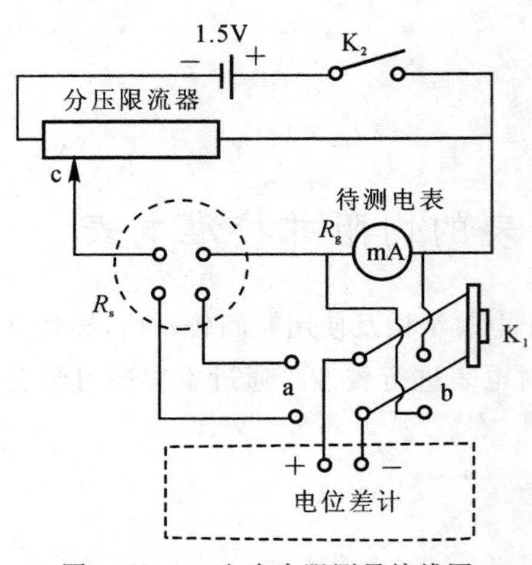

图 4.16.1　电表内阻测量接线图

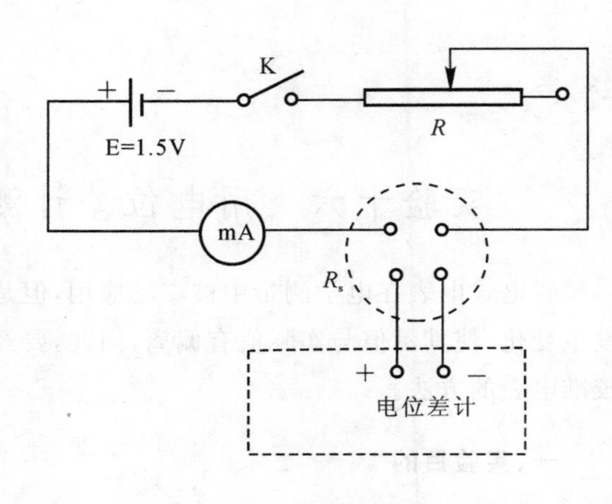

图 4.16.2　校正电流表的测量线路图

为了使待校电流表校正后有较高的准确度，电位差计与标准电阻的准确度等级必须比待校电表的级别高(至少高 2.0 级)。

(3) 用电位差计校准电压表。用箱式电位差计直接测量电压，来校正电压表(直流)，校正线路如图 4.16.3 所示。接通电源，滑动 c，读出待校电压表的数值 U 及所对应的电位差计的数值 U_i，则可求出 $\Delta U_i=U-U_i$，取其中 ΔU_i 的最大绝对值，可确定待校电压表的级别为

$$K=\frac{\Delta U_{max}}{U_{imax}}\times 100\% \qquad (4.16.2)$$

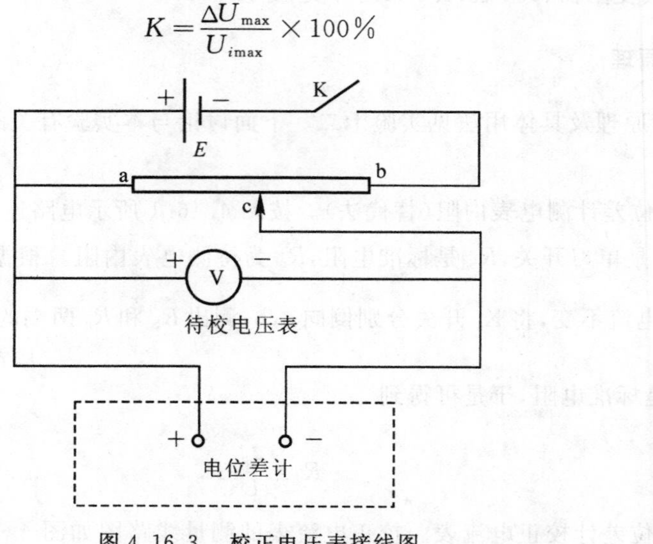

图 4.16.3　校正电压表接线图

四、实验内容及步骤

1. 测量 R_g

(1) 阅读实验十二,掌握 UJ34A 型直流电位差计的原理及用法。

(2) 按图 4.16.1 接好线路,测量待校电流表的内阻,R_S 由实验室提供具体值,测出 U_g 与 U_S,按式(4.16.1) 求出 R_g。

2. 校正电流表(0 ~ 10 mA)

(1) 按图 4.16.2 接线。

(2) 对待校毫安级电流表刻度示值(0 mA,2 mA,4 mA,6 mA,8 mA,10 mA) 逐一进行校正(注意:在选择标准电阻时,应使从电位差计上读取的数值有尽量多的有效数字)。

(3) 计算出电流表的标准值 I_{0i} 与电流表指示值 I_i 的差值 ΔI_i,即为该对应读数的修正值,用坐标纸,以 ΔI 为纵坐标,I 为横坐标,以对应的 I_i 与 ΔI_i 描点,相邻两点用直线连接,作校正曲线。

(4) 找出标准值 I_0 与指示值之差的最大差值 ΔI_{max}(用绝对值表示),求出待校电表的级别。

3. 校准电压表(选做)

实验十七　用霍尔元件测螺线管磁场

霍尔效应是磁电效应的一种。在匀强磁场中放一金属薄板,使板面与磁场方向垂直,在金属薄板中沿着垂直磁场的方向通过电流时,金属薄板的两侧面间会出现电位差,这一现象是霍尔(A. H. Hall,1855—1938 年) 于 1879 年发现的。后来发现半导体、导电流体等也有这种效应,而半导体的霍尔效应比金属强得多,当时对电子的发展和研究固体结构和原子结构有重要意义。近年来发现的量子霍尔效应,已经成为一种新型的电阻标准和测定精细结构常数的精确方法。

一、实验目的

(1) 了解霍尔效应的产生原理。

(2) 掌握霍尔效应测量磁场的原理和方法。

(3) 进一步学习电位差计的使用。

二、实验仪器

箱式电位差计,螺线管磁场实验仪,稳压电源(2 台),直流毫安级电流表,导线。

三、实验原理

1. 霍尔效应

如图 4.17.1 所示,把一块切成矩形的半导体薄片,长为 l,宽为 b,厚为 d,置于垂直于它的磁场 $\boldsymbol{B}$(z 方向) 中,同时在薄片的 y 方向上通以电流 I,那么在薄片纵向两端 A,B 就会出现电势差 U_H,这一现象叫作霍尔效应,这个电势差叫作霍尔电压。

运动的带电粒子 q 以平均迁移速度 $\boldsymbol{v}$ 在磁场 $\boldsymbol{B}$ 中受洛仑兹力 $\boldsymbol{f}_n=q\boldsymbol{v}\times\boldsymbol{B}$ 的作用，而引起带电粒子的偏转，如图 4.17.2 所示。当带电粒子被约束在固体材料中，这种偏转就导致在垂直电流和磁场的方向上产生正负电荷的聚集，从而形成附加的横向霍尔电场。此电场对载流子的作用和磁场对载流子的作用正好相反，当二者相互抵消时，就达到了稳定状态，此时在 x 方向上有一个恒定的电场 E_H 存在。因此在 x 方向上 A，B 面间形成电势差，即霍尔电压 U_H。

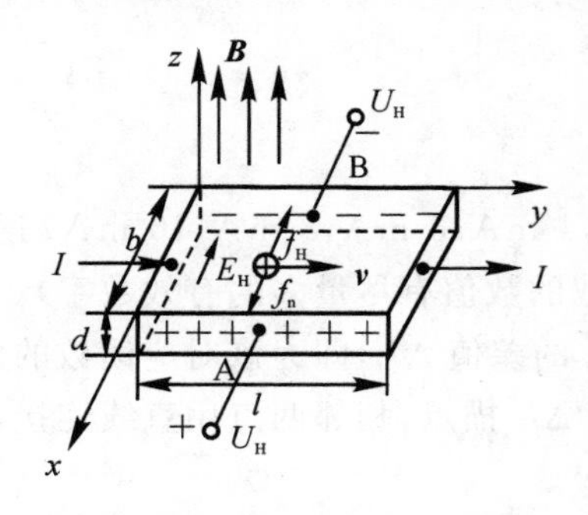

图 4.17.1　霍尔效应

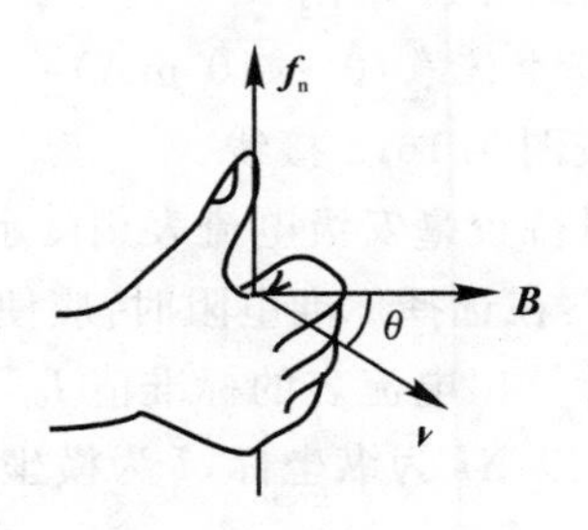

图 4.17.2　洛仑兹力的方向

2. 霍尔电压的大小

由于载流子在磁场的作用下发生定向偏转，洛仑兹力作用导致电荷在薄片的另一侧面积聚。如图 4.17.3(a) 所示，若载流子带正电，则将受到沿 x 方向的洛仑兹力作用，导致正电荷在 A 侧积聚，从而 A，B 两侧出现电势差，这时图中 A 点的电势比 B 点高。如图 4.17.3(b) 所示，若载流子带负电，则将受到沿 x 方向的洛仑兹力作用，导致负电荷在 A 侧积聚，从而 A，B 两侧出现电势差，这时图中 A 点的电势比 B 点低。

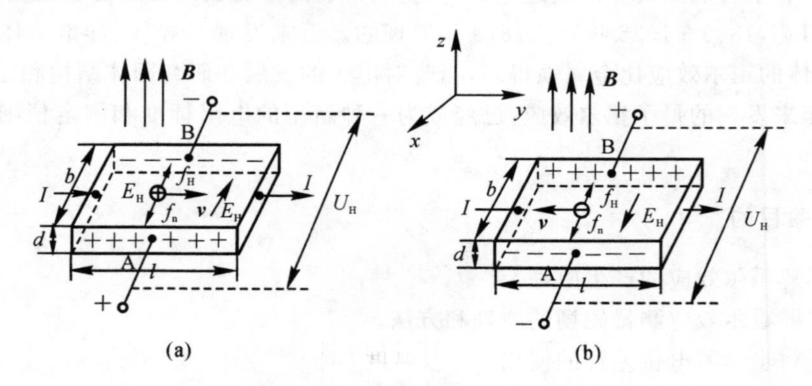

图 4.17.3　带电粒子受力图

由于洛仑兹力导致电荷在薄片的另一侧面的积聚后，就在与电流垂直的另一侧面形成横向电场 E_H，使载流子受到电场力的作用，即

$$f_H=qE_H \tag{4.17.1}$$

电场力和磁场力方向刚好相反，它将阻碍电荷向侧面的积聚。随着积聚电荷的增加，电场不断增强，直到载流子所受电场力和磁场力相等，即 $f_n=f_H$ 时，达到一种平衡状态，有 $qvB=E_Hq=q\dfrac{U_H}{b}$，于是 A，B 两点间的电位差为 $U_H=vbB$。

设载流子浓度为 n，薄片厚度为 d，电流强度 $I=dbnqv$，由此得

$$U_{\mathrm{H}}=\frac{IB}{dnq}=\frac{1}{nq}\frac{IB}{d}=R_{\mathrm{H}}\frac{IB}{d}=K_{\mathrm{H}}IB \tag{4.17.2}$$

式(4.17.2)中霍尔系数 $R_{\mathrm{H}}=\dfrac{1}{nq}$，霍尔灵敏度

$$K_{\mathrm{H}}=\frac{1}{dnq}=\frac{R_{\mathrm{H}}}{d} \tag{4.17.3}$$

即

$$B=\frac{U_{\mathrm{H}}}{K_{\mathrm{H}}I} \tag{4.17.4}$$

从式(4.17.4)可知，若已知 K_{H}，只要测出 U_{H}，I 后，就可以求出磁感应强度 $\boldsymbol{B}$，这就是用霍尔效应测磁场的原理。

对于一定的霍尔元件，霍尔电压 U_{H} 正比于工作电流 I 和外加磁场 $\boldsymbol{B}$，它的方向与 $\boldsymbol{B}$，I 的方向有关，改变其中之一的方向就会改变 U_{H} 的方向。同时 U_{H} 与 n，d 有关。

由于霍尔效应的建立需要的时间很短(约在 $10^{-12}\sim10^{-14}$ s 内)，因此使用霍尔元件时可以用直流电或交流电，如果工作电流用交流电 $I_{\mathrm{S}}=I_0\sin\omega t$，则

$$U_{\mathrm{H}}=K_{\mathrm{H}}I_{\mathrm{S}}B=K_{\mathrm{H}}I_0B\sin\omega t$$

所得的霍尔电压也是交变的。在使用交流电情况下，式(4.17.2)仍可使用，只是式中 I，U_{H} 应理解为有效值。

值得注意的是以上讨论都是在磁场方向与电流方向垂直的条件下进行的，这时的霍尔电压最大，因此测量应使霍尔片平面与被测磁感应强度矢量 $\boldsymbol{B}$ 的方向垂直，如果二者不垂直，那么只有与 $\boldsymbol{B}$ 垂直的那个 $\boldsymbol{B}$ 的分量才对霍尔效应有贡献。

3. 导体材料导电类型的确定

霍尔效应还与载流子电荷的正负有关。若载流子为电子，R_{H} 为负(N 型半导体的 R_{H} 为负值)，则 $U_{\mathrm{H}}<0$；反之，若载流子为空穴，R_{H} 为正(P 型半导体的 R_{H} 值为正)，则 $U_{\mathrm{H}}>0$。若实验中能测出 I，$\boldsymbol{B}$ 的方向，就可以判断 U_{H} 的正负，决定霍尔系数的正负，从而判断出半导体的导电类型。当电流方向一定时，薄片中载流子的电荷符号决定了 A，B 两点电势差的符号。所以通过 A，B 两点电势差的测定就可判断半导体中载流子的类型。

4. 实验中的副效应及其消除方法

在测量霍尔电压 U_{H} 时，还存在一些与温度、电极与半导体接触处的接触电阻有关的效应，这些效应也会在霍尔元件的上下侧面间产生附加电势差，给霍尔效应的测量带来了误差，影响测量结果的准确性，实验中应当设法消除。

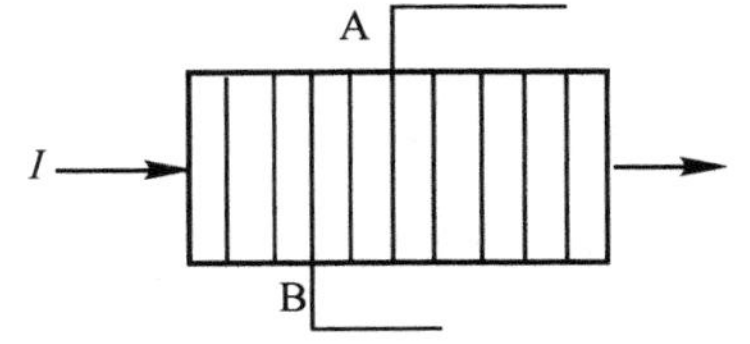

图 4.17.4 不等势电压示意图

由于在工艺制作时，很难将 A，B 两侧面的霍尔电压引出线焊在同一等位面上，因此电流流过霍尔片时，即使不加磁场，这两端也会产生一个很小的电势差，称为不等位电势，与磁场无关，如图 4.17.4 所示。

除不等位电势外，还存在热电效应和热磁效应所引起的各种副效应，这些副效应也给测量

U_H 带来很大的误差，为了减少和消除这些效应引起的附加电压，通过改变工作电流 I_S 和磁场 $\boldsymbol{B}$ 的方向（保持 I_S，$\boldsymbol{B}$ 的大小不变）的方法消除系统误差。实验时，需要测量下列四组数据：

当 $+B$，$+I$ 时，$U_H=U_1$；当 $-B$，$+I$ 时，$U_H=-U_2$

当 $-B$，$-I$ 时，$U_H=U_3$；当 $+B$，$-I$ 时，$U_H=-U_4$

得出

$$U_H=\frac{1}{4}(U_1-U_2+U_3-U_4) \tag{4.17.5}$$

注意：测量时要考虑 U 的方向（正、负）。

这种利用改变 B，I 的方向，使附加电压对 A，B 的输出电压 U 的效应有“正”和“负”两种，求出四个电压的代数和来消除附加电压的影响，这种方法称为“正、负补偿法”。

四、实验装置

(1) 箱式电位差计，请参考实验十二电位差计及其使用。

(2) 螺线管磁场测量实验仪器及接线如图 4.17.5 所示。

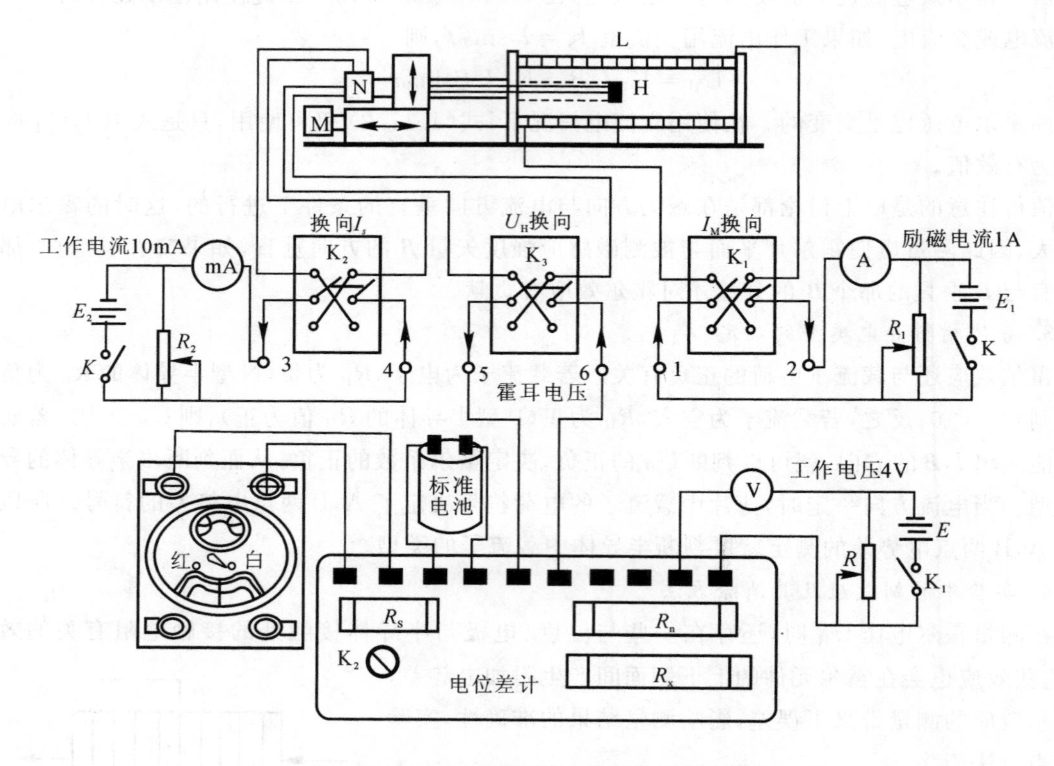

图 4.17.5　磁场测量实验接线电路图

1）L 为长直螺线管，参数为管长 $L=280$ mm，总匝数 $N=2\ 800$ 匝，有效直径 $D=22.0$ mm，直流电阻 $R=(4.0\pm0.1)\Omega$；

2）H 为装置在螺线管上的霍尔元件，霍尔元件由水平移动尺 M 带动，可沿轴线在管内左右移动，当霍尔元件由水平移动尺 M 向左移出管外时，可由垂直移动尺 N 带动，在管外作垂直移动，移动卡尺上游标读数装置，定位精度为 0.1 mm；

3）K_1 为双刀双掷开关，螺线管励磁电流换向开关；

4）K_2 为双刀双掷开关，霍尔元件工作电流换向开关；

5）K_3 为双刀双掷开关，测量霍尔电压的换向开关；

6）1，2 接线柱为励磁电流输入端，螺线管最大电流为 1.5 A；

7）3，4 接线柱为霍尔元件工作电流输入端；

8）5，6 接线柱为霍尔电压输出端，接电位差计的未知端。

五、实验内容及步骤

1. 校准电位差计

实验前，先接检流计、标准电池和电源的接线，按图 4.17.5 用 6 根导线接好，然后查室内温度 θ，代入公式计算 $E_S(\theta)$。调节 R_S 值，将开关 K_2 扳至“标准”，调节 R_n，校准好电位差计。

2. 实验电路的接线

（1）实验电路接线图如图 4.17.5 所示，接线前应断开 K_1，K_2 和 K_3 各开关。

（2）调节螺线管励磁电流 I_M。将稳压电源的电压和电流调节旋钮旋至最小，用稳压电源与开关 K_1 中间接线柱相接，闭合开关 K_1 并调节 E_1，R_1，使励磁电流 $I_M=1$ A，并保持恒定，其值由稳压电源上的电流表读出。

（3）调节霍尔元件工作电流 I_S。用稳压电源 E_2 串接一个毫安级电流表，与开关 K_2 中间接线柱相接，闭合开关 K_2，并调节 E_2，R_2，同时观察毫安级电流表的读数，使输出电流 $I_S=$ 10 mA，并保持恒定（为了保护霍尔元件，操作要特别小心）。

（4）测量霍尔电压。将校准好的电位差计的未知（Ⅰ/Ⅱ）端与霍尔元件电压的输出端，即开关 K_3 中间接线柱相接，闭合开关 K_3。

说明：使用 UJ34E/F 型电位差计时不需要校准，电位差计的工作电压为 12 V，其他与原型号相同。

3. 霍尔电压 U_H 的测量和磁场 B 的计算

（1）调节水平标尺 M 和垂直标尺 N（实验前已调好），使霍尔元件探头在螺线管内不同的水平位置 X，按顺序改变磁场 B 和工作电流 I_S 的方向，同时保持 B，I_S 大小不变，通过开关 K_1，K_2 的换向，测量探头在 X 位置时的霍尔电压 U_1，U_2，U_3，U_4 数值。

（2）用同样方法，测量螺线管内不同位置的霍尔电压 U_H，直至螺线管的端点。根据式（4.17.5），计算出不同位置 X 点的霍尔电压 U_{HX} 值，并记入 I_S 数据表格。

（3）根据式（4.17.4），计算出螺线管内不同位置 X 点的磁场 B 值。

（4）作出磁感应强度 B 沿螺线管轴线 X 分布曲线图（以位置 X 为横坐标，以 B 为纵坐标，作 $B-X$ 分布曲线图，并注明图名、单位）。

六、数据记录及表格

实验的数据可记录于表 4.17.1 中。

表 4.17.1　不同位置的磁感应强度

霍尔灵敏度 K_H = ____________ $mV\cdot(mA\cdot T)^{-1}$；　工作电流 = ____________ mA

开关 K_1,K_2	K_1 $B(I_M)$ 方向	K_2 I_S 方向	K_3 U_H 方向	X/cm ＼ U_{Hix}/mV	15.0（中点）	7.0	3.0	1.0	0.5（端点）
同向	+↑	+↑	↑	$+U_1$					
异向	−↓	+↑	↓	$-U_2$					
同向	−↓	−↓	↑	$+U_3$					
异向	+↑	−↓	↓	$-U_4$					
霍尔电压：$U_H=\frac{1}{4}(U_1-U_2+U_3-U_4)$/mV									
磁场强度：$B=\frac{U_H}{K_H I}$/T									

说明："+ ↑"表示双刀双掷开关朝上闭合；"− ↓"表示双刀双掷开关朝下闭合。

七、注意事项

(1) 在实验接线前，要将螺线管实验仪上的双刀双掷开关 K_1,K_2,K_3 断开，然后要校准好电位差计。

(2) 在接工作电流 I_S 和励磁电流 I_M 之前，注意不要使稳压电源输出短路或过载，以免电流太大，损坏霍尔元件。

(3) 霍尔元件质脆，引线接头细小，调节水平位置和接线时不可硬拉、扭弯，要小心操作。

八、思考题

(1) 已知磁场和电流的方向，如何判断霍尔电动势的方向？

(2) 用霍尔效应测磁场时，霍尔元件的平面与磁场的方向应满足什么关系？

(3) 为什么要测四个 U_1,U_2,U_3,U_4 电压值，如何求 U_H？在计算 U_H 时，U_1,U_2,U_3,U_4 的符号怎样改变？这样做可以消除哪些因素引起的误差？

(4) 霍尔系数 R_H 与半导体中载流子类型有何关系？

九、相关知识

1. 霍尔效应的发现

1879年，24岁的霍尔是美国霍普金斯大学的研究生。霍尔读到麦克斯韦的"电磁学"中的这样一段话："推动载流子导体切割磁力线的力不是作用在电流上。在导线中流动的电子本身完全不受磁铁和其他电流的影响。"他对此感到奇怪。不久他又读到瑞典物理学埃德隆教授的一篇文章，文中假定："磁铁作用在固态导体中的电流上，恰如作用在自由运动的导体上一样。"霍尔发现两位学术权威的说法不一样，于是去请教他的导师罗兰教授。罗兰也曾怀疑过麦氏的论断并试图通过实验来检验，但没有成功。于是霍尔设计了实验，又重复了罗兰的实验，通过改进，现象明显，获得了成功。后来霍尔将自己的工作以"论磁铁对电流的新作用"为题，发表在美国数学杂志上，引起了国际上广泛的注意和这个领域中研究者的兴趣，立即发现了另外三种效应：厄廷豪森效应、能斯脱效应、里纪-勒杜克效应。其间，英国物理学家洛奇也独立地提出过类似的实验，但他读到了麦氏的那段话，却被权威吓住了，放弃了实验。1980年，联邦德国的冯·克里岑教授在极低温和强磁场条件下发现了量子化的霍尔效应，用量子化霍尔效应可以极准确地测定精细结构常数，并提供了一种电阻的精确绝对单位。现在许多科学家正针对这种效应积极开展实验和理论研究。1985年冯·克里岑因这项成就被授予诺贝尔物理奖。

2. 理论计算

(1) 螺线管中心磁场

$$B_{中心}=\mu_0 nI$$

(2) 边缘磁场

$$B_{边缘}=\frac{1}{2}\mu_0 nI$$

式中，$n=\frac{N}{L}$；$\mu_0=4\pi\times10^{-7}\ \mathrm{H/m}$。

(3) 长直螺线管轴线上磁感应强度的分布曲线如图 4.17.6 所示。

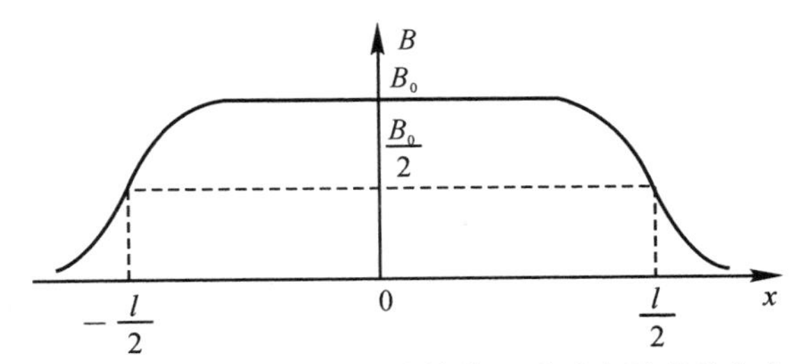

图 4.17.6 长直螺线管轴线上磁感应强度的分布

实验十八 用示波器测绘铁磁材料的磁化曲线和磁滞回线

在工程技术应用中，铁磁材料是常用的材料之一，而磁化曲线和磁滞回线是铁磁材料的重要特征曲线。要了解铁磁性材料，就应该对磁化曲线和磁滞回线有比较深入的了解。用直流电流对被测材料反复进行磁化，并逐点测量出 B 和 H 的对应值而得到的 $B-H$ 曲线称为静态磁滞回线。若利用交流电流对被测材料进行磁化，测得的 $B-H$ 曲线称为动态磁滞回线。这两者是有区别的，磁滞回线所包围的面积等于使单位体积磁性材料反复磁化一周时所需要的功，功转化为热而损耗。测量静态磁滞回线时，材料中只有磁滞损耗；而测量动态磁滞回线时，材料中既有磁滞损耗，还有涡流损耗。因此，同一材料的动态磁滞回线所包围的面积要大于静态磁滞回线所包围的面积。由于单位时间内的涡流损耗与交变电磁场的频率有关，在不同频率情况下，测量出的 $B-H$ 曲线也会有所不同。

另外，铁磁材料的杂质含量、晶体结构、加工方式、外界温度、内部应力及磁化历史都会对磁化特性产生影响，因此 $B-H$ 曲线的关系就特别复杂。从理论上推导和描述是相当困难的，目前还只能从实验取得结果。

本实验利用示波器来测量铁磁性材料的磁化曲线和动态磁滞回线。

一、实验目的

(1) 观察磁滞现象，加深对铁磁材料主要物理量（如矫顽力、剩磁）的理解。

(2) 掌握测量磁滞回线的基本原理和方法。

(3) 进一步学习使用示波器。

二、实验仪器

示波器，交流调压变压器，罗兰盘，标准互感器，电阻箱。

三、实验原理

1. 铁磁材料的磁滞性质

铁磁材料除了具有高的磁导率($\mu=B/H$)外，还具有另一重要特点就是磁滞。磁滞是铁磁材料在磁化和去磁过程中，其磁感应强度不仅依赖于外磁场强度，而且还与以前的磁化状态有关。用图形表示铁磁材料的磁滞现象的曲线就称为磁滞回线，可以通过实验测得，如图 4.18.1 所示。

对一块未磁化的铁磁材料而言，刚开始磁化时，磁感应强度 B 随外磁场强度 H 的增加而增加，如 OA 曲线，也被称为磁化曲线。当 H 增加到某一值 H_s 时，B 几乎不再增加，说明磁化已经达到饱和。材料磁化后，若减小 H，B 将不沿原路返回，而是沿曲线 ACA' 下降。同样，当 H 从 $-H_s$ 增加时，B 又将沿另一曲线 $A'C'A$ 到达 A，由此而形成的一闭合曲线就是磁滞回线，其中当 $H=0$ 时，$|B|=B_r$，B_r 称为剩余磁感应强度，要使材料的剩余磁感应强度为零，则必须加一反向磁场 $-H_c$，H_c 称为矫顽力。材料不同，磁滞回线也不同，H_c 亦不同。按 H_c 的大小，可把磁性材料分成两类，H_c 大的材料称为硬磁材料，H_c 小的材料称为软磁材料。

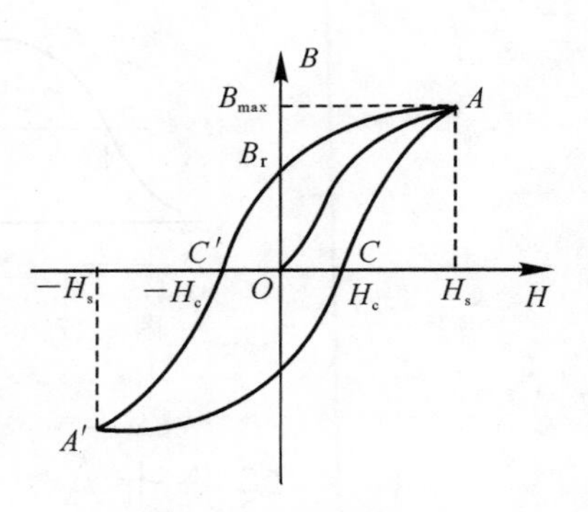

图 4.18.1 磁滞回线

由于铁磁材料的磁滞特性，测量前必须对实验样品进行退磁，以消除样品中的剩余磁性，即从原始状态($H=0$，$B=0$)开始，以便在每次实验时都能观察到完整的磁化曲线。退磁过程如下：将铁磁材料放在方向不断交替变更、数值连续减少直至为零的磁场中，这一过程使得剩磁逐渐减少直至完全消失，对应的磁状态变化过程也随之完全消失。实验时只要把样品圆环的原线圈通以 50 Hz 的交流电，并使其电流值由 I_m 逐渐减少至零，便可实现退磁。

需要说明的是，H 上升到某个值和下降到同一数值时，铁磁材料内的 B 并不相同（使得 μ 不同），即磁化过程和磁化经历有关。所以在实验中磁化电流只允许单调增加或减少，不可时增时减。另外为了形成一个稳定的磁滞回线，得到准确的 B_r，B_m，H_c，H_s 的值，需要经过几十个反复磁化（称为“磁锻炼”）以后，每次循环的回路才相同。

2. 示波器测量磁滞回线的原理

如图 4.18.2 所示，将样品制作成闭合的圆环，并在环上分别绕以磁化线圈 N_1 和副线圈 N_2，构成罗兰环。外加交流电压 U 在磁化线圈上，R_1 为取样电阻，该电阻两端的取样电压 U_1 加在示波器的 X 信号端；副线圈 N_2 和电阻 R_2 以及电容 C 串联构成一回路，电容 C 两端的电压 U_C 加在示波器的 Y 信号端。

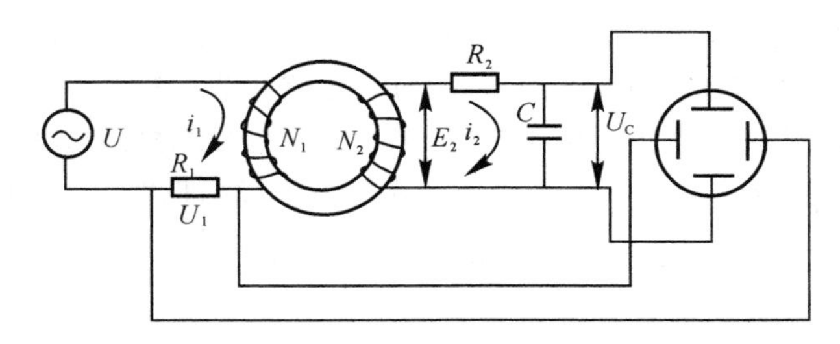

图 4.18.2 用示波器测动态磁滞回线原理图

(1)U_1(X 信号) 与磁场强度 H 成正比。设样品环的平均周长为 l，磁化线圈的匝数为 N_1，磁化电流的瞬时值为 i_1，根据安培环路定律有 $Hl=N_1i_1$，即 $i_1=Hl/N_1$。而 $U_1=R_1i_1$，故

$$U_1=\frac{R_1l}{N_1}H \tag{4.18.1}$$

式中，R_1，l 和 N_1 均为常数，所以 U_1 与 H 成正比，在示波器荧光屏上电子束的水平偏转大小与样品中的磁场强度成正比。

(2)U_C(Y 信号) 与磁感应强度 B 成正比。设样品的截面积为 S，根据电磁感应定律，在匝数为 N_2 的副线圈中感应电动势为

$$E_2=\frac{\mathrm{d}\Phi}{\mathrm{d}t}=-N_2S\frac{\mathrm{d}B}{\mathrm{d}t} \tag{4.18.2}$$

若副线圈回路中的电流为 i_2，且电容 C 上的电量为 q 时，有

$$E_2=R_2i_2+\frac{q}{C} \tag{4.18.3}$$

在上式中，由于副线圈的匝数 N_2 较小，因而可忽略其产生的自感电动势。此外，选定 R_2 和 C 足够大，使电容上产生的电压降 $U_C=q/C$ 比起电阻上产生的电压降 $U_R=R_2i_2$ 小到可以忽略，于是式(4.18.3) 就可以近似写为

$$E_2=R_2i_2 \tag{4.18.4}$$

将关系式 $i_2=\frac{\mathrm{d}q}{\mathrm{d}t}=C\frac{\mathrm{d}U_C}{\mathrm{d}t}$ 代入到式(4.18.4) 中，可得到

$$E_2=R_2C\frac{\mathrm{d}U_C}{\mathrm{d}t} \tag{4.18.5}$$

将式(4.18.5) 与式(4.18.2) 比较，不考虑正负号(在交流电中负号相当于相位差为 $\pm\pi$)，有

$$N_2S\frac{\mathrm{d}B}{\mathrm{d}t}=R_2C\frac{\mathrm{d}U_C}{\mathrm{d}t} \tag{4.18.6}$$

将式(4.18.6) 两边对时间积分，由于 B 和 U_C 都是交变的，故积分常数为 0，整理后可得

$$U_C=\frac{N_2S}{R_2C}B \tag{4.18.7}$$

式中，N_2，S，R_2，C 均为常量，故 U_C 与 B 成正比，也就是说，在示波器荧光屏上电子束在竖直方向上的偏转大小与磁感应强度成正比。

从以上分析可以看出，在磁化电流变化的一个周期内，示波器荧光屏上的光点将描绘出一条完整的磁滞回线，并在以后每个周期都将反复此过程，这样，在荧光屏上将看到一条稳定的磁滞回线图形。

(3) X 轴（H 轴）的标定。因为 X 轴所输入的是磁场强度 H 信号，所以 X 轴的标定是针对 H 而言的。X 轴标定即确定荧光屏上 X 轴的每个小格代表的磁场强度是多少。具体标定方法如图 4.18.3 所示（也可以认为是图 4.18.2 中的 Y 轴信号端接地），图中交流电表 Ⓐ 用于测量回路中 i_0（其有效值为 I_0）的。调节 I_0 使荧光屏上呈现总长度为 L_x 小格的水平线，它对应着 U_1 的峰-峰值，即 U_1 有效值的 $2\sqrt{2}$ 倍，相当于 $L_x = 2\sqrt{2}R_1 I_0$，于是光点每偏转 1 小格所代表的磁场强度 H 值为

$$H_0 = \frac{2\sqrt{2}\,N_1 I_0}{lL_x} \tag{4.18.8}$$

要注意的是，标定线路中应将被测样品去掉，而代以一纯电阻 R_0。这是因为被测样品是铁磁材料，它的 B 和 H 的关系是非线性的，从而使电路中的电流产生非正弦畸变。这时的 R_0 起限流作用，标定操作中的 I_0 不能超过 R_0 所允许的电流。

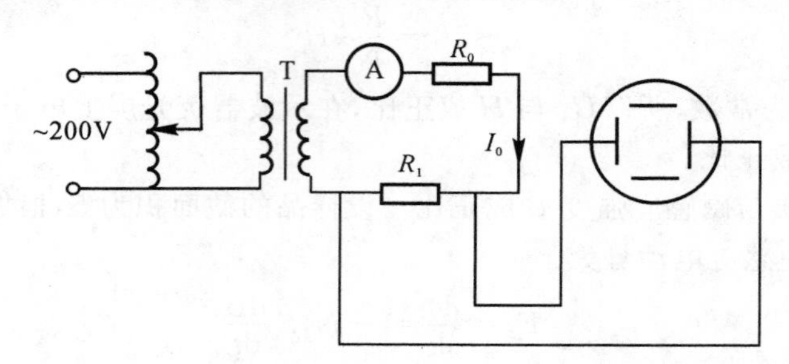

图 4.18.3　X 轴标定线路图

(4) Y 轴（B 轴）的标定。如图 4.18.4 所示，将 X 轴信号端接地，图中 M 是一个标准互感器，流过互感器原边的瞬时电流为 i_0，则互感器副边中的感应电动势 E_0 为

$$E_0 = -M\frac{\mathrm{d}i_0}{\mathrm{d}t}$$

类似于式(4.18.5)，又有

$$M\frac{\mathrm{d}i_0}{\mathrm{d}t} = R_2 C\frac{\mathrm{d}U_C}{\mathrm{d}t}$$

两边积分，可得

$$U_C = \frac{Mi_0}{R_2 C} \tag{4.18.9}$$

同样，电流表测出的是 i_0 的有效值 I_0，即 U_C 的有效值为 $U_C = MI_0/(R_2C)$，其峰-峰值为 $2\sqrt{2}MI_0/(R_2C)$。若此时荧光屏上对应峰-峰值的竖线总长度为 L_y 小格，根据式(4.18.7)可得到每偏转一小格所代表的磁感应强度 B 值为

$$B_0 = \frac{2\sqrt{2}\,MI_0}{N_2 SL_y} \tag{4.18.10}$$

标定时，不要使电流 I_0 超过互感器所允许的额定电流值。

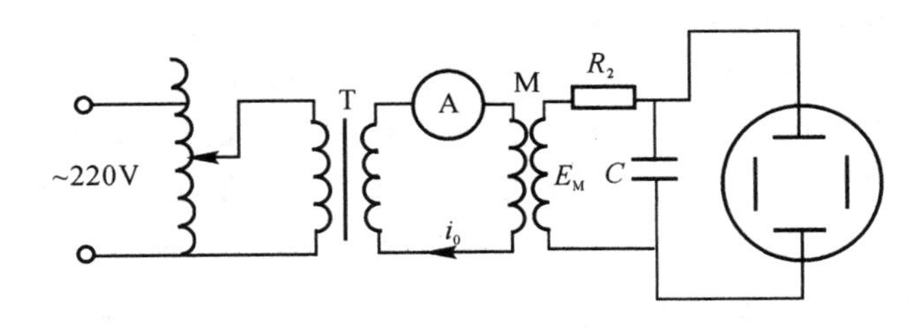

图 4.18.4　Y 轴标定线路图

若使用数字示波器来准确测量电压值，同时也能准确测量 R_1，R_2 和 C 的值，X 轴和 Y 轴的标定就可以省略。

四、实验内容及步骤

(1) 按图 4.18.2 所示连线，将示波器光点调到荧光屏中心，逐渐增加磁化电流，并使磁滞回线上的 B 值能达到饱和，同时调节示波器 X，Y 轴的增益，使图形大小适当。

(2) 待磁滞回线接近饱和时，逐渐减小输出电压为 0，目的是对样品退磁。

(3) 从 0 开始，分 8 次逐步增加输出电压，使磁滞回线由小变大，分别读记各特征点的坐标，并在坐标纸上描绘出基本磁化曲线 OA。

(4) 退磁后，将电流调至 I，以小格为单位测量多组 B 和 H 的坐标值，尤其是顶点、剩磁和矫顽力的读数，并在坐标纸上描绘出动态磁滞回线(要注意的是，在测量时切不可随意改变 X，Y 的增益，以便进行 H，B 的标定)。

(5) 分别按图 4.18.3 和图 4.18.4 进行 H，B 的标定。

五、思考题

1. 预习思考题

(1) 罗兰环是如何构成的？

(2) 磁场强度和磁感应强度的定义是什么？

(3) 为什么在实验中必须使用双踪示波器？

2. 实验思考题

(1) 实验中引起误差的主要原因是什么？

(2) 为什么要退磁？

(3) 在全部完成 $B-H$ 曲线的测量以前，为什么不能变动示波器 X 和 Y 的增益旋钮？

六、相关内容

对于磁性物质一般按照其磁性可以分为抗磁体、顺磁体和铁磁体三类：

(1) 抗磁体：$\mu_r < 1$，这类磁介质磁化后具有与外磁场方向相反的附加磁场 $B < B_0$。抗磁体又分“经典”抗磁体、“反常”抗磁体、超导体三种。“经典”抗磁体包括所有的惰性气体，一些金属如锌、金、汞等，和一些非金属如硅、磷、硫以及很多化合物，它们的磁化率是负的，按绝对值来说数值很小，一般为 $0.1 \times 10^{-6} \sim 10^{-6}$，与温度无关；“反常”抗磁体如铋、镓、石墨、碘、

Cu－Zn 型合金系的 ν 相以及许多其他物质，这些物质的原子磁化率比经典的大 10 ～ 100 倍，而且与温度有关。除此以外，还有许多反常现象，如铋，其磁化率是磁场的周期性函数，温度对其影响较大；超导体是一种沿着其表面流着宏观电流的物体，这个电流把超导体的内部和磁场隔绝了，因此在超导体内部各处 $B = H = 0$（表面层除外），而且磁导率 μ 的值接近 1。也就是说，超导体在非常低的温度（10 K）以下许多金属都具有反常的电学性质和磁学性质。

（2）顺磁体：$\mu_r > 1$，这类磁介质磁化后具有与外磁场方向相同的附加磁场 $B > B_0$。磁化率 μ 按照居里定律 $\mu = \frac{C}{T}$ 随温度而变化，C 为居里常数。但大多数的顺磁体服从居里-外斯(Curie－Weiss) 定律 $\mu = \frac{C}{T + \Delta}$，常数 Δ 可以大于零，也可以小于零。

（3）铁磁体：$\mu_r \gg 1$，在外磁场的作用下，产生很强的与外部磁场方向相同的附加磁场 $B \gg B_0$。具有比较一致的性质，都有着如图 4.18.1 所示的磁化曲线和磁滞回线，它们的磁化率与磁场有关，如图 4.18.5 所示。

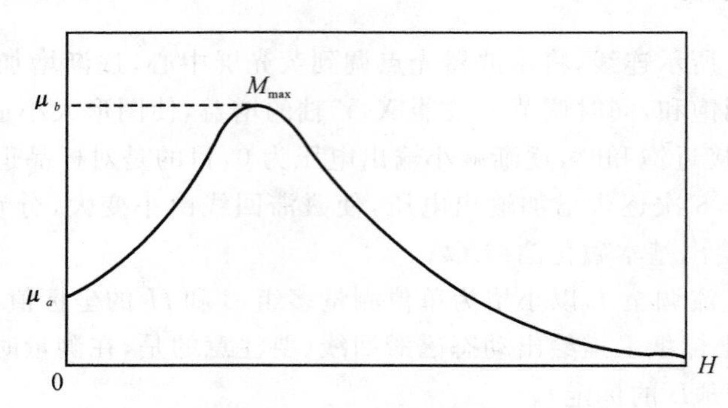

图 4.18.5　磁化率与磁场强度的关系

铁磁材料居里点的测定。铁磁性材料的磁特性随温度的变化而变化，当温度上升到某一温度时，铁磁性材料由铁磁状态转变为顺磁状态，这个温度被称为居里温度，居里点的测量装置主要有四个部分：提供使样品磁化的磁场；改变铁磁物质温度的控制部分；判断铁磁物质磁性是否小时的判断装置；测温装置。在一定磁场强度下，对铁磁材料加热，观察示波器上显示的磁滞回线，当温度逐渐升高时，磁滞回线将逐渐变化，当磁滞回线变为直线时，这个时候所对应的温度就是居里点温度。

实验十九　用磁聚焦法测定电子荷质比

带电粒子在电场和磁场中运动是在近代科学技术应用的许多领域都经常遇到的物理现象。本实验研究电子在电场和磁场中的运动规律，并利用电子在纵向磁场内做螺旋运动的规律测量电子的荷质比。

一、实验目的

（1）掌握电子在电场和磁场中的运动规律。

（2）加深理解电子在纵向磁场中的运动规律。

(3) 学习用磁聚焦法测量电子荷质比的基本方法。

二、实验仪器

DZS－D 型电子束测试仪。

三、实验原理

1. 阴极射线管的基本结构

阴极射线管的基本结构如图 4.19.1 所示。

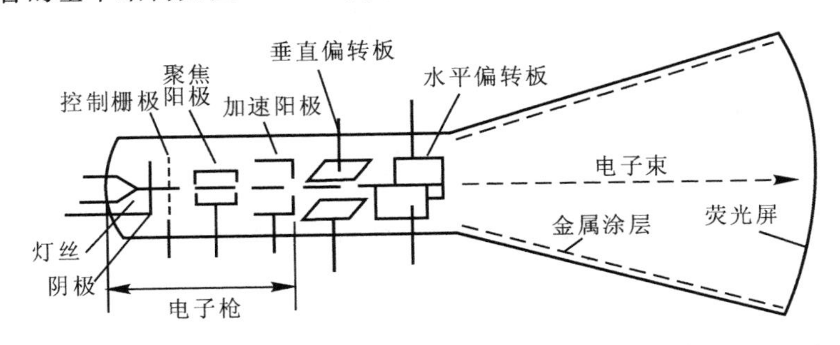

图 4.19.1 阴极射线管的结构示意图

示波管由电子枪、偏转板和荧光屏三部分组成。电子枪包括灯丝、阴极、控制栅极、聚焦阳极、加速阳极。灯丝通电使阴极发热发射电子；控制栅极电位比阴极低，对阴极发射出来的电子起控制作用；阳极电位比阴极高很多，电子被它们之间的电场加速形成射线。每对偏转板都由两块基本平行的金属板组成，在偏转板上加适当电压，当电子束通过时，其运动方向会发生偏转，从而使电子束在荧光屏上产生的光斑位置发生变化。荧光屏上涂有荧光粉，电子打上去它就发光，形成光斑。

2. 电子在横向电场下的偏转

电子从阴极发射出来后，速度可以近似认为是零，通过阳极电压 U 的加速后，速度为 v_0，沿轴向运动。由能量关系有

$$\frac{1}{2}mv_0^2 = eU$$

可得

$$v_0 = \sqrt{\frac{2eU}{m}} \tag{4.19.1}$$

若在 Y(或 X) 偏转板加一横向均匀电场，即电场方向垂直于电子运动方向，则电子在横向电场作用下将偏转，如图 4.19.2 所示。

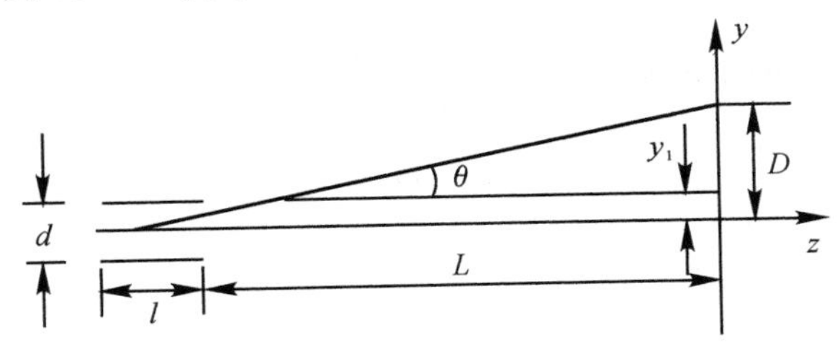

图 4.19.2 电子在电场中的偏转示意图

设偏转极板相距为 d，偏转极板长度为 l，所加偏转电压为 U_d，则有极板间电场强度 $E=\frac{U_d}{d}$。电子沿 z 轴方向，偏转电场方向为 y 轴，电子进入极板时（当 $t_0=0$ 时，$y=0$），电子通过极板时间为

$$t=\frac{l}{v_0} \tag{4.19.2}$$

电子在极板间受电场力的作用，在 y 方向偏离 z 轴的距离

$$y_1=\frac{1}{2}a_y t^2=\frac{1}{2}\frac{eE}{m}\frac{l^2}{v_0^2}$$

将式(4.19.1)及 $E=\frac{U_d}{d}$ 代入上式得

$$y_1=\frac{1}{4}\frac{U_d l^2}{Ud} \tag{4.19.3}$$

由图 4.19.2 可见，电子从极板射出偏离 z 轴的角度为 θ，且有

$$\tan\theta=\frac{v_y}{v_0}=\frac{a_y t}{v_0}=\frac{U_d l}{2dU} \tag{4.19.4}$$

电子在荧光屏上偏转距离

$$D=y_1+L\tan\theta$$

将式(4.19.3)和式(4.19.4)代入后得

$$D=\frac{U_d l}{2dU}(\frac{l}{2}+L) \tag{4.19.5}$$

可见在横向电场作用下偏转量 D 随 U_d 增加而增加，与 $\frac{l}{2}+L$ 成正比，与 U 和 d 成反比。

3. 在横向磁场中的偏转

给电子束加以横向磁场，以速度 v_0 运动的电子进入磁场后，由于磁场方向和速度方向垂直，电子将作匀速圆周运动，运动一段圆弧后沿切线射出磁场，有

$$m\frac{v_0^2}{R}=ev_0B$$

$$R=\frac{mv_0}{eB} \tag{4.19.6}$$

如图 4.19.3 所示磁场强度 B，宽度 l，电子射出后偏转角为 θ，有

$$\sin\theta=\frac{l}{R}=\frac{eBl}{mv_0} \tag{4.19.7}$$

电子射出磁场时偏离的距离 $a=R-R\cos\theta$，本实验中偏转角度 θ 很小，近似处理可得

$$D=L\theta+a=\frac{leB}{mv_0}\left(\frac{l}{2}+L\right) \tag{4.19.8}$$

把式(4.19.1)代入后得

$$D=\frac{leB}{(2meU)^{1/2}}\left(L+\frac{l}{2}\right) \tag{4.19.9}$$

此式表明电子束的偏转与磁场 B 成正比，与加速电压 U 的二次方根成反比。

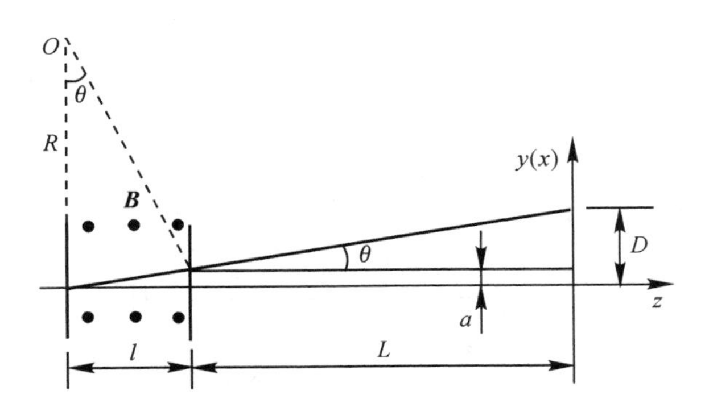

图 4.19.3　电子在磁场下偏转示意图

4.磁聚焦及荷质比的测量

当给Y偏转板加以交变电压时，电子将获得垂直于Z轴的速度v_y，此时荧光屏上可见到一条直线，这时再给示波管沿Z轴加以纵向磁场B，运动电子将受到洛伦兹力$f=ev_yB$的作用，但在沿Z轴方向速度仍为v_0，洛沦兹力f仅使得电子在垂直于磁场方向作圆周运动。合运动的效果描绘出一个螺旋状的运动轨迹。

横向圆周运动半径为

$$R=\frac{mv_y}{eB}$$

电子回旋一周的时间为

$$T=\frac{2\pi R}{v_y}=\frac{2\pi m}{eB} \tag{4.19.10}$$

电子运动回旋一周沿Z轴前进的距离，即螺距h为

$$h=v_0T=\frac{2\pi mv_0}{eB}=\frac{2\pi}{B}\sqrt{\frac{2mU}{e}} \tag{4.19.11}$$

由式(4.19.11)可见，电子运动周期和螺距均与v_y无关，可见从一点出发，具有不同v_y的电子，在经过一个周期以后，又会在距出发点相距一个螺距的点重新相遇，此即磁聚焦的基本原理。

利用上述规律，可设计一实验来测定电子的电量和质量的比值e/m，即荷质比。由式(4.19.11)可得

$$\frac{e}{m}=\frac{8\pi^2U}{B^2h^2} \tag{4.19.12}$$

磁场强度B由长直螺线管产生，其可由下式计算，即

$$B=\frac{\mu_0NI}{\sqrt{L^2+D^2}} \tag{4.19.13}$$

把式(4.19.13)代入式(4.19.12)可得

$$\frac{e}{m}=\frac{8\pi^2(L^2+D^2)}{(\mu_0Nh)^2}\frac{U}{I^2} \tag{4.19.14}$$

式中，$\mu_0=4\pi\times10^{-7}$ H/m，螺线管参数N,L,D和螺距h(Y偏转板到荧光屏的距离)可在仪器上查取。

四、实验装置

(1) 测量仪器面板示意图如图 4.19.4 所示。

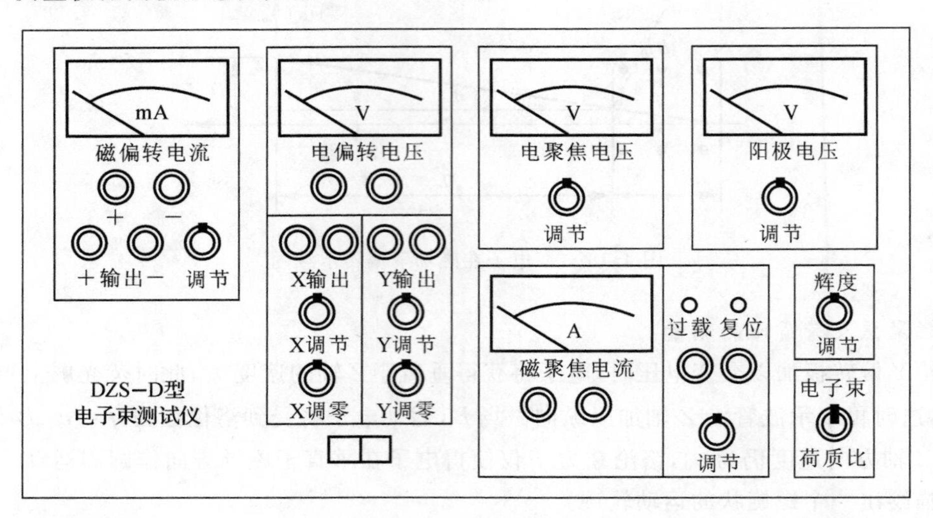

图 4.19.4 DZS-D 型电子束测试仪示意图

(2) 示波管实验仪示意图如图 4.19.5 所示。

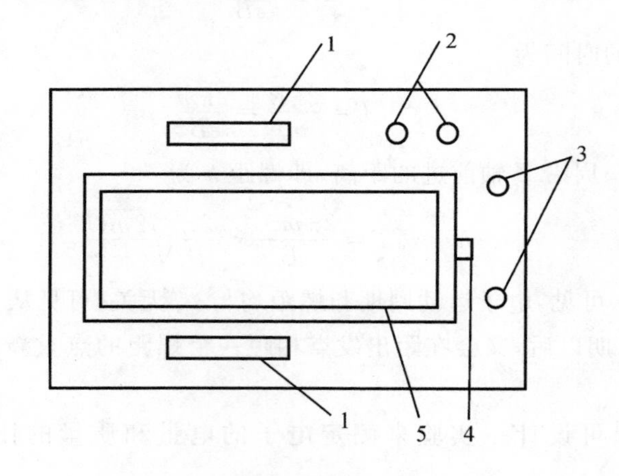

图 4.19.5 示波管实验仪俯视图

1— 产生横向磁场的线圈；2— 线圈接线柱；3— 纵向磁场的长直螺线接线柱；

4— 纵向磁场电流换向开关；5— 纵向磁场的长直螺线管

五、实验内容及步骤

1. 观察电偏转并测电偏转灵敏度 S

(1) 打开电源，置“电子束-荷质比”开关于电子束，适当调节辉度、聚焦旋钮，使屏上光点聚成一清晰的亮点。

(2) 光点调零，将 Y 偏转输出和电偏转电压表相接，调节其使输出为零后，调节“X 调零”“Y 调零”旋钮，使光点位于荧光屏中心位置。

(3) 给定一阳极电压 U($700\ \text{V} \leqslant U \leqslant 1\ 000\ \text{V}$) 测量一组 $D-U_d$。并将数据记入表4.19.1。

(4) 同上,将 X 偏转输出和电偏转电压表相接,测量 X 轴电偏转灵敏度 $S_X \propto \dfrac{D}{U_d}$。

2. 观察磁偏转并测磁偏转灵敏度 $S_I \propto \dfrac{D}{I}$

(1) 将偏转电流输出、磁偏转电流表和产生横向磁场的线圈串联。

(2) 阳极电压 U 分别取 700 V,800 V,900 V,分别在每个电压下调节磁偏电流 I 为 25 mA,50 mA,75 mA,将相应 D 值记入表 4.19.2。

(3) 计算磁偏转灵敏度。

3. 观察磁聚焦并测量荷质比

(1) 将磁聚焦电流输出、磁聚焦电流表和纵向磁场螺线管串联。

(2) 置"电子束-荷质比"开关于荷质比,调节 $U=700$ V。

(3) 调节磁聚焦电流,并逐渐增大,可观察到荧光屏上直线光迹一边旋转一边缩短,直到变成一个小光点。记录电流值。

(4) 磁聚焦电流调至零,用电流转向开关,改变电流方向,重新增加电流,可观察到荧光屏上直线光迹反时针一边旋转一边缩短,直到变成一个小光点,读出电流值。将数据记入表4.19.3。

(5) 改变阳极电压分别为 800 V,900 V,1 000 V,重复步骤(3),(4)。

六、数据记录及处理

表 4.19.1 电子在电场下的偏转

阳极电压 U/V						
偏转类型	X 偏转			Y 偏转		
偏转电压 U_d/V						
偏转距离 D/mm						
灵敏度 S/(mm·V^{-1})						
平均值 S/(mm·V^{-1})	$\bar{S}_X$			$\bar{S}_Y$		

表 4.19.2 电子在横向磁场下的偏转

阳极电压 U/V	700			800			900		
磁偏转电流 I/mA									
偏转距离 D/mm									
磁偏电流灵敏度 S/(mm·mA^{-1})									
平均电流灵敏度 $\bar{S}$/(mm·mA^{-1})									

表 4.19.3　电子荷质比的测量

阳极电压 U/V	700	800	900	1 000	螺线管的参数
正向电流 I/A					$\mu_0 = 4\pi \times 10^{-7}$(H · m) $h =$　　$N =$ $L =$　　$D =$ 公认值: $-e/m_e = -1.758\ 819\ 62 \times 10^{11}$(C · kg^{-1})
反向电流 I/A					
平均电流 I/A					
$\frac{e}{m_e}$/(C · kg^{-1})					
$\overline{e/m_e}$/(C · kg^{-1})					

七、注意事项

(1) 调节辉度旋钮时,应使辉度适度,以免过亮烧穿荧光屏。

(2) 改变电压、电流时应缓慢调节旋钮,实验结束后电压、电流值应调节至零。

八、思考题

1. 预习思考题

(1) 电子经过加速电场,垂直进入偏转电场,偏转位移与偏转电压的关系是什么?与阳极电压的关系是什么?

(2) 电子垂直进入匀强磁场,作什么运动?

(3) 磁聚焦的原理是什么?

(4) 调节螺线管中的电流的目的是什么?

2. 实验思考题

(1) 若电子不是带负电荷,而是带正电荷的粒子,示波管需作哪些必要的改变?此时正电子束在磁场中应如何偏转?

(2)B 大小不变,改变偏转电压,电子螺旋运动会发生怎样的变化?例如半径和螺距会怎样改变?

实验二十　分光计的调整和棱镜折射率的测量

分光计是一种能精确测量角度的基本光学仪器,它能利用光的反射、折射、衍射、干涉和偏振原理在光学实验中作光线的方向和角度测量以及光谱分析。同时分光计的基本部件和调节原理与其他更复杂的仪器(如单色仪、摄谱仪等)有许多相似之处,因此熟悉分光计的基本构造、调节原理、使用方法和技巧,对调整和使用其他精密光学仪器具有普遍的指导意义。

一、实验目的

(1) 了解分光计的构造和工作原理。

(2) 掌握分光计的调节方法。

(3) 学习用分光计测量三棱镜的折射率。

二、实验仪器

分光计，平面反射镜，玻璃三棱镜，光源和水平尺等。

三、实验原理

1. 用最小偏向角测量棱镜折射率

如图 4.20.1 所示，单色光线沿着 PM 方向在棱镜中折射后由 NP′ 方向射出。NP′ 与入射光线 PM 的方向成某一角度 δ，对于一定的棱镜，偏向角 δ 随光线 PM 对棱镜的入射角 i_1 而变化。当入射角 i_1 为某一定的数值时，光线 MN 就平行于棱镜的底面 BC，此时的偏向角 δ 达到最小值 $\delta_{\min}$，称 $\delta_{\min}$ 为最小偏向角。

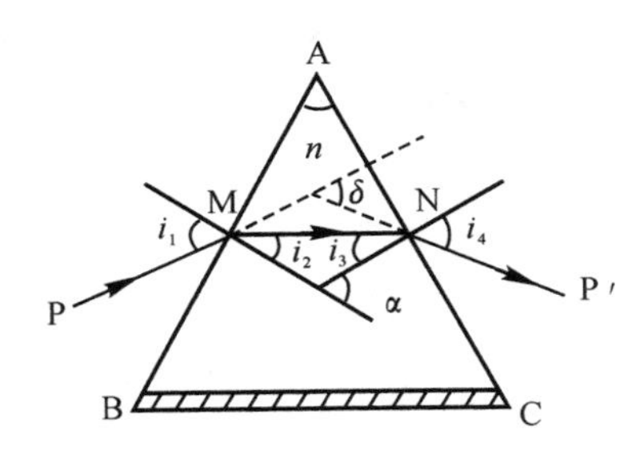

图 4.20.1 光在棱镜中的折射

设 i_2 表示光线在第一个折射面 AB 的折射角，光线 MN 以角 i_3 射到 AC 面上。由图 4.20.1 所示的关系，有

$$i_2 + i_3 = \alpha$$

当光线 NP′ 处于最小偏向角时，光线 MN 对称地经过棱镜，有 $i_1 = i_4$，且 $i_2 = i_3$，则

$$i_2 = \frac{\alpha}{2} \tag{4.20.1}$$

从图 4.20.1 中，又可得出

$$\delta_{\min} = (i_1 - i_2) + (i_4 - i_3)$$

将式(4.20.1)代入上式，得

$$\delta_{\min} = 2i_1 - \alpha$$

或

$$i_1 = \frac{\alpha + \delta_{\min}}{2} \tag{4.20.2}$$

将式(4.20.1)，式(4.20.2)代入 $n = \frac{\sin i_1}{\sin i_2}$ 中，得

$$n = \frac{\sin \frac{\alpha + \delta_{\min}}{2}}{\sin \frac{\alpha}{2}} \tag{4.20.3}$$

式中，n 是棱镜材料的折射率。因此，测量出三棱镜的顶角 α 和棱镜对单色光的最小偏向角 $\delta_{\min}$，从而测量出棱镜材料对空气的相对折射率 n。

2. 测量三棱镜顶角 α

(1) 自准直法。类似于自准直望远镜，利用望远镜自身产生的平行光，可以测出三棱镜两折射面 AB 和 AC 法线之间的夹角 θ，如图 4.20.2 所示。用三角形 ABC 表示三棱镜的主截面，两光学面 AB 和 AC 称为折射面，两折射面之间的夹角 α 称为三棱镜的顶角，BC 面为毛玻璃面，称为底面，由几何关系可得

$$\alpha = 180° - \theta \tag{4.20.4}$$

(2) 反射法。如图 4.20.3 所示，将三棱镜放在载物台上，使顶角 α 正对平行光管，使平行光管出射的平行光束被棱镜的两个折射面 AB 和 AC 分成两部分，测量 AB 和 AC 面的反射光

线之间的夹角 θ,由几何关系可得

$$\alpha=\frac{\theta}{2} \tag{4.20.5}$$

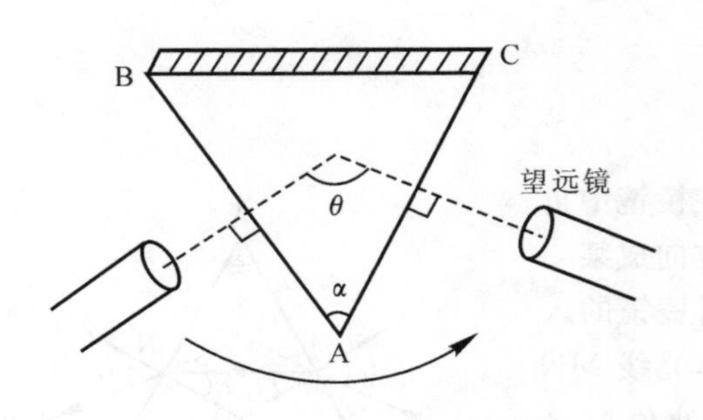

图 4.20.2　自准直法测量顶角

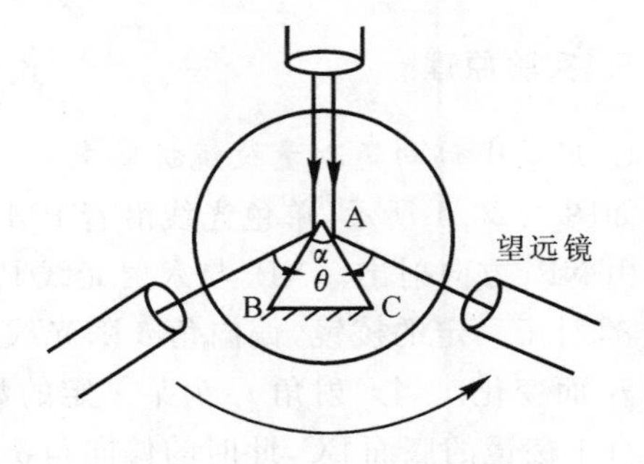

图 4.20.3　反射法测量顶角

四、实验装置

分光计是测量光束偏折角度的一种光学仪器,借助它可以观察光的反射、折射、衍射等物理现象,还可进行全偏振角、晶体折射率、光波波长等物理量的测量,其应用十分广泛。它的构造主要由五部分组成:底座、载物台、自准直望远镜、平行光管和读数圆盘。以下介绍 JJY－1 型分光计,它的结构如图 4.24.4 所示。

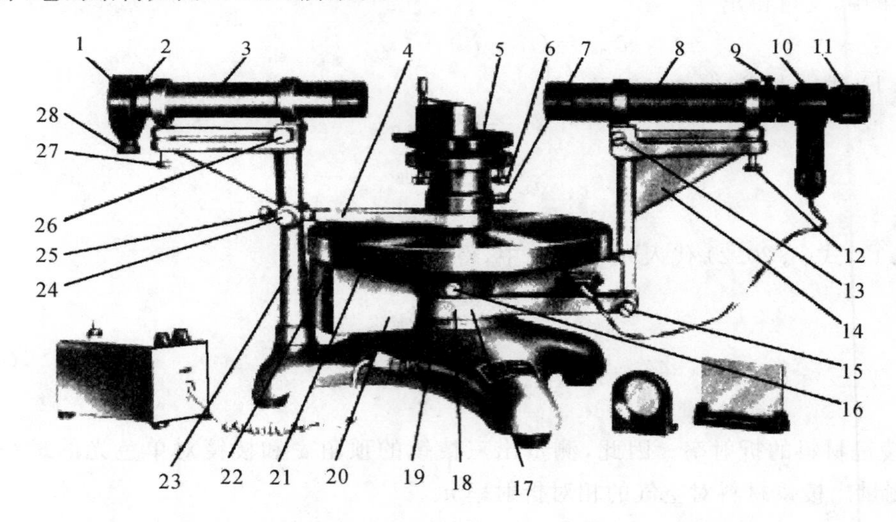

图 4.24.4　分光计的结构图

1— 狭缝装置;2— 狭缝装置锁紧螺钉;3— 平行光管部件;4— 制动架(二);5— 载物台;6— 载物台调平螺钉;7— 载物台锁紧螺钉;8— 望远镜部件;9— 目镜锁紧螺钉;10— 阿贝式自准直目镜;11— 目镜视度调节手轮;12— 望远镜光轴高低调节螺钉;13— 望远镜光轴水平调节螺钉;14— 支臂;15— 望远镜微调螺钉;16— 转座与度盘制动螺钉;17— 望远镜制动螺钉;18— 制动架(一);19— 底座;20— 转座(主轴);21— 刻度盘;22— 游标盘;23— 立柱;24— 游标盘微调螺钉;25— 游标盘制动螺钉;26— 平行光管光轴水平调节螺钉;27— 平行光管光轴高低调节螺钉;28— 狭缝宽度调节手轮

1. 底座

底座(19)中央有一固定中心轴(即主轴),刻度盘21和游标盘22套在中心轴上,可以绕中心轴转动,载物台5套在中心轴上端,可以升降。

2. 载物台

用来放置光学元件,如棱镜、光栅等,在它的下方有三个调平螺钉6,以调节平台面与旋转中心轴垂直。用螺钉7可调节载物台的高度,并当固紧时使平台与游标刻度盘固联。固紧螺钉25可使游标盘22与主轴20固联;固紧螺钉24可使载物台与游标一起微动。

3. 自准直望远镜

望远镜是用来确定平行光方位的。它的结构如图4.20.5所示,它由目镜、全反射棱镜、叉丝分划板及物镜组成。目镜套在A筒中,全反射棱镜和叉丝分划板装在B筒内,物镜装在C筒顶部,A筒可在B筒内前后移动,B筒(连A筒)可在C筒内移动。叉丝分划板上刻有双“十”字形叉丝和透光小“十”字刻线,并且上叉丝与小“十”字刻线对称于中心叉丝线,全反射棱镜紧贴其上,如图4.20.6(a)所示。

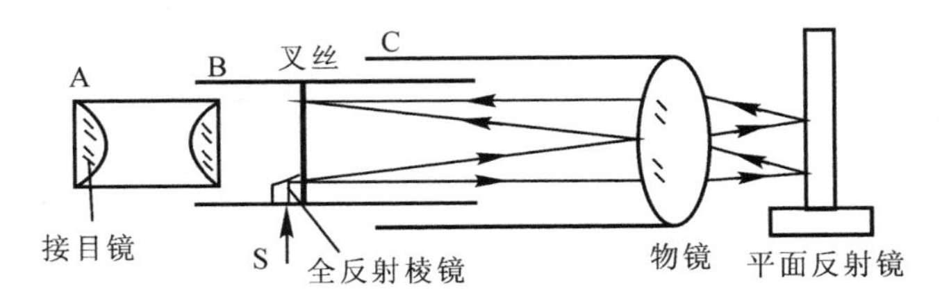

图4.20.5　望远镜自准直光路图

如图4.20.5所示,打开照明光源S时,光线经全反射棱镜照亮小“十”字刻线。当小“十”字刻线平面处在物镜的焦平面上时,从刻线发出的光线经物镜成平行光。如果有一平面镜将这平行光反射回来,再经物镜成像于焦平面上,于是从目镜中可以同时看到叉丝和小“十”字刻线的反射像,并且无视差,如图4.20.6(b)所示。如果望远镜光轴垂直于平面反射镜,反射像将与上叉丝重合,如图4.20.6(c)所示。这种调节望远镜使之适合观察平行光的方法称为自准直法,这种望远镜称为自准直望远镜。

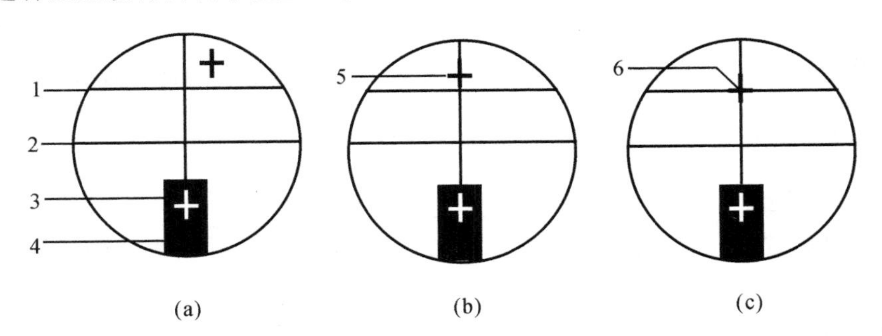

图4.20.6　叉丝分划板和“十”字反射像

1—上叉丝;2—中心叉丝;3—透光“十”字刻线;

4—绿色背景;5—绿色“十”字反射像;6—自准直重合的反射像

望远镜安装在支壁 14 上，支壁与转座 20 固定在一起，并套在度盘上，当松开制动螺钉 16 时，转座与度盘一起旋转，当旋紧制动螺钉 16 时，转座与度盘可以相对转动。望远镜系统的光轴位置可以通过螺钉 12，13，15 进行微调，目镜 10 可以沿光轴移动和转动，目镜的视度可以通过螺钉 11 调节。

4. 平行光管

如图 4.20.7 所示，平行光管 3 固定在底座 19 上，靠近仪器主轴的一端装有平行光管的物镜，另一端装有可调狭缝套管 1，可沿光轴移动和转动，狭缝的宽度通过调节手轮 28 调节，平行光管的光轴位置可以通过调节螺钉 27，26 来进行微调，前后移动狭缝套管 1 处在物镜的焦平面上，于是由狭缝产生的光通过物镜后成平行光。

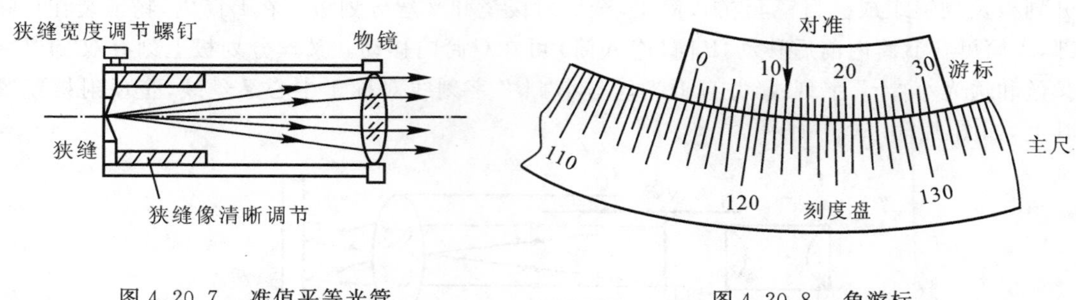

图 4.20.7　准值平等光管　　　图 4.20.8　角游标

5. 读数圆盘

读数圆盘由刻度盘与游标盘组成。刻度盘将主尺分为 360°，刻有 720 等分的刻线，每一格的格值为 30′。游标有 30 个分度，两个分度的差值为 1′。读数时，先从游标零刻线前所对的刻度盘上读出准确的“度”数，再从游标某刻线与刻度盘某刻度对齐的游标刻线读出“分”数，如图 4.20.8 所示，其正确读数为 116°12′。

为了消除刻度盘中心与转轴中心之间的偏心差，在对径方向设有两个游标读数装置。测量时两个游标都应读数，其中望远镜第一次读数时左侧游标 θ_{11} 和右侧游标 θ_{12}，而望远镜第二次读数时左侧游标 θ_{21} 和右侧游标 θ_{22}，然后算出每个游标始、末读数的差，再取其平均值，即

$$\theta=\frac{1}{2}(|\theta_{21}-\theta_{11}|+|\theta_{22}-\theta_{12}|) \tag{4.20.6}$$

平均值 θ 才是望远镜转过的角度。这样读数可以消除仪器偏心而引起的误差。

五、实验内容及步骤

1. 分光计的调整

调节分光计的要求是：平行光管发出平行光，望远镜接收平行光；平行光管和望远镜的光轴与分光计转轴垂直。

调节前了解分光计的基本结构和各部件的功能，要清楚几个常用螺钉的作用。首先对分光计进行粗调：用水平仪调节载物台使之与刻度盘相对水平；目测调节，使望远镜光轴、平行光管光轴大致正对且垂直于仪器转轴。粗调这一环节很重要，这一步调好了，就可大大减小后面细调的盲目性。

(1) 调节望远镜。

1) 用自准直法调望远镜聚焦于无穷远(即适合观察平行光)。

接通电源,使照明灯照亮十字叉丝。从目镜中观察分划板像,旋转目镜镜筒,使眼睛通过目镜能清晰看见视场下方绿色背景中的十字像和整个视场的双十字线,调好后不再旋转目镜镜筒。如图 4.20.9 所示,在载物台中央放上平行平板双面反射镜,转动载物台使镜面与望远镜光轴基本垂直。从目镜中观察,并缓慢转动载物台,可找到平面镜反射回的一亮绿斑,调节物镜调焦手轮(对 JJY1′型分光计松开目镜筒锁紧螺丝 9,前后移动目镜筒),使反射十字像清晰。调节望远镜的仰角螺钉 12,使反射回来的绿十字像与分化板上方的十字线重合。这时分划板已位于物镜焦平面上,即望远镜已聚焦于无穷远。

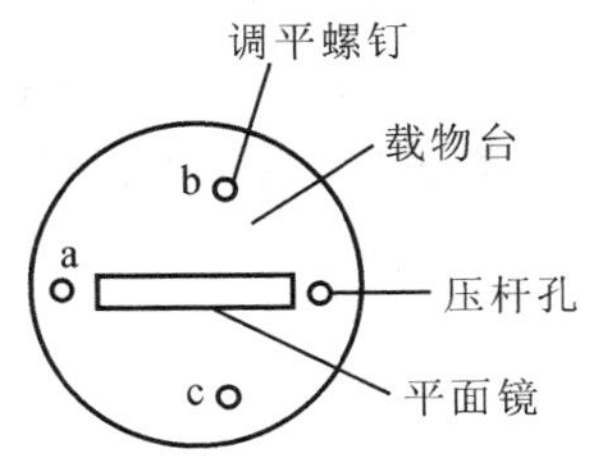

图 4.20.9 平面反射镜的放置

2) 用渐进法调望远镜光轴与仪器转轴垂直。

在上一步已看见反射光的基础上,将载物台转过 180°,如能看到从另一面反射回来的绿十字像,则可进行细调。否则,应重新进行粗调,直至载物台绕仪器转 180° 前后均能看到反射回来的绿十字像,再进行细调。细调采用渐进法,先调望远镜仰角螺钉 12,使绿十字像与分化板上方十字上或下距离移近一半,再调节载物台下方的螺钉 b 或 c,使反射回来的绿十字像与与分化板上方的十字线重合;载物台转过 180°,再照以上方法反复调节,直到平面镜两个面反射回来的绿十字像与分化板上方的十字线重合为止,这时望远镜光轴与仪器转轴垂直。

(2) 调节平行光管。

1) 调节平行光管使之产生平行光。调节时先用光源把平行光管的狭缝照亮,将望远镜正对平行光管,调节平行光管的调焦螺丝(对 JJY1′ 型分光计松开狭缝镜筒锁紧螺丝 2,前后移动狭缝装置),直到从望远镜中看到清晰的狭缝像,且狭缝像与十字叉丝无视差,这时平行光管产生平行光。

2) 调节平行光管光轴与仪器转轴垂直。用已调好的望远镜为标准,左右转动望远镜使狭缝竖直过十字叉丝的中心。再将狭缝转为水平状态,调节平行光管仰角螺丝 27,使狭缝的像与分化板十字叉丝中心横线重合,这时平行光管光轴与仪器转轴垂直。

(3) 调节三棱镜主截面与仪器转轴垂直。

如图 4.20.10 所示,把三棱镜放在载物台上,转动载物台使 AB 面正对望远镜,用自准直法通过调节螺钉 b 或 c,使 AB 面与望远镜光轴垂直(不可调节望远镜的仰角螺钉,否则失去标准);然后,转动载物台使 AC 面正对望远镜,同样用自准直法只能通过调节螺钉 a,使 AC 面与望远镜光轴垂直;再令 AB 面正对望远镜,只能调节螺钉 b,使 AC 面与望远镜光轴垂直。直到两个面反射回来的绿十字像都与分化板上方的十字重合为止。这时三棱镜的光学面 AB 和 AC 都与仪器转轴垂直,即三棱镜的主截面与仪器转轴垂直。

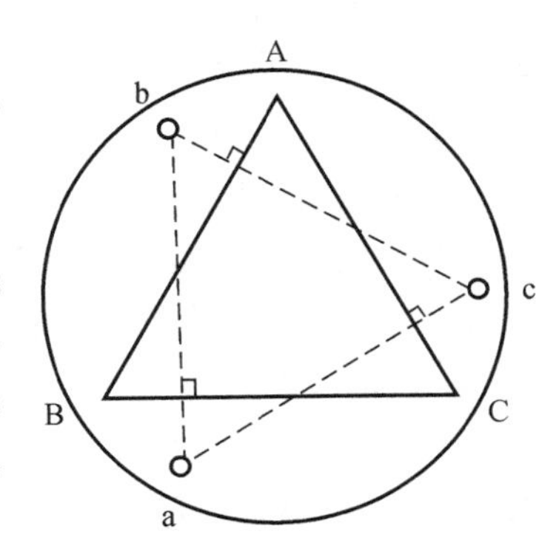

图 4.20.10 三棱镜放置示意图

说明:JJY1′Ⅱ 型分光计的望远镜和平行光管设置有物镜调焦旋钮,其位于镜筒侧面,其他与图 4.20.4 中 JJY1′ 型分光计结构相同。

2. 棱镜顶角的测量

(1) 自准直法。

首先将三棱镜按照如图 4.20.2 所示的位置放在载物台上，转动望远镜对准三棱镜左侧的光学面 AB，使亮十字像与分划板上十字叉丝线重合，如图 4.20.6(c) 所示，记下两窗口读数 θ_{11} 和 θ_{12}。再转动望远镜对准三棱镜右侧的光学面 AC，使亮十字像与分划板上十字叉丝线重合，记下两窗口读数 θ_{21} 和 θ_{22}，两次读数相减就得到顶角 α 的补角 θ，记录数据于表 4.20.1，顶角 α 为

$$\alpha = 180^\circ - \frac{1}{2}(|\theta_{21} - \theta_{11}| + |\theta_{22} - \theta_{12}|) \tag{4.20.7}$$

(2) 反射法。

将三棱镜按图 4.20.3 所示放在载物台上，且三棱镜的顶角应放在载物台中心稍后位置，将望远镜转至棱镜左边的光学面 AB，使反射回来的狭缝像与分划板上竖直叉丝线重合，记下两窗口读数 θ_{11} 和 θ_{12}，然后将望远镜转至右边的光学面 AC，使反射回来的狭缝像与分划板上的竖直叉丝线重合，记下两窗口读数 θ_{21} 和 θ_{22}，记录数据于表 4.20.1，可得棱镜的顶角 α 为

$$\alpha = \frac{\theta}{2} = \frac{1}{4}(|\theta_{21} - \theta_{11}| + |\theta_{22} - \theta_{12}|) \tag{4.20.8}$$

3. 最小偏向角的测量

(1) 找到任意位置的谱线。

如图 4.20.11 所示，放置三棱镜于载物台上，使棱镜的 AC 面与平行光管光轴夹角大致为 30° 左右，锁紧制动螺钉 16 和载物台锁紧螺钉 7，转动望远镜支臂 14 至图 4.20.11 中的位置，寻找经棱镜折射后平行光束的狭缝像，即可看到任意位置的谱线。

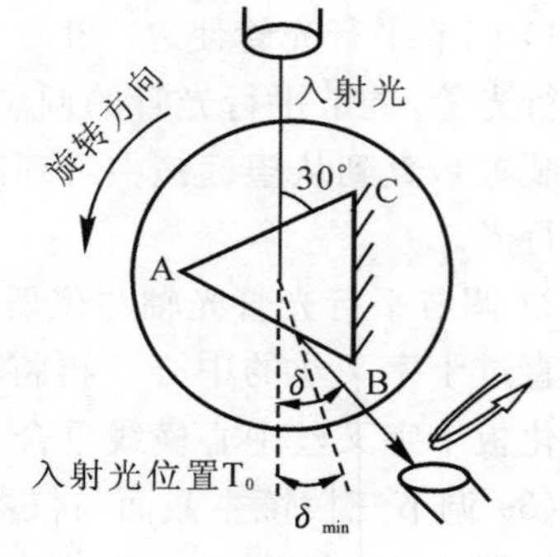

图 4.20.11　测量最小偏向角示意图

(2) 寻找到最小偏向角的位置。

慢慢转动载物台 5，通过增大或减小入射角 i_1，同时用望远镜观察光谱线随入射角 i_1 的移动方向，也就是出射光线沿着 δ 角减小的入射光线方向靠近，继续转动载物台(转角不要太大)，望远镜继续跟踪狭缝像，观察其狭缝像的变化规律，当出射光转到某一特殊位置($i_1 = i_4$) 时，望远镜看到的狭缝像开始要反向逆转，此时的棱镜位置，就是平行光束以最小偏向角射出的位置。

利用望远镜的微调螺钉 15 和游标盘的微调螺钉 24 配合，反复调节，使望远镜分划板的竖直叉丝对准逆转时的狭缝像且落在狭缝的中央，此时，记下两游标读数 θ_{11} 和 θ_{12}，即为出射光的位置。微微改变入射角 i_1，再测量三次，记录数据于表 4.20.2。

(3) 测定入射光的方向位置。

旋紧游标盘的制动螺钉 25，转动望远镜正对入射光至 T_0 位置，可观察到入射光的狭缝像(如果看不到狭缝像，可取下三棱镜)，利用望远镜的微调螺钉 15，使分划板竖直“十”字线对准狭缝像且在狭缝的中央，此位置为入射光的位置，只测一次，记下两游标读数 θ_{21} 和 θ_{22}，记录数据于表 4.20.2。

(4) 将测出的顶角 α 和最小偏向角 $\delta_{\min}$ 代入式(4.20.3)，求出折射率 n 和不确定度 $u(n)$。

六、数据记录及处理

分光计的仪器不确定度为 $1' = 2.91 \times 10^{-4}$ rad。

表 4.20.1 顶角 α 的测量

方法	AB 面读数		AC 面读数		$\alpha = \bar{\alpha} \pm u(\alpha)$
	左游标 θ_{11}	右游标 θ_{12}	左游标 θ_{21}	右游标 θ_{22}	
自准直					
反射法					

表 4.20.2 最小偏向角的测量

次数	偏向角极值位置 δ		入射光 T_0		最小偏向角 δ_{min}	$\bar{n}$	结果表示 $\bar{n} \pm u(n)$
	左游标 θ_{11}	右游标 θ_{12}	左游标 θ_{21}	右游标 θ_{22}			
1							
2							
3							
平均值	$\bar{\theta}_{11} =$ $\Delta\bar{\theta}_{11} =$	$\bar{\theta}_{12} =$ $\Delta\bar{\theta}_{12} =$	$\Delta\theta_{21} = 1'$	$\Delta\theta_{22} = 1'$	$\Delta\bar{\delta}_{min} =$	$u(n) =$	$E_r =$

七、注意事项

(1) 分光计在调整好后,整个实验过程中望远镜和平行光管的调节螺钉不可再做调节。

(2) 勿用手触摸及用纸擦望远镜、平行光管及三棱镜的光学表面,手拿三棱镜应拿不透光面。

(3) 在锁紧螺钉紧锁的情况下,不可硬性转动相关的部件。

八、思考题

(1) 分光计主要有哪几个部分?各部分的主要作用是什么?

(2) 分光计的主要调节步骤是什么?

(3) 实验中怎样准确找到最小偏向角的位置?

(4) 望远镜的调节中,经平面镜反射回的亮十字为何要与分划板上方的十字叉丝线重合?

(5) 分光计的调整应满足哪些条件?

(6) 为什么分光计要用两个游标读数?测量时,转动望远镜,游标经过 0° 或 360°,应该怎样正确读数?

(7) 用反射法测量顶角时,望远镜对准三棱镜 AB 面时,左边窗口读数是 160°23′,试写出右边窗口可能读数及望远镜对准 AC 面时,左、右窗口的可能读数。

九、相关知识

最小偏向角成立的必要条件

在图 4.20.1 所示的三棱镜中，入射光与出射光之间的夹角 δ 称为棱镜的偏向角，这偏向角 δ 与光线的入射角 i_1 有关。由图 4.20.1 所示可知

$$\delta_{\min}=(i_1-i_2)+(i_4-i_3) \tag{4.20.9}$$

由于 i_4 是 i_1 的函数，因此，δ 只随 i_1 变化，当 i_1 为某一个值时 δ 达到最小，这最小的 δ 称为最小偏向角 $\delta_{\min}$。如图 4.20.12 所示，为了求 δ 的极小值，令导数 $\frac{d\delta}{di_1}=0$，则对式(4.20.9)求导得

$$\frac{di_4}{di_1}=-1 \tag{4.20.10}$$

按折射定律，光在 AB 面和 AC 面折射时，有

$$\left.\begin{array}{l}\sin i_1=n\sin i_2\\ \sin i_4=n\sin i_3\end{array}\right\}\Rightarrow\left.\begin{array}{l}\cos i_1 di_1=n\cos i_2 di_2\\ \cos i_4 di_4=n\cos i_3 di_3\end{array}\right\} \tag{4.20.11}$$

又可得到

$$\begin{aligned}\frac{di_4}{di_1}&=\frac{di_4}{di_3}\frac{di_3}{di_2}\frac{di_2}{di_1}=\frac{n\cos i_3}{\cos i_4}(-1)\frac{\cos i_1}{n\cos i_2}=-\frac{\cos i_3\cos i_1}{\cos i_4\cos i_2}=\\ &-\frac{\cos i_3\sqrt{1-n^2\sin^2 i_2}}{\cos i_2\sqrt{1-n^2\sin^2 i_3}}=-\frac{\sqrt{1+(1-n^2)\tan^2 i_2}}{\sqrt{1+(1-n^2)\tan^2 i_3}}\end{aligned} \tag{4.20.12}$$

由式(4.20.10)可得

$$\sqrt{1+(1-n^2)\tan^2 i_2}=\sqrt{1+(1-n^2)\tan^2 i_3} \tag{4.20.13}$$

就有 $\tan i_2=\tan i_3$，因为 i_2 和 i_3 都小于 $\pi/2$，所以有 $i_2=i_3$，代入式(4.20.11)，可得 $i_1=i_4$，因此，偏向角 δ 达到极小值的条件为

$$i_2=i_3 \quad \text{或者} \quad i_1=i_4$$

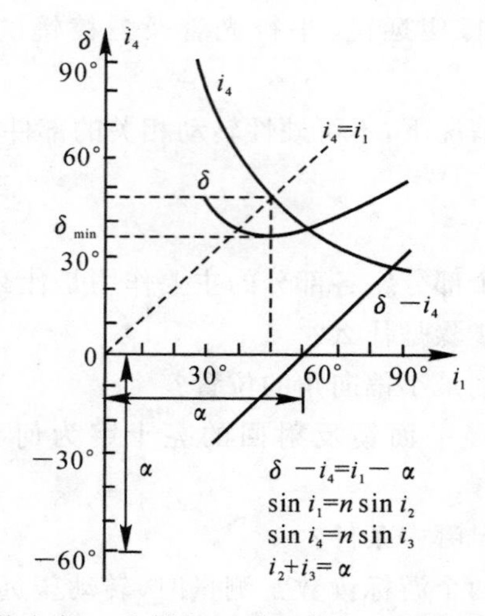

图 4.20.12　偏向角 δ、出射角 i_4 随入射角 i_1 的变化关系曲线

实验二十一　用光栅测量光波波长

光栅分为透射光栅和反射光栅两类，它是一种重要的分光元件。本实验使用的是透射平面光栅，它是在光学玻璃上刻着大量等宽、等间距的相互平行排列的狭缝。一般来说，光栅上每毫米刻划有几百至几千条刻痕。当光照射在光栅上时，刻痕处由于散射不透光，而未被刻划的部分就成了透光的狭缝，将入射光中不同波长的光分开。它不仅用于制造单色仪和光谱仪，也用于研究谱线结构、波长和强度，还广泛用于计量、光通信、信息处理等方面。

一、实验目的

(1) 进一步学习分光计的调节和使用。

(2) 观察光栅的衍射现象。

(3) 测定光栅常数、光波波长。

二、实验仪器

分光计，透射光栅，汞灯，平面反射镜和水平仪。

三、实验原理

1. 光栅分光原理

如图 4.21.1 所示，G 为光栅，光栅刻线方向垂直于纸面，根据衍射理论，当一束平行光入射到光栅平面上时，透射光按衍射规律向各个方向传播，经过透镜 L 会聚后，在透镜第二焦平面上形成一组亮条纹(谱线)。各级亮条纹产生的条件为

$$d(\sin\theta \pm \sin i)=k\lambda \quad (k=0,\pm 1,\pm 2,\cdots) \tag{4.21.1}$$

式(4.21.1)称为光栅方程。式中 $d=a+b$ 是光栅常数，θ 是衍射角，i 是入射光线与光栅法线的夹角，k 是光谱级次，λ 是光波波长。括号中的正号表示入射光和衍射光在法线的同侧，而负号表示入射光和衍射光在法线的异侧。

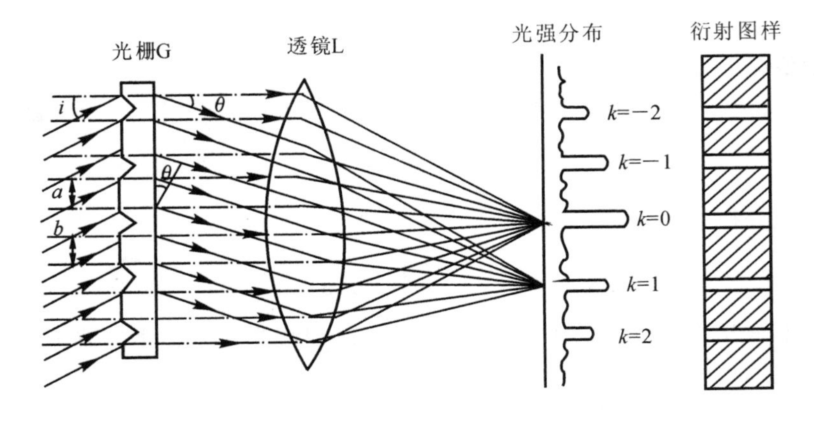

图 4.21.1　光栅衍射图样

如果入射光不是单色光，则由式(4.21.1)可知，除$k=0$外，其余各级谱线将按波长的次序从短波向长波散开。

当平行光垂直入射时，$i=0$，光栅方程简化为

$$d\sin\theta=k\lambda \tag{4.21.2}$$

这时，在$\theta=0$的方向上可以观察到中央谱线极强(称为零级谱线)，其他级次$k=\pm1,\pm2,\cdots$的谱线则对称地分布在零级谱线的两侧。且同级谱线按不同波长依次排开，即衍射角逐渐增大，形成光栅光谱，如图4.21.2所示。

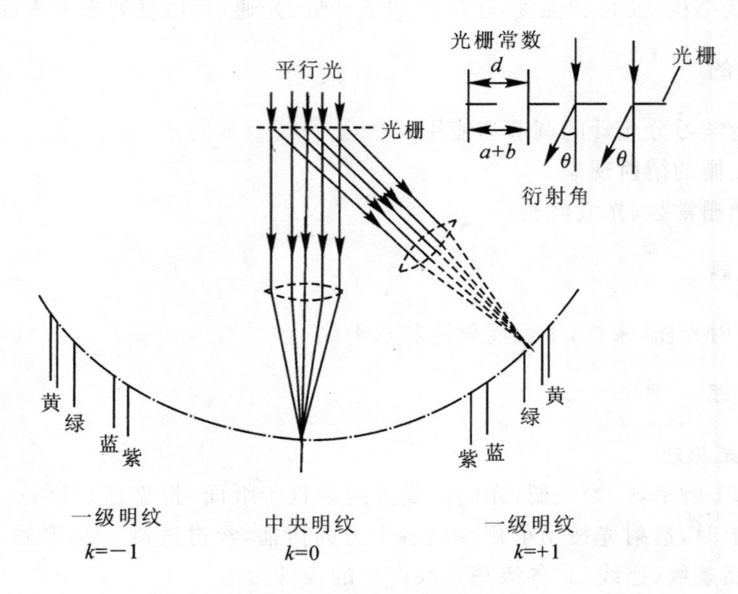

图 4.21.2　汞灯的衍射光谱示意图

由式(4.21.2)知，用分光计测出各条谱线的衍射角θ，若已知入射光的波长为λ，则可求得光栅常数d；若已知光栅常数d，则可求得入射光波长λ。由于衍射角θ最大不得超过90°，由式(4.21.2)可知，某光栅能测定的最大波长λ_m不能超过光栅常数d，即$\lambda_m<d$。

2. 光栅的基本特性

(1) 角色散率。

光栅的角色散率是指在同级的两条谱线衍射角之差$\Delta\theta$与其波长差之比，即

$$D_\theta=\frac{\Delta\theta}{\Delta\lambda} \tag{4.21.3}$$

对式(4.21.2)微分得

$$D_\theta=\frac{\Delta\theta}{\Delta\lambda}=\frac{k}{d\cos\theta_k} \tag{4.21.4}$$

角色散是光栅、棱镜等分光元件的重要参数，它还可以理解为在一个小的波长间隔内，两单色入射光之间所产生的角间距的量度。

由式(4.21.4)知，光栅常数d愈小，角色散D_θ愈大；光谱的级次k愈大，角色散D_θ愈大；当衍射角θ_k很小时，$\cos\theta_k$近于不变，光谱的角色散几乎与波长无关，即光谱随波长的分布比较均匀，故光栅光谱称为匀排光谱。

(2) 分辨本领。

分辨本领是光栅的又一重要参数,它表征光栅分辨光谱线的能力。分辨本领 R 定义为两条刚可被该仪器分辨开的谱线波长差 $\Delta\lambda$ 去除它们的平均波长 $\bar{\lambda}$,即

$$R=\frac{\bar{\lambda}}{\Delta\lambda} \tag{4.21.5}$$

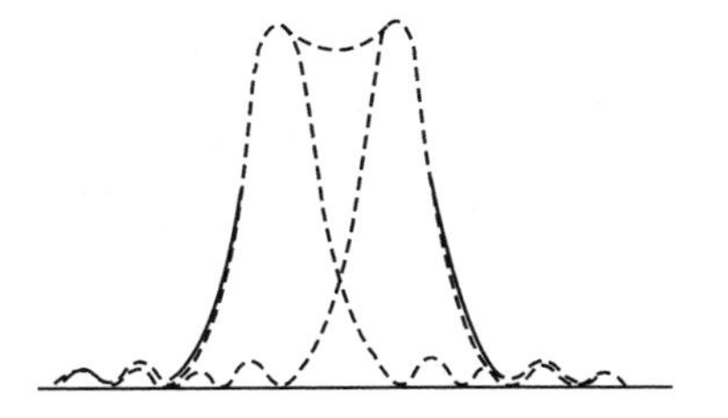

图 4.21.3 瑞利条件

根据瑞利判据,当一条谱线强度的极大值和另一条谱线强度的第一极小值重合时,则可认为该两条谱线刚能被分开,如图 4.21.3 所示。由此可以推出

$$R=kN \tag{4.21.6}$$

式(4.21.6) 说明光栅的分辨本领与光栅总条数 N 和光谱的级次 k 成正比,与光栅常数 d 无关。分辨本领 R 愈大,表明刚刚能被分辨开的波长差 $\Delta\lambda$ 越小,该光栅分辨细微结构的能力越强。

四、实验内容及步骤

1. 分光计的调节

参阅"实验二十",调节分光计至工作状态。

2. 调节光栅

(1) 调节光栅平面与平行光管光轴垂直。

调节方法:按图 4.21.4 所示,将平面光栅置于载物台上,转动望远镜支架与光栅面大致垂直,使平行光管的狭缝像与望远镜的竖直叉丝重合,同时从望远镜中观察到光栅面反射回来的绿十字像,通过调节载物台 6 的调平螺钉 a 或 b,使绿十字像与目镜中的上叉丝重合,如图 4.21.5 所示。至此,光栅平面已与分光计的主轴平行,且垂直于平行光管。

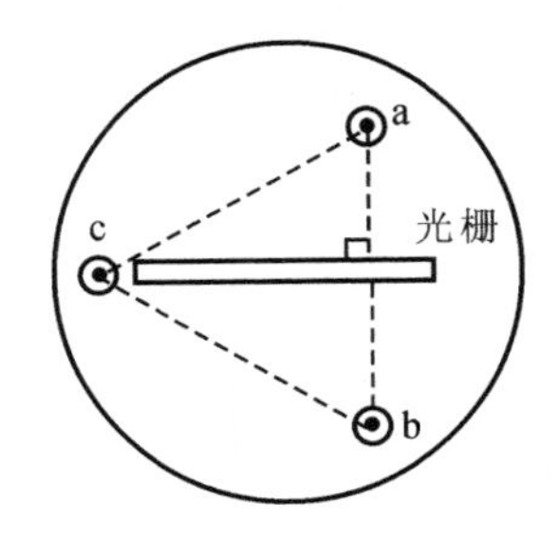

图 4.21.4 光栅在载物台的位置

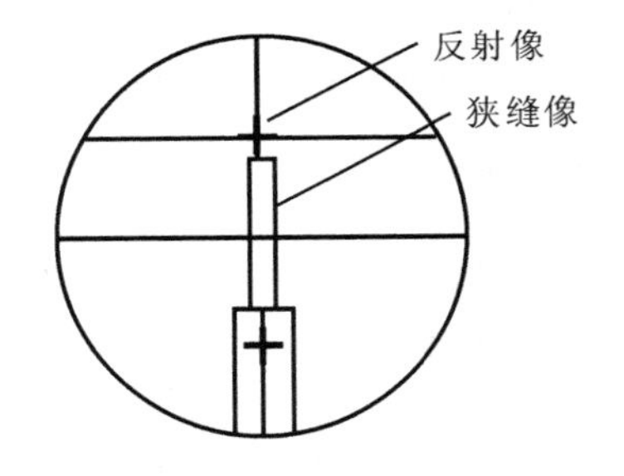

图 4.21.5 光栅平面的反射叉丝像

(2) 调节光栅使其刻痕与仪器转轴平行。

调节方法是:放松望远镜的紧固螺钉,转动望远镜,可以看到一级和二级谱线,正负级谱线分别位于零级的两侧,注意观察各谱线的中央是否过十字叉丝的交点。如果不在中央,调节载物台下的螺钉 c(注意不能再动 a 和 b),使各谱线中央都过十字叉丝交点,即两边光谱等高,如图 4.21.6 所示。但调节螺钉 c 可能会影响光栅平面与平行光管光轴的垂直,应再用上述方法(自准法) 进行复查,直到两个要求都满足为止。

光栅平面与平行光管光轴垂直,而且与仪器转轴平行。调节时只需对光栅一面进行调节,不应把光栅转180°。

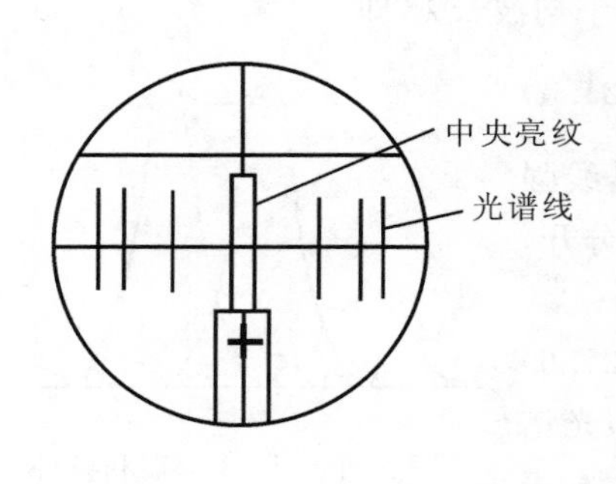

图4.21.6　平面光栅衍射的光谱线

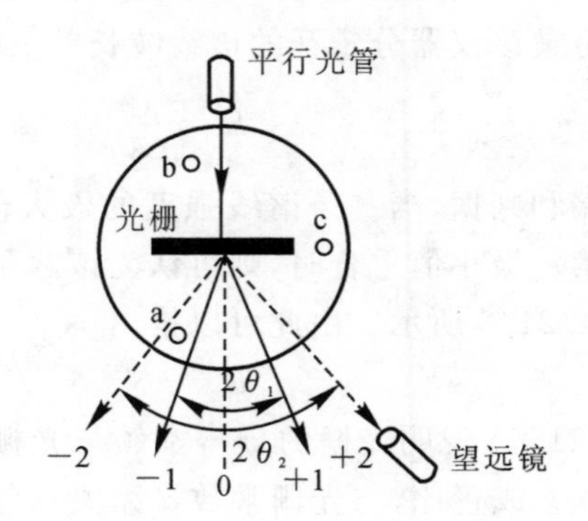

图4.21.7　测量衍射角示意图

3. 测定光栅常数

在实验中,已知谱线的波长λ,测出它的衍射角θ_k,由公式(4.21.2)求出光栅常数d。本实验利用汞灯的绿色谱线$\lambda=546.1\ \text{nm}$,如图4.21.7所示,转动望远镜对准−1级绿谱线,使绿谱线与叉丝的竖直线重合,读数为θ_{11},θ_{12},再转动望远镜,对准+1级绿谱线,使绿谱线与叉丝的竖直线重合,读数为θ_{21},θ_{22}。因为−1级谱线和+1级谱线之间的夹角为衍射角的2倍,则

$$\theta_1=\frac{1}{2}\left[\frac{1}{2}(|\theta_{21}-\theta_{11}|+|\theta_{22}-\theta_{12}|)\right] \tag{4.21.7}$$

求出光栅常数。用同样的方法测量$k=\pm2$级的衍射角θ_2,求出光栅常数d_2,计算其平均值$\overline{d}$,记录数据于表4.21.1。

4. 测量光波的波长

已知光栅常数d,测量汞光谱的紫色光和两条黄光谱线的衍射角,由式(4.21.2)求出光波波长,记录数据于表4.21.2。

五、数据记录及处理

分光计的仪器不确定度为$1'=2.91\times10^{-4}$ rad。

(1) 测量光栅常数d,并求出光栅常数的不确定度,以标准形式表达实验结果。

表4.21.1　光栅常数的测定　　$\lambda_{绿}=546.1\ \text{nm}$

级数k	−1级		+1级		衍射角θ_i	光栅常数d_i/mm	$\overline{d}$/mm
	左游标读数θ_{11}	右游标读数θ_{12}	左游标读数θ_{21}	右游标读数θ_{22}			
1							
2							

(2) 测量汞灯各谱线的波长,并写出波长的标准表达形式。

表 4.21.2　光波波长的测量　　$d=$ ______ mm

类型	−1 级		+1 级		衍射角 θ	波长 λ/nm
	左游标读数 θ_{11}	右游标读数 θ_{12}	左游标读数 θ_{21}	右游标读数 θ_{22}		
紫光						
黄光 1						
黄光 2						

六、注意事项

(1) 汞灯的紫外光很强，不能直视，以免灼伤眼睛。

(2) 为了消除分光计刻度盘的偏心差，测量每一条谱线时，左右两个游标都要读数。

(3) 为了提高测量准确度，由于衍射光谱相对中央明纹是对称的，测量第 k 级光谱线的衍射角时，应测出 $+k$ 级光谱的位置 θ_{11}，θ_{12} 和 $-k$ 级光谱的位置 θ_{21}，θ_{22}，两位置差的一半即第 k 级谱线的衍射角。

七、思考题

(1) 应用公式(4.21.2) 应满足的条件是什么？

(2) 如何调节光栅平面与分光计转动轴平行？

(3) 光栅平面应如何正确地放在载物台上？

(4) 光栅光谱和棱镜光谱有哪些不同？

(5) 用钠光($\lambda=589.3$ nm) 垂直入射到 1 mm 内有 500 条刻痕的平面透射光栅上时，试问最多能看到第几级光谱？

(6) 当狭缝太宽、太窄时会出现什么现象？为什么？

八、相关知识

1. 光栅的介绍

狭义来说，平行、等宽、等间距的多狭缝即为衍射光栅；在广义上，任何装置只要能起等宽而又等间隔地分割波阵面的作用，均为光栅。

由式(4.21.2) 可知，色散发生在 $k\neq 0$ 的各级衍射。当然，一块由多缝组成的透射光栅，无色散的零级是各狭缝的衍射最大，它占去了入射光的很大能量，各级光谱光强很小，高级次光强更弱，这是透射光栅的主要缺点。阶梯状的反射光栅克服了这一缺点，如图 4.21.8 所示，色散发生在反射光的方向上，从而获得明亮的谱线。反射光栅又叫闪耀光栅。需要说明的是，闪耀光栅只是对以某一波长为中心的一个波段范围闪耀。

2. 光栅的种类

(1) 刻划光栅。用钻石刀在一块平面玻璃上划出一道道刻痕，刻槽使光散射，产生不透明效果，而未刻划的部分能像缝一样透光。更常用的是在铝表面上刻成阶梯状斜面构成反射光栅(即闪耀光栅)。

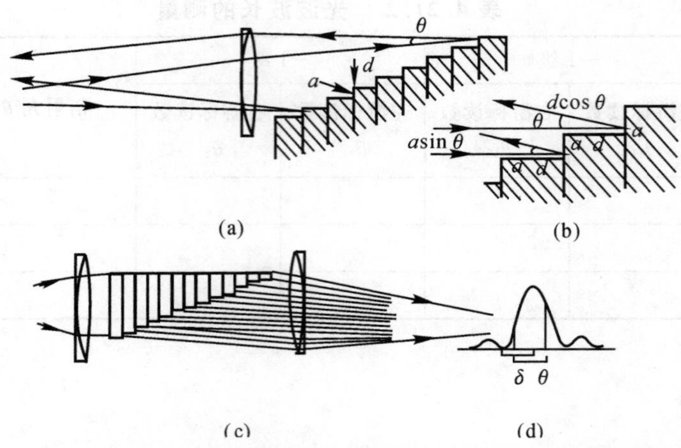

图 4.21.8　用以得到高分辨本领的反射及透射阶梯光栅路图

(a),(b) 反射式;(c),(d) 透射式

(2) 复制光栅。在铝面闪耀光栅面上先蒸一层硅油,再镀一层 SiO_2,接着镀一层铝,然后由镀膜机中取出,再在上面涂一层树脂;另在面形基本平整的玻璃基坯上先涂一层极薄的树脂,以两者的树脂面黏合夹牢,放入烘箱加温固化,最后沿斜刻面方向敲击,将自硅油面脱开,而成为玻基板的铝板金属刻栅并镀有 SiO_2 保护膜的复制闪耀光栅。

(3) 全息光栅。在面形平整度达 $\lambda/10$ 的玻璃基坯表面涂上超微粒感光乳剂,然后置于激光双光束干涉场内曝光,经显影与处理,再镀以保护膜,即得全息光栅。

全息光栅是对等间距干涉条纹处理加工得到的,所以没有刻痕误差产生的鬼线。但其衍射效率一般不如刻划光栅或复制光栅。

实验二十二　迈克尔逊干涉仪的应用

迈克尔逊干涉仪是 1880 年美国物理学家迈克尔逊为研究“以太”的漂移速度实验而设计制造的分振幅双光束干涉仪器。1887 年,他和美国物理学家莫雷合作用实验结果否定了“以太”的存在,为爱因斯坦建立狭义相对论开辟了道路。

迈克尔逊干涉仪设计精巧,原理简单,是许多近代干涉仪的原型。尤其是它互相垂直的两臂结构,使得两束相干光的传输是分离的,这就为研究许多物理量(如温度、压强、电场、磁场以及媒质的运动等)对光传播的影响创造了条件。迈克尔逊用干涉仪最先以光的波长测定了国际标准米尺的长度。此外,迈克尔逊干涉仪还被用来研究光谱线的精细结构,这些都大大推动了原子物理与计量科学的发展。目前根据迈克尔逊干涉仪的基本原理研制的各种精密仪器广泛用于生产和科研领域。

由于发明了精密的光学仪器和借助这些仪器所做的光学精密计量和光谱学研究,迈克尔逊于 1907 年获得了诺贝尔物理学奖。

一、实验目的

(1) 了解迈克尔逊干涉仪的原理、结构及其调整方法。

(2) 了解不同光源照明时干涉光场的特征。

(3) 用迈克尔逊干涉仪测量激光光源的波长。

二、实验仪器

迈克尔逊干涉仪、氦氖激光器、扩束镜、毛玻璃屏。

三、实验原理

迈克尔逊干涉仪是通过对入射光分振幅获得形成双光束而形成干涉的。其光路如图4.22.1所示。

从扩展光源S发出的光照射到一平行玻璃板 G_1 上，G_1 板的后表面镀有半反射膜(一般镀金属银)，这个半反射膜将照射光分为两束光，一束为反射光Ⅰ，另一束为透射光Ⅱ，两者强度近于相等，故称 G_1 为分光板。当光束以45°角射向 G_1 时，被分成的两列光波分别在 M_1，M_2 上反射后逆着各自入射方向返回，最后都可以到达E处。由于这两列光波来自光源S上的同一点，因而是相干光，可在E处观察到干涉图样。

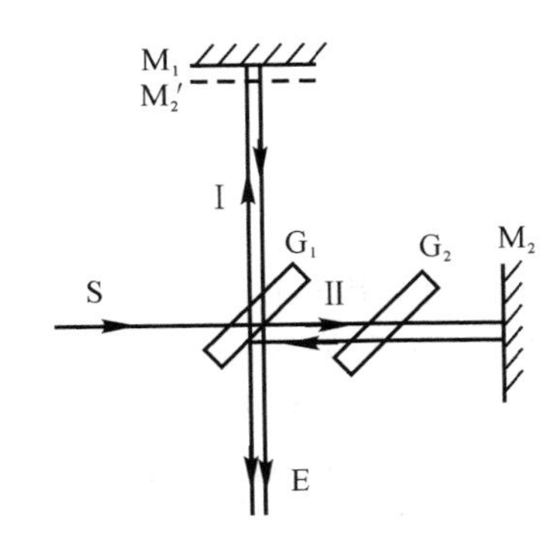

图4.22.1　迈克尔逊干涉仪光路示意图

观察者在E处向 G_1 看，不仅能看到 M_1，还能看到被 G_1 反射的 M_2 虚像 M_2'，光束Ⅱ就好像是从 M_2' 发射而来。显然光线经过 M_2 反射到达E点的光程与经过 M_2' 反射到达E点的光程完全相等，所以在E处观察到的干涉现象与 M_1 和 M_2' 之间存在的空气薄膜产生的干涉是等效的。

G_2 为一补偿板，其物理性能与几何形状皆与 G_1 全同(但不镀反射膜)，G_2 与 G_1 平行，G_2 的作用是保证Ⅰ和Ⅱ两束光在玻璃中的光程完全相等且与入射光的波长无关。反射镜 M_2 是固定不动的，M_1 可在精密导轨上前后移动，从而改变Ⅰ与Ⅱ两束光之间的光程差。精密导轨与 G_1 成45°角，为了使光束Ⅰ与导轨平行，入射光应垂直导轨方向射向干涉仪。

1. 等倾干涉环的产生和单色光波长的测量

当 M_1 和 M_2' 平行时，如图4.22.2所示。光线经过 M_1 和 M_2' 反射形成的光束Ⅰ和Ⅱ互相平行，在无穷远处相交。若在E处置一凸透镜(或用眼睛直接观察)，则会聚在焦平面上而形成干涉图样。这两条光束的光程差为

$$\Delta = 2d\cos\theta \qquad (4.22.1)$$

当 M_1 和 M_2' 的距离 d 一定时，所有入射角相同的光束都具有相同的光程差，干涉情况完全相同。由光源S发出的相同倾角的光线将会聚于焦平面以光轴为中心的圆周上形成等倾干涉条纹。由于光源发出各种倾角的发散光，因而在焦平面上形成明暗相间的同心圆环。

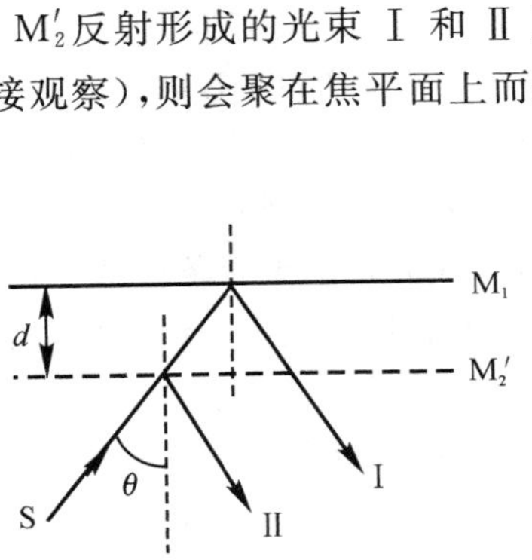

图　4.22.2

第 k 级明环的形成条件为

$$2d\cos\theta = k\lambda$$

当 d 一定时，θ 愈小，$\cos\theta$ 愈大，k 就愈大，干涉条纹的级数就愈高。在圆心处是平行于透镜的光的会聚点，$\theta=0$，由上式可知，其干涉条纹具有最高的级数，由圆心向外级数逐次降低。

当移动 M_1 的位置，使 d 逐渐增大时，对第 k 级亮环而言，应逐渐减小 $\cos\theta$，对应的 θ 变大，即该亮环的半径将逐渐变大，连续增大 d 时，观察者将看到干涉环一个接一个地由中心"涌"出来；反之，逐渐减小 d 时，便会观察到干涉环一个接一个地由中心"陷"进去。对于圆心处的条纹来说，由于 $\theta=0$，有 $d=k\dfrac{\lambda}{2}$，表明每"陷"进或"涌"出一个干涉环，对应于 M_1 被移远或移近的距离为半个波长。若观察到 Δk 个干涉环的变化，M_1 与 M_2' 的距离 d 则变化了 Δd，即

$$\Delta d=\Delta k\frac{\lambda}{2}$$

或

$$\lambda=\frac{2\Delta d}{\Delta k} \tag{4.22.2}$$

由式(4.22.2)可知，只要测出 M_1 移动的距离 Δd，并数出"陷"进或"涌"出的干涉环的数目 Δk，便可算出单色光的波长。

2. 等厚干涉花样与薄玻璃片(或云母片)厚度的测量(选做)

如果 M_1 和 M_2 与 G_1 的距离大致相等，但两者并不精确垂直，而存在一个很小的夹角时，如图 4.22.3 所示，M_1 与 M_2' 便形成劈尖形膜，可以用眼睛观察到定域在劈尖形膜附近的等厚干涉纹。当光束入射角 θ 足够小时，可由式(4.22.1)求两相干光束的光程差，有

$$\Delta=2d\cos\theta=2d\left(1-2\sin^2\frac{\theta}{2}\right)\approx 2d\left(1-\frac{\theta^2}{2}\right)=2d-d\theta^2 \tag{4.22.3}$$

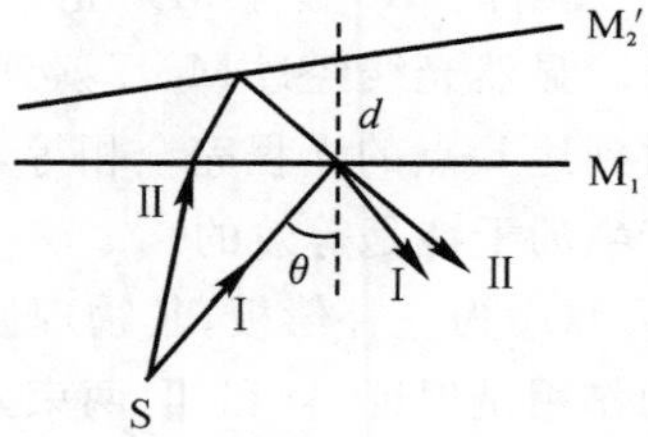

在 M_1 与 M_2' 的交线上，$d=0$，即 $\Delta=0$，因此在交线处产生一直线条纹，称为中央条纹。在左右两旁靠近交线处，由于 θ 和 d 都很小，这时 $d\theta^2$ 项与 $2d$ 相比可忽略，因而有

$$\Delta=2d \tag{4.22.4}$$

图 4.22.3

所以产生的条纹近似为直线条纹，且与中央条纹平行。离中央条纹较远处，因 $d\theta^2$ 项的影响增大，条纹发生显著的弯曲，弯曲方向凸向中央条纹。离交线愈远，d 愈大，条纹弯曲得愈明显。

干涉条纹的明暗和间距决定于光程差 Δ 与波长的关系，若用白光做光源照明迈克尔逊干涉仪，则只能在光程非常接近零(M_1，M_2' 两面相交时，交线上 $d=0$)时出现白光干涉条纹。因为相邻条纹的间隔正比于波长，且所有波长的中央条纹又在该处重合，这样，到较高级次的区域，不同波长的干涉条纹就互相重叠，因而在整个干涉场中，在 M_1，M_2' 两面的交线附近的中央条纹可能是白色明条纹，也可能是暗条纹。在它的两旁还大致对称的有几条彩色的直线条纹，稍远就看不到干涉条纹了。

光通过折射率为 n，厚度为 l 的均匀透明介质时，其光程比通过同厚度的空气要大 $l(n-1)$。在迈克尔逊干涉仪中，当白光的中央条纹出现在视场的中央后，如果在光路 Ⅰ 中加入一块折射率为 n，厚度为 l 的均匀薄玻璃片时，由于光束 Ⅰ 的往返，光束 Ⅰ 和 Ⅱ 在相遇时所获得的附加光程差

$$\Delta'=2l(n-1)$$

此时，若将 M_1 向 G_1 方向移动一段距离 $\Delta d=\Delta'/2$，则 Ⅰ，Ⅱ 两光束在相遇时的光程差又恢复至原样，这样，白光干涉的中央条纹将重新出现在视场中央。这时

$$\Delta d=\frac{\Delta'}{2}=l(n-1) \tag{4.22.5}$$

测出 M_1 前移的距离 Δd，如已知薄玻璃片的折射率 n，则可求其厚度 l；反之，如已知玻璃片的厚度 l，则可求其折射率 n。

四、实验装置

迈克尔逊干涉仪结构如图 4.22.4 所示。一个机械台面 4 固定在较重的铸铁底座 2 上，底座有三个调节螺钉 1，用来调节台面的水平。在台面上装有螺距为 1 mm 的精密丝杠 3，丝杠的一端与齿轮系统 12 相连接，转动粗调手轮 13 或微动鼓轮 15 都可使丝杠转动，从而使骑在丝杠上的 M_1 反射镜 6 沿着导轨 5 移动。M_1 的位置及移动的距离可从装在台面 4 一侧的毫米标尺（图中未画出）、读数窗 11 及微动鼓轮 15 上读出。粗调手轮 13 分为 100 分格，它每转过 1 分格，M_1 就平移 0.01 mm（由读数窗读出）。微动鼓轮 15 每转 1 周，粗调手轮随之转过 1 分格。微动鼓轮又分为 100 格，因此微动鼓轮转过 1 格，M_1 平移10^{-4} mm，这样，最小读数可估计到 10^{-5} mm。M_2 镜 8 是固定在镜台上的。M_1，M_2 二镜的后面各有三个螺钉 7，可调节镜面的倾斜度（M_1 作为基准，其后的三个螺钉一般不允许调节）。M_2 下面还有一个水平方向的拉簧螺丝 14 和一个垂直方向的拉簧螺丝 16，其松紧使 M_2 产生一极小的形变，从而可以对 M_2 的倾斜度作更精细的调节。9 和 10 分别为分光板 G_1 和补偿板 G_2。M_1，M_2 两镜面都镀了银，G_1 的内表面为半反射面，也镀了银。各镜面必须保持清洁，切忌用手触摸，镜面一经玷污，仪器将受损而不能使用，因此，使用时要格外小心。精密丝杠及导轨的精度也是很高的，如它们受损，同样会使仪器精度下降，甚至使仪器不能使用。因此，操作时动作要轻要慢，严禁粗鲁、急躁。

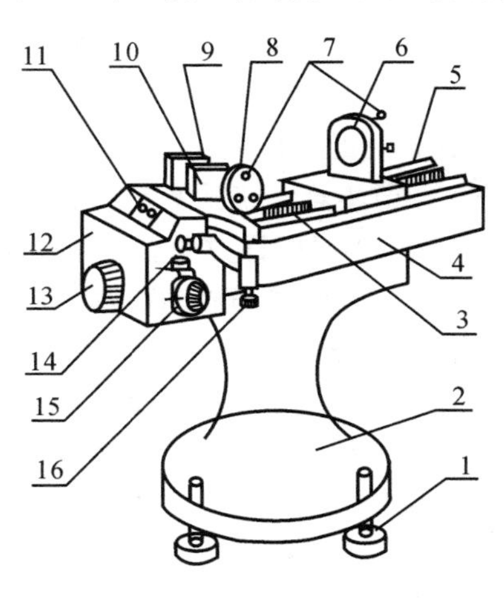

图 4.22.4　迈克尔逊干涉仪结构图

在读数与测量时要注意以下两点：

(1) 转动微动鼓轮时，粗调手轮随着转动，但转动粗调手轮时，微动鼓轮并不随着转动，因此在读数前应先调整零点。方法如下：将微动鼓轮沿某一方向（例如顺时针方向）旋转至零，然后以同方向转动粗调手轮使之对齐某一刻度。这以后，在测量时 M_1 只能仍以同方向转动微动鼓轮使镜移动，这样才能使粗调手轮与微动鼓轮二者读数相互配合。

(2) 为了使测量结果正确，必须避免引入空程，为此，读数测量时，应使微动鼓轮朝一个方向转动。

五、实验内容及步骤

1. 利用非定域干涉条纹测量激光波长

测量激光波长时，由于激光是点光源，经短焦距透镜扩束后入射形成非定域干涉。激光光源照明时调节方法如下：

(1) 把固定反射镜 M_2 后的螺钉拧合适，不要过紧或过松，便于后面调节。

(2) 调节粗调手轮，使 M_1 距分光板的距离与 M_2 近似相等。

(3) 打开 He－Ne 激光器电源，去掉激光器前方的扩束透镜，将激光束调成水平，使发射的激光束从分光板中央穿过，并垂直射向反射镜 M_2 的中央位置。此时在观察屏上可以看到由 M_1，M_2 反射过来的两排光点。调节 M_2 背面的螺钉，移动其中一排光点，使两排光点靠近，并使两排光点中的最亮光点重合。这时反射镜 M_1 和 M_2 大致垂直。

(4) 装上激光扩束镜，再次细调 M_2 背面的螺钉，从屏上可看到一组弧形干涉条纹，仔细调节微调弹簧使 M_1 和 M_2 严格垂直，这时在屏上就可以看到明暗相间的圆条纹。

(5) 转动微动鼓轮，使 M_1 反射镜前后移动，可看到条纹的冒出或缩进。同时观察干涉条纹随 M_1 位置改变时粗细、疏密变化情况。

* 注：如果转动微动鼓轮，观察屏上的条纹并不冒出或缩进，这表明此时干涉仪传动齿轮间有间隙(空程)，应先将粗调手轮沿同方向转动几圈消除空程，再同方向转动微动鼓轮，就可以观察到条纹的冒出或缩进了。

(6) 调节零点。正式测量前先以某一方向(如顺时针方向)转动微动鼓轮，使读数准线对准零刻度线；再以同样方向转动粗调手轮，使读数窗内读数准线对准某条刻度线。

(7) 按原方向转动微动鼓轮(必须与步骤(6)中校准零点时方向一致)，可以看到干涉圆环一个个冒出或缩进。

(8) 记录 M_1 的起始坐标 d_0，按原方向继续转动微动鼓轮使干涉条纹中心处冒出或缩进 Δk 个圆环时，记录此时 M_1 坐标值，计算 M_1 坐标变化值，如此测量三次，将以上数据记录于表 4.22.1，由式(4.22.2)计算激光波长，求出不确定度并以标准形式表达实验结果。

2. 用等倾干涉条纹测量钠光波长

(1) 调节仪器。

1) 光源的调节。为了得到较强的均匀入射光，在钠光灯和干涉仪之间加一凸透镜，透镜应靠近干涉仪。使钠光灯窗口的中心、透镜中心、分光板 G_1 的中心及 M_2 的中心大致等高，且前三者的连线大致垂直于 M_2(目测即可)。

2) 转动粗调手轮，使 M_1 和 M_2 距分光板的距离近似相等，此时，从 E 处观察即可见三个“最亮、次亮和不太亮”的斑，从 M_1 和 M_2' 反射过来。

3) 调节 M_2 背面的三个螺钉，直到最亮和次亮两个像重合，此时 M_1 镜面的法线就近似垂直于 M_2 镜面的法线，从 E 处可观察到干涉(直或弯)条纹。

4) 反复调节 M_2 两个倾斜拉簧螺丝(包括水平或垂直)，可使直线型等厚干涉条纹纹距逐渐变大、变弯、成圆形、圆心居中，看清等倾干涉的圆环簇，直到当肉眼上下和左右平移时只有干涉环的平移(而无干涉环从圆心处冒出或消失)为止。

5) 在调节过程中，若干涉圆环不够完整或视场内圆环太稀或者太稠密，可将粗调手轮任转半圈或一圈再调节。

(2) 用等倾干涉条纹测量钠光波长。

1) 将望远镜对准圆心(若横线对不准，则以对准的竖线作测量的参考线)。

2) 由于在圆心处入射角 $\theta=0$，当 $\Delta=k\lambda\ (k=0,\pm1,\pm2,\pm3,\cdots)$ 时，圆心处为亮点；当 $\Delta=(2k+1)\lambda/2\ (k=0,\pm1,\pm2,\pm3,\cdots)$ 时，圆心则为一暗点。

3）光程差每增加 $\lambda/2$，从圆心处冒出一个圆环；而光程差每减小 $\lambda/2$，则在圆心处消失一个圆环，通过转动微动鼓轮来改变 M_1 的位置，从而使光程差 Δ 改变。

4）测出对应于圆心处圆环条纹的变化数目 Δk，以及所对应的 M_1 镜的坐标变化 Δd，记录数据于表 4.22.1，由式(4.22.2)计算出波长。

3. 测量云母片的厚度(或折射率)

以钠光灯为光源，移动 M_1，使得等倾干涉条纹逐个向中心缩进，条纹变粗变疏。当视场只出现一到两个圆环时，再调节 M_2 的微动螺钉，使 M_1 和 M_2' 成一很小的夹角，这时可观察到等厚干涉条纹。移动 M_1，当视场中的干涉条纹由弯快要变直时，换用白炽灯泡作光源(将钠光灯稍向旁边移动，使视场中仍可看见少数几条钠光干涉条纹)，转动微动鼓轮使 M_1 继续按原方向非常缓慢的移动(可看到钠光条纹一条条地移出视场)，直到观察到彩色干涉条纹(直条纹或弯条纹)。由于白光条纹仅在 $\Delta=0$ 情况下出现，所以此时两个光路的光程近似相等。在 M_1(或 M_2)镜的光路中，插入云母片，则要再次观测到干涉彩色条纹，需将 M_2(或 M_1)所在光路延长。通过转动微动鼓轮来改变 M_1 镜的位置，分别用 d_1 和 d_2 表示 M_1 镜始末位置，设云母片厚度为 l，折射率为 n，空气折射率为 1，则有

$$|d_2-d_1|=l(n-1) \tag{4.22.6}$$

六、数据记录及处理

表 4.22.1　光波波长的测量($u(\Delta k)=0.5$)

次数	Δk	M_1 镜初 d_1/mm	M_1 镜末 d_2/mm	$\Delta d_i=\lvert d_2-d_1\rvert$/mm	$\lambda=\dfrac{2\overline{\Delta d}}{\Delta k}$/nm	$\lambda\pm u(\lambda)$/nm
1	50					
2	50					
3	50					
平　均　值				$\overline{\Delta d}=$	$E_\lambda=$　　$u(\lambda)=$	

(1) $u(\overline{\Delta d})_A=\sqrt{\dfrac{\sum(\overline{\Delta d}-\Delta d_i)^2}{n(n-1)}}$

(2) $u(\overline{\Delta d})_B=\dfrac{0.0001}{\sqrt{3}}\text{mm}$

(3) $u(\overline{\Delta d})=\sqrt{u(\overline{\Delta d})_A^2+u(\overline{\Delta d})_B^2}$

(4) $E_\lambda=\dfrac{u(\bar{\lambda})}{\bar{\lambda}}=\sqrt{\left[\dfrac{u(\overline{\Delta d})}{\overline{\Delta d}}\right]^2+\left[\dfrac{u(\Delta k)}{\Delta k}\right]^2}$

(5) $u(\lambda)=E_\lambda\lambda$

(6) 结果表示：$\lambda\pm u(\lambda)$/nm

七、注意事项

(1) 严禁调节分光板、补偿板和动镜背面的螺钉。

(2) 在调节和测量过程中,一定要细心和耐心。镜后螺钉及拉簧一定要轻轻拧动,且不可拧的过紧!

(3) 干涉仪测量读数前必须对读数系统进行校正。在调整好零点后,应将粗调手轮按原方向转几圈,直到干涉条纹开始均匀移动后,方可进行测量。

(4) 为避免空程误差沿同一方向转动粗调手轮时,要缓慢、均匀,中途不能倒退。

(5) 不要直视激光,以免损伤眼睛。

八、思考题

1. 预习思考题

(1) 怎样调节迈克尔逊干涉仪使干涉条纹出现?

(2)M_1 的位置从哪里读出?能读出多少位有效数字?

(3) 什么是空程?测量时应如何操作才能避免引入空程?

2. 实验思考题

(1) 等倾干涉环和牛顿环有何不同?

(2) 观察等倾干涉条纹时,在移动 M_1 的过程中,条纹从中心"涌出",说明 M_1 与 M_2' 之间的距离是变大还是变小?如果条纹向中心"陷入",又如何?

(3) 数干涉条纹时,如果数错了一条,会给这次波长值带来多大误差?

九、相关知识

根据入射光源的性质和 M_1,M_2 两个反射镜的相对位置关系,可以把产生的干涉图样采用两种模型进行分析。

1. 点光源照明产生的非定域干涉

点光源 S 经 M_1 和 M_2' 的反射产生的干涉现象,等效于沿精密导轨方向分布的两个虚光源 S_1,S_2 所产生的干涉。因为从 S_1 和 S_2 发出的球面波在相遇的空间处处相干,故为非定义域干涉。

如图 4.22.5 所示。激光束经短焦距扩束透镜后,形成高亮度的点光源 S 照射干涉仪。若将观察屏放在不同的位置上,则可看到不同形状的干涉条纹。当观察屏 E 垂直于 S_1S_2 连线时,屏上出现圆环形状的条纹。

如图 4.22.6 所示,相距为 $2d$ 的两个相干点光源 S_1 和 S_2 发出的球面波在屏上任意一点 P(对应的入射角为 θ) 的光程差为

$$\Delta = r_2 - r_1 \tag{4.22.7}$$

由于

$$r_1 = \sqrt{L^2 + R^2}, r_2 = \sqrt{(L+2d)^2 + R^2}$$

由此可得

$$\Delta = \sqrt{(L+2d)^2 + R^2} - \sqrt{L^2 + R^2} = \sqrt{L^2 + 4dL + 4d^2 + R^2} - \sqrt{L^2 + R^2} = \sqrt{L^2 + R^2}\left(\sqrt{1 + \frac{4Ld + 4d^2}{L^2 + R^2}} - 1\right) \tag{4.22.8}$$

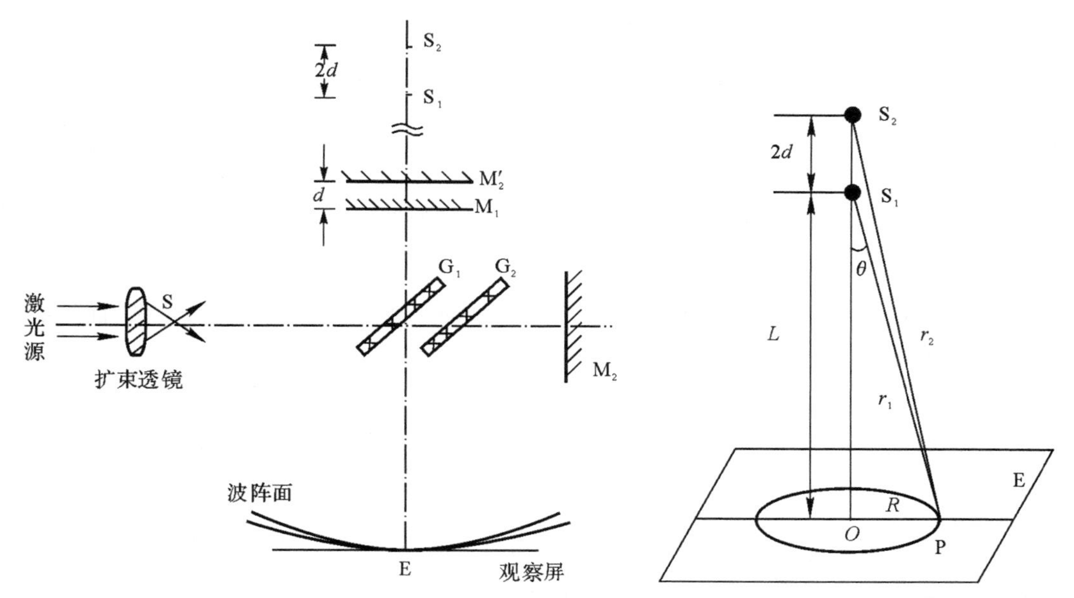

图 4.22.5　激光光源非定义域干涉原理示意图　　图 4.22.6　两相干点光源的非定义域干涉

通常 L 远大于 d，故 $\frac{4Ld+4d^2}{L^2+R^2}$ 为一个小量，在利用泰勒级数

$$\sqrt{1+x}=1+\frac{1}{2}x-\frac{1}{8}x^2+\cdots \tag{4.22.9}$$

展开 $\sqrt{1+\frac{4Ld+4d^2}{L^2+R^2}}$，取前两项可将式(4.22.8)改写成

$$\Delta=\sqrt{L^2+R^2}\left(\frac{1}{2}\cdot\frac{4Ld+4d^2}{L^2+R^2}\right) \tag{4.22.10}$$

进一步略去二阶小量后，可得

$$\Delta=\sqrt{L^2+R^2}\left(\frac{1}{2}\cdot\frac{4Ld}{L^2+R^2}\right)=\frac{2Ld}{\sqrt{L^2+R^2}} \tag{4.22.11}$$

再利用三角关系式 $\cos\theta=\frac{L}{\sqrt{L^2+R^2}}$，可得光程差为

$$\Delta=2d\cos\theta \tag{4.22.12}$$

根据干涉理论，在 P 点处得到明暗纹的条件为

$$\Delta=2d\cos\theta=\begin{cases}k\lambda & \text{明纹}\\ (2k+1)\frac{\lambda}{2} & \text{暗纹}\end{cases}\quad k\text{ 为整数} \tag{4.22.13}$$

当 M_1，M_2' 严格平行，d 为常数，则 θ 相同的点光程差相同，这些点构成同一级干涉条纹。由图 4.22.6 可知，θ 相同的点在与 S_1S_2 连线垂直平面上的轨迹为圆，所以这种由点光源 S 经迈克尔逊干涉仪所形成干涉图样是以 O 点为圆心的圆环型干涉条纹，在整个与 S_1S_2 连线垂直的观察区域均可以看到。

(1) 在圆心处，$\theta=0$，光程差 $\Delta=2d$ 最大，即圆心处对应的干涉条纹级次最高。

(2) 如果旋转微动鼓轮，使 M_1 反射镜移动，则当 d 增加时，对于任一级干涉条纹(如第 k

级）必定以减少其 $\cos\theta$ 的值（即增加 θ 值）来满足 $2d\cos\theta=k\lambda$（或 $2d\cos\theta=(2k+1)\frac{\lambda}{2}$），所以任一级干涉条纹要向 θ 增加的方向移动。观察者将在屏上看到条纹一个一个的冒出，且每当 d 增加 $\frac{\lambda}{2}$ 时就冒出一个条纹。

(3) 与上述情况相反，d 减小时，圆环将逐渐减小，最后淹没在中心处。并且有 d 减小 $\frac{\lambda}{2}$ 时就缩进一个条纹。

(4) 在圆心处，$\theta=0$，对于亮纹有 $2d=k\lambda$，若 M_1 移动距离为 Δd，所引起的条纹"冒"或"缩"的数目为 Δk，则有

$$2\Delta d=\Delta k\lambda \tag{4.22.14}$$

即

$$\lambda=\frac{2\Delta d}{\Delta k} \tag{4.22.15}$$

式(4.22.14)就是利用迈克尔逊干涉仪在波长已知条件下测量微小量的原理；反之，由式(4.22.15)若已知移动距离 Δd 也可以测量光源的波长。

以上分析是基于 M_1，M_2' 完全平行（M_1，M_2 完全垂直）做出的。如果 M_1，M_2' 不完全平行（M_1，M_2 不完全垂直），这时在观察屏看到的干涉条纹形状比较复杂，有可能是圆、椭圆、抛物线和双曲线的一种或几种，关于这一点有兴趣的读者可以进一步参考其他教材和文献。

2. 扩展光源所产生的等倾、等厚干涉（定域干涉）

扩展单色光源所产生的定域干涉，如图 4.22.7 所示，可根据 M_1，M_2 两反射镜的相对位置关系分为等倾干涉和等厚干涉，根据图可进行类似分析。

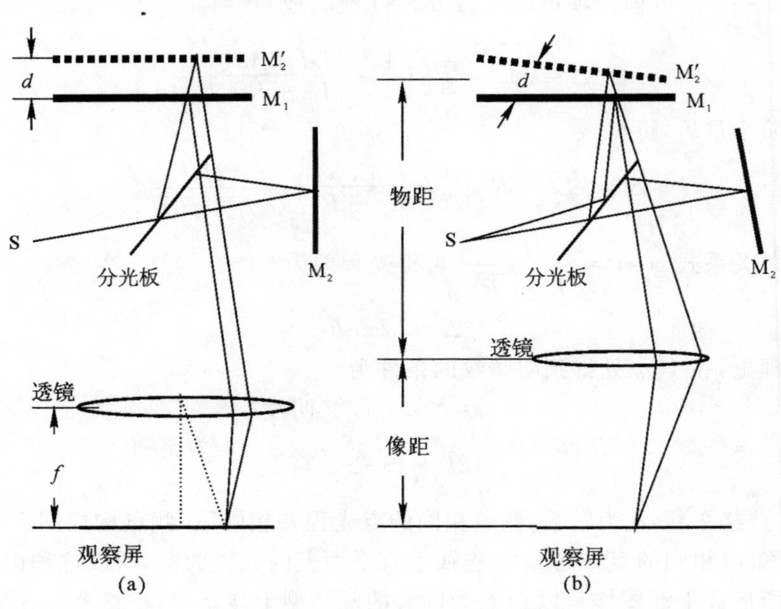

图 4.22.7　扩展光源产生的等倾、等厚干涉

(a) 等倾干涉，定域在无穷远；(b) 等厚干涉，定域在反射镜表面

实验二十三　弗兰克-赫兹实验

1913 年玻尔(N. Bohr) 发表了关于原子结构的理论,是原子物理学发展史上的一个重要的里程碑。1914 年弗兰克(J. Frank) 和赫兹(G. Hertz) 用慢电子与稀薄气体原子碰撞的方法,使原子从低能级激发到较高能级,实验显示电子与汞原子发生非弹性碰撞时,能量的转化是量子化的,直接证明了原子内部量子化能级的存在,即原子能量的量子化现象。弗兰克和赫兹的实验证明了玻尔原子理论的正确性,因而,他们获得了 1925 年度的诺贝尔物理学奖。

一、实验目的

(1) 了解电子与原子弹性碰撞和非弹性碰撞的机理。

(2) 通过对氩原子第一激发电位的测量,学习弗兰克和赫兹研究原子内部能量量子化的基本思想和实验方法。

二、实验仪器

智能弗兰克-赫兹实验仪,示波器。

三、实验原理

1. 实验基础知识

玻尔的原子理论:

(1) 原子只能较长地停留在一些稳定状态(简称定态)。原子在这些状态时,不发射或吸收能量;各定态有一定的能量,其数值是彼此分隔的。原子的能量不论通过什么方式发生改变,它只能使原子从一个定态跃迁到另一个定态。

(2) 原子从一个定态跃迁到另一个定态发射或吸收辐射时,辐射频率是一定的。如果用 E_m 和 E_n 代表二定态的能量,辐射频率决定于如下关系:

$$h\nu = E_m - E_n \tag{4.23.1}$$

式(4.23.1) 中,普朗克常数 $h = 6.63 \times 10^{-34}\ \mathrm{J \cdot s}$。

设初速度为零的电子在电位差为 U 的加速电场作用下,获得能量 eU。当具有这种能量的电子与稀薄气体的原子(如氩原子) 发生碰撞时,就会发生能量变换。如果氩原子从电子传递来的能量恰好为

$$eU = E_2 - E_1 \tag{4.23.2}$$

式(4.23.2) 中,E_1 为氩原子的基态能量,E_2 为氩原子的第一激发态的能量,则氩原子就会从基态跃迁到第一激发态。而相应的电位 U 被称为氩的第一激发电位(即氩的中肯电位)。测定出这个电位差 U,就可以根据式(4.23.2) 求出氩原子的基态和第一激发态之间的能量差。

2. 实验物理过程

本实验采用充氩的弗兰克-赫兹管,测量氩原子第一激发电位原理如图 4.23.1 所示。阴极 K 通过灯丝加热发射热电子,在阴极 K 和栅极 G_1 间栅极电压 U_{G1K} 控制下,进入栅极 G_1,G_2 之间,经 G_2,K 间加速电压 U_{G2K} 的加速,使电子获得一定的能量。仪器制造时 G_1K 间距离很小,而 G_1G_2 距离相对较大,故通过加速获得能量的电子主要在 G_1G_2 间与氩原子发生碰撞。在 G_2A 间加反向拒斥电压 U_{G2A} 用于滤去能量小于 eU_{G2A} 的电子。管内空间电位分布如图

4.23.2 所示。

电子与原子的碰撞方式分为两类:弹性碰撞和非弹性碰撞,如果在碰撞过程中电子与原子的内部状态未发生变化,即它们之间的相对运动能量未发生变化,这种碰撞称为弹性碰撞;反之为非弹性碰撞。起初电子的能量较小,不能克服拒斥电压到达极板,极板电流为零,如图 4.23.3 的 Oa 段所示;随着加速电压的增大,电子克服拒斥电压的作用到达极板形成电流,极板电流随着加速电压的增大而增大,期间与氩原子的碰撞均为弹性碰撞,如图 4.23.3 的 ab 段所示;当电子获得的能量大于或等于氩原子激发能量时,电子与氩原子碰撞将氩原子激发需要的能量传递给氩原子,使氩原子从基态跃迁到第一激发态,此时电子剩余能量不足以克服 G_2A 间的拒斥电压 U_{G2A} 到达极板 A,因而极板电流显著减小,这时电子与氩原子的碰撞为非弹性碰撞,如图 4.23.3 的 bc 段所示;以后随着加速电压 U_{G2K} 的增大,电子的能量也随之增加,又可以克服拒斥电压的作用到达板极 A,这时电流又开始上升,如图 4.23.3 的 cd 段所示;直到加速电压 U_{G2K} 达到氩原子的第一激发电位的二倍时,电子又会因第二次非弹性碰撞而失去能量,造成了第二次板极电流 I_A 的下降,如图 4.23.3 的 de 段所示。可见板极电流随加速电压的增加呈周期性的变化。若以 U_{G2K} 为横坐标,以板极电流值 I_A 为纵坐标就可以得到如图 4.23.3 所示弗兰克-赫兹管的伏安特性曲线,两相邻谷点(或峰尖)间的加速电压差值,即为氩原子的第一激发电位,氩原子第一激发电位的公认值为 11.61 V。

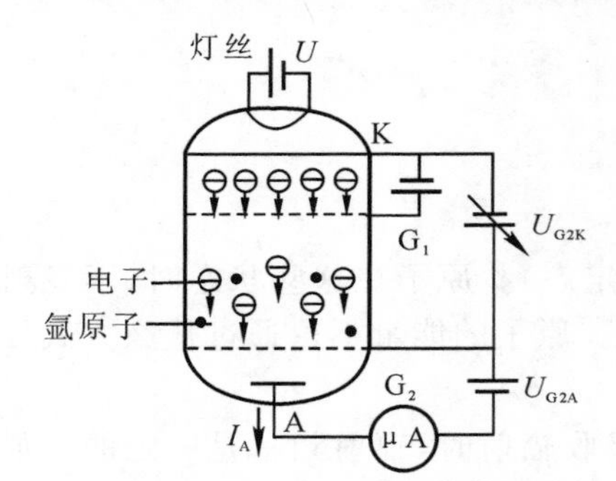

图 4.23.1　弗兰克-赫兹管原理图

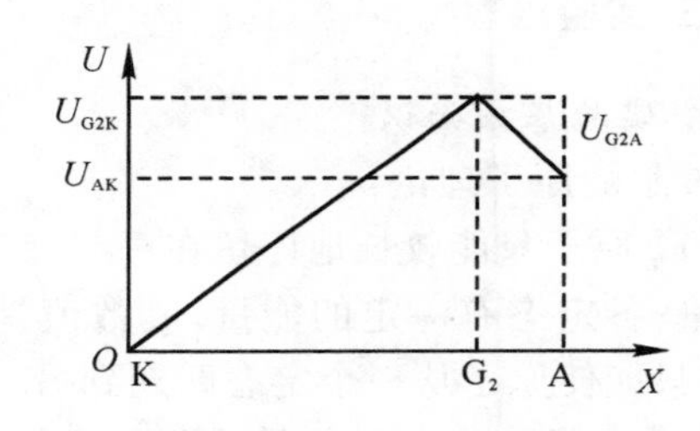

图 4.23.2　弗兰克-赫兹管管内空间电位分布

原子处于激发态是不稳定的。实验中被慢电子轰击到第一激发态的氩原子因自发辐射而回到基态,在进行这种跃迁时,原子是以放出光量子的形式向外辐射能量。

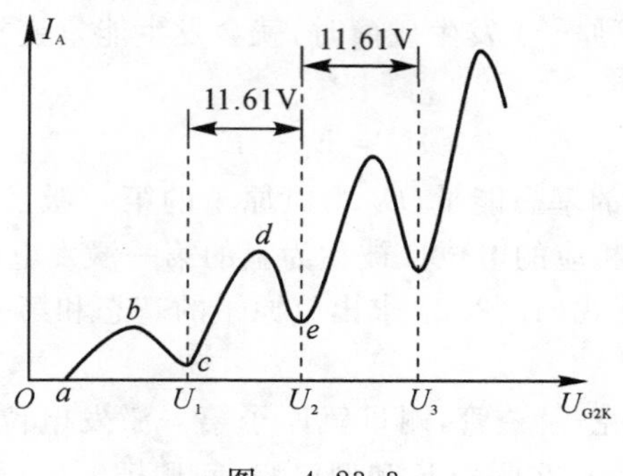

图　4.23.3

弗兰克-赫兹实验表明,原子能级确实是存在的,要把原子激发到激发态需要吸收一定的能量,而这些能量是不连续的、量子化的,从而证实了原子内部的能级是分立的。

3. 实验中的一些其他现象

(1) 控制栅极电压 U_{G1K} 作用是用于消除电子在阴极附近的堆积效应，以控制阴极发射的电子流的大小；拒斥电压 U_{G2A} 用于滤去能量小于 eU_{G2A} 的电子，从而检测出电子因非弹性碰撞而损失能量的情况。

(2) 接触电位差的影响。实际的弗兰克-赫兹管，其阴极 K 与 G_2 采用不同的金属材料制成，它们的逸出功不同，因此会产生接触电势差。接触电势差的存在，使真正加在电子上的加速电压不等于 U_{G2K}，而是 U_{G2K} 与接触电位差的代数和。使得整个 I_A-U_{G2K} 曲线平移。

(3) 由于阴极 K 发射电子后，在阴极表面积聚了许多的电子。这些空间电荷的存在改变了 K 与 G_1 间的空间电位分布。当 U_{G2K} 较小时，阴极附近会出现负电位，称为虚阴极。负电位的绝对值随 U_{G2K} 的增大而减小。随着 U_{G2K} 的增大，虚阴极消失。虚阴极的存在使得曲线 I_A-U_{G2K} 的前几个峰（2～3个）的峰间距减小，而对后面的峰无影响。灯丝电压越高，阴极发射的电子流越大，空间电荷的影响越严重。

(4) 因为 K 极发出的热电子能量服从麦克斯韦统计分布规律，因此 I_A-U_{G2K} 图中的板极电流下降不是陡然的。在 I_A 极大值附近出现的峰有一定宽度。

(5) 当 U_{G2K} 较大时，由于部分电子自由程大，可积累较多的能量。使氩原子跃迁到更高的激发态，甚至使氩原子电离。

(6) 电离的发生引起电子繁流，产生电流放大作用。随着 U_{G2K} 的增大，电子繁流迅速增长，使得曲线 I_A-U_{G2K} 各峰高度迅速增加。但 U_{G2K} 超过一定值时，将导致管内气体击穿，应避免发生这种情况，否则将使实验管损坏。

四、实验装置

1. 功能介绍

智能弗兰克-赫兹实验仪面板如图 4.23.4 所示，弗兰克-赫兹管所要加的电压均由弗兰克-赫兹实验仪提供，按功能划分为八个区：

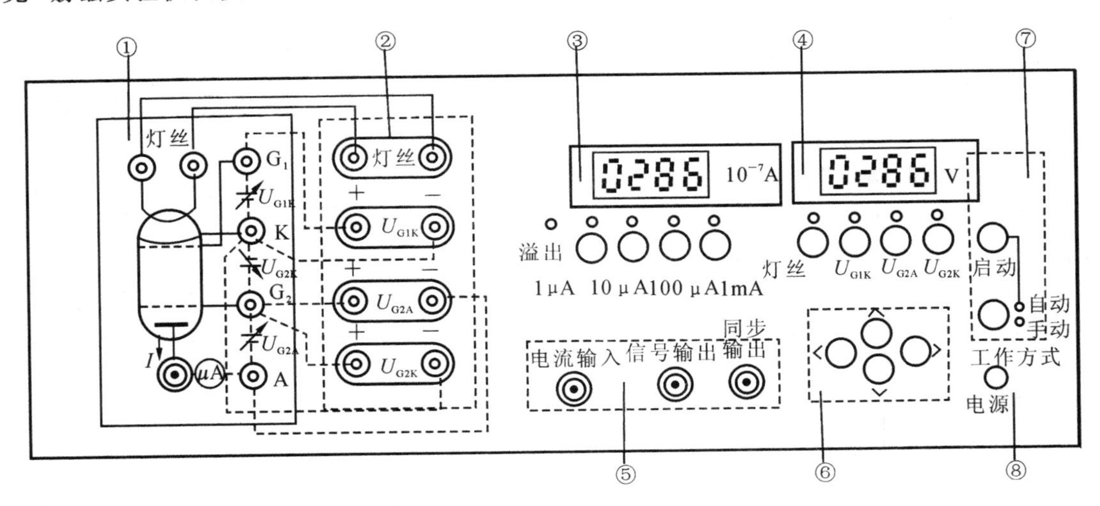

图 4.23.4 弗兰克-赫兹实验仪面板及连接图

① 区为弗兰克-赫兹管各输入电压连接插孔和板极电流输出插孔；

② 区为弗兰克-赫兹管所需激励电压的输出连接插孔；

③ 区为四位七段数码管显示测试电流指示值；

④ 区为四位七段数码管显示当前选择电压指示值；

⑤ 区为测试信号输入和输出，板极电流输入以及信号输出与同步输出插座，可将信号送示波器显示；

⑥ 区为电压设定按键；

⑦ 区为工作状态选择方式；

⑧ 区为电源开关。

2. 工作方式选择

(1) 手动测试。开机预热后根据机箱盖参数值设定各参数，工作方式选择“手动”，U_{G2K} 步长为 0.5 V，随着加速电压的变化，极板电流随着变化，同时用示波器观察输出波形。

(2) 自动测试。与手动测试设置参数相同，实验仪将自动产生 U_{G2K} 扫描电压。“自动”指示灯亮，表明此时实验操作方式为自动操作。在自动测试过程中，通过面板的电压、电流指示部分，观察扫描电压 U_{G2K} 与赫兹管板极电流的相关变化情况，同样也可以用示波器观察输出波形。也可以回查实验数据。测试结束恢复实验于初始状态。

(3) 联机测试。实验仪必须与计算机连接，由计算机控制实验仪运行，所有按键都被屏蔽禁止，控制操作过程的具体步骤请参阅本实验的“九、相关知识”的“计算机辅助实验系统软件”操作说明，该软件工作方式也可选择为联机显示，适用于实验仪的(1)，(2) 方式，计算机作为一个显示器使用，不能干涉实验仪的运行。

五、实验内容及步骤

(1) 按线路图正确连接电路；弗兰克-赫兹实验仪“同步输出”与示波器“外触发”相连接，“信号输出”与示波器“CH1”或“CH2”相连接。

(2) 打开示波器，触发方式选择“外接”，偏转开关选择 50 mV 附近，扫描开关置 0.1 ms 附近。

(3) 设置弗兰克-赫兹实验仪为“自动”工作状态，此时“自动”指示灯亮。

(4) 设定电流量程：设定电流量程为 1 μA。

(5) 设定电压源的电压值：参考机箱盖上提供的数据，依次设定灯丝电压、第一栅极电压、拒斥电压和加速电压的值，每台仪器的各电压设定值不同。用上下、左右键完成。

(6) 正式测量：按下“启动键”，仪器开始自动测量，自动测量时数据全部储存在仪器中；此时观察示波器显示的弗兰克-赫兹管的伏安特性曲线，调节示波器的偏转开关改变波形的上下幅度，调节扫描使波形展开，以方便观察。

(7) 获取存储数据，调整 U_{G2K} 从 10.0 V 起，按步长 0.4 V 增加(用上下 、左右键完成 U_{G2K} 的调节)，同步记录 U_{G2K} 值和对应的 I_A 值。

六、数据记录及处理

(1) 根据实验数据，描绘弗兰克-赫兹管的 $U_{G2K}-I_A$ 曲线。

(2) 确定出各峰值(或谷值) 电流对应的加速电压 U_{G2K} 值 $U_1, U_2, \cdots, U_n$，由下式计算氩原子的第一激发电势：

$$U_C=\frac{1}{n}\times\left[(U_2-U_1)+\frac{(U_3-U_1)}{2}+\cdots\frac{(U_{n+1}-U_1)}{n}\right]$$

(3) 将实验测得值与氩原子的第一激发电位的公认值 $U_{CO}=11.61$ V 进行比较，计算相对误差，并以标准形式表达实验结果。

七、注意事项

(1) 不许拔下仪器前面板上的导线，进行违规连接，以免发生短路，损坏仪器。

(2) 在设定各电压值时，必须在给定的量程或范围之内设值，如果超出范围，可能会导致烧坏仪器。

(3) U_{G2K} 不宜超过 80 V。

八、思考题

(1) 电子和原子的碰撞在什么情况下是弹性碰撞？什么情况下是非弹性碰撞？

(2) 为什么要在板极和栅极间加反向拒斥电压？

(3) 要测第二(或更高) 激发电位应该怎么办？

九、相关知识

可按以下方法对“计算机辅助实验系统软件” 进行操作。

1. 系统启动

用鼠标激活“开始 → 程序 → 中科教仪 → 辅助实验系统”，进入系统登录窗口，输入用户和密码，进入系统显示实验系统界面，系统总共有五大功能模块，分别为系统管理、资料查询、数据通信、窗口管理和帮助信息，如图 4.23.5(a) 所示。

2. 开始实验

打开数据通信窗口，输入学生信息，选择工作方式和仪器号，输入密码，然后单击“下一步” 进入参数设置窗口，如图 4.23.5(b) 所示。

3. 设置实验参数

输入实验参数，选择电流量程，然后单击“下一步” 进入数据状态，如图 4.23.5(c) 所示，系统提示“是否要立刻启动测试”，选择“是” 则马上进行采集数据；否则必须手动测试。

4. 数据采集

输入进行联机测试，实验数据采集直到采集实验完毕，显示“联机测试” 电流的变化曲线，如图 4.23.5(d) 所示。

5. 实验数据检验

用于计算第一激发电压值。单击菜单上的“数据通信-数据检验”，窗口右边弹出数据检验框，依次输入峰点或谷点电压值，然后单击“检验” 即可计算出第一激发电压，如图 4.23.5(e) 所示。

6. 打印结果

打印实验结果。单击菜单上的“数据通信-打印结果”，系统弹出打印预览窗口，如图 4.23.5(f) 所示。

7. 保存实验数据

保存实验数据、参数和结果。单击菜单上的“数据通信-保存数据”，系统弹出确认窗口，选择“是” 即可保存实验结果。

8. 数据查询

查询做过的实验数据。单击菜单的“数据通信-数据查询”，系统弹出确认窗口，选择“是”即可保存实验结果。选择查询类型，然后输入条件，单击“查询”即可；单击“导出”按钮即可将实验数据导出到计算机的其他存储介质上。

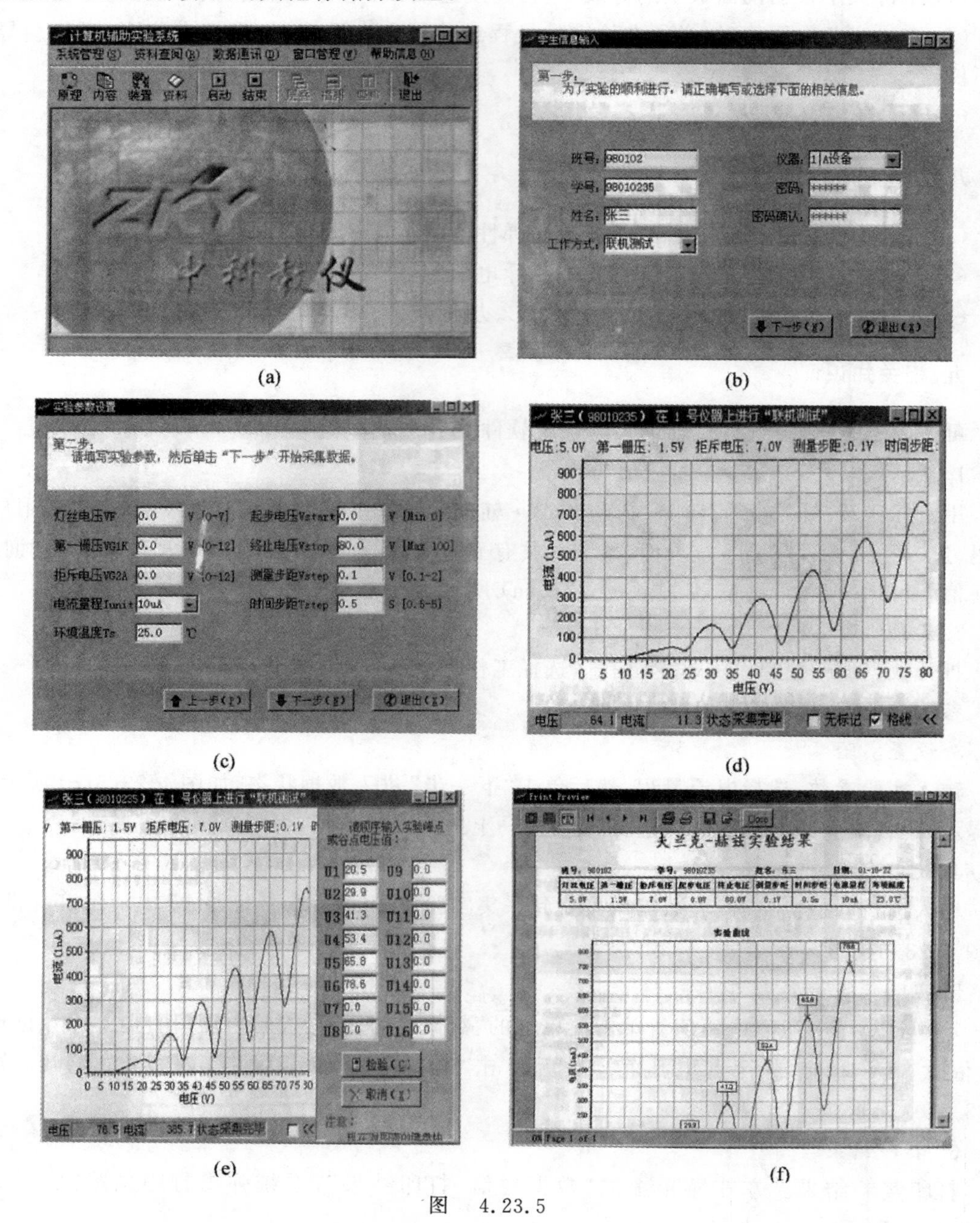

(a) (b) (c) (d) (e) (f)

图 4.23.5

9. 图表的操作方法

对图表的放大、移动的操作方法，进行补充说明如下：

放大：用鼠标左键从左上方向右下方选取一个巨型区域来放大或用 shift + ↑ 或 shift +←

键放大图表；

缩小：用鼠标左键从左上方向右下方选取一个巨型区域来缩小或用 shift + ↓ 或 shift +→键缩小图表；

左移：用 → 或 End 键向左移动横轴坐标；

右移：用 ← 或 Home 键向右移动横轴坐标；

上移：用 ↑ 或 page Up 键向上移动纵轴坐标；

下移：用 ↓ 或 page Down 键向下移动纵轴坐标；

平移：按下鼠标右键移动图表到适当位置，放开鼠标右键。

实验二十四　光电效应

光电效应在近代物理的量子论中起着很重要的作用，在证实光的量子性方面有着重要的地位，光电效应的规律在现代科技及生产领域也有广泛的应用，如利用光电效应制成的光电器件广泛地应用于光电检测、光电控制、电视录像、信息采集与处理等多项现代技术中。普朗克常数是近代物理中一个很重要的常数，它可以用光电效应实验方法来测定。通过本实验可以加深对量子论的理解。

（一）光电效应基本规律的研究

一、实验目的

(1) 加深理解光的量子性。

(2) 加深对光电效应基本规律的理解。

二、实验仪器

GD-1 型光电效应测试仪，干涉滤色片，高压汞灯。

三、实验原理

光电效应是指以合适频率的光照射在金属表面上时有电子从金属表面逸出的现象。

自 1887 年赫兹意外发现光电效应后，有人陆续对此现象进行了研究，并总结出了四条基本规律。但这些规律无法用电磁学理论解释。1905 年爱因斯坦大胆地引用普朗克关于光辐射能量量子化的概念，提出光量子概念，从而成功解释了光电效应现象。爱因斯坦认为，从一点发出的光，不是以连续形式把能量传播到空间，而是以 $h\nu$ 为能量单位一份一份地向外辐射。$h\nu$ 叫作光子。此后约 10 年，密立根以精确的光电效应实验证实了爱因斯坦的光电效应方程，并测定了普朗克常数。如图 4.24.1 所示，当频率为 ν 的光束照射在光电管的阴极 K 上时，能量为 $h\nu$ 的光子与金属表面的自由电子作用，把能量全部交给这个电子，电子脱离金

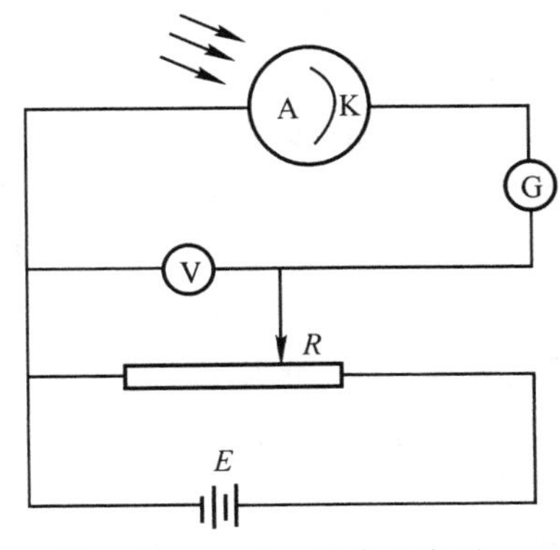

图 4.24.1　光电效应示意图

属表面，从而产生光电效应。

如果金属K的逸出功为W_s，电子离开金属表面后的初动能为E，则有

$$E=h\nu-W_s \tag{4.24.1}$$

此式即为爱因斯坦光电效应方程。

1.光电管的伏安特性

伏安特性即照射光的频率和强度一定时，光电流随极间电压变化的特性。由式(4.24.1)可见，入射光的频率ν越高，电子离开金属表面后的初动能E越大，所以即使阳极阴极之间的电压$U_{AK}=0$，仍有光电子从阴极到达阳极A形成光电流，甚至当U_{AK}为负值时(A，K之间加一反向电压)仍有光电流，只有当U_{AK}为某一负值U_s时，二极管的光电流才为零，光电管的伏安特性($I-U$)曲线如图4.24.2所示。P_1,P_2,P_3表示不同的照射光强度。当照射光频率一定时，对不同的光强，饱和电流和光强成正比，使光电流为零的电位差U_s叫光电效应的截止电压，在此种情况下($I=0$)

$$E=eU_s \tag{4.24.2}$$

将式(4.24.2)代入式(4.24.1)，有

$$eU_s=h\nu-W_s \tag{4.24.3}$$

由式(4.24.3)可知，当光电子的初始动能E为零时，$W_s=h\nu_0$，ν_0是由阴极材料决定的，叫作截止频率(又叫红限)，意即能产生光电效应而必须使入射光具有的最低频率。

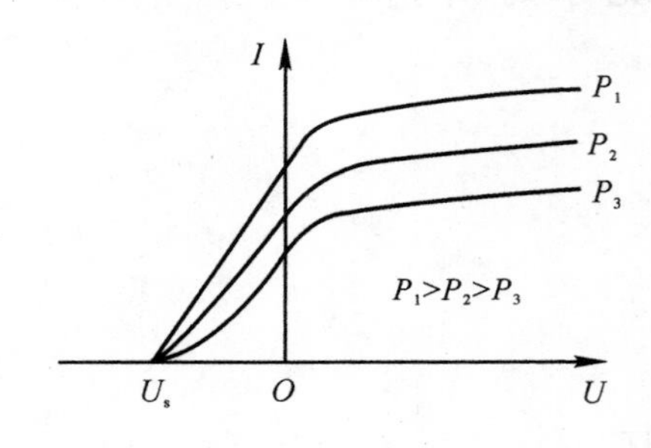

图4.24.2　光电管伏安特性

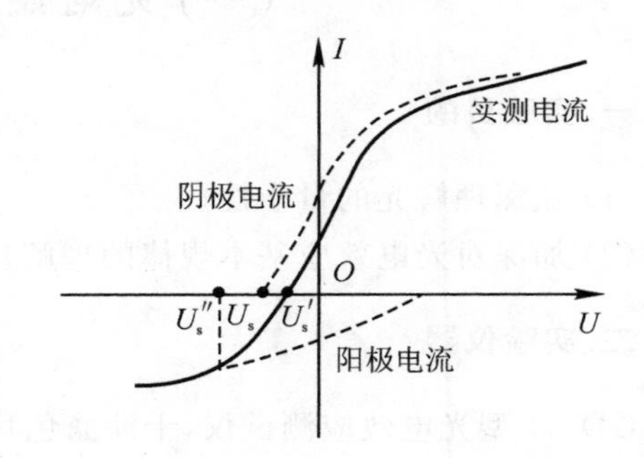

图4.24.3　实际测量的光电管的$I-U$曲线

2.光电管的光电特性

光电管的光电特性是当照射光的频率和极间电压一定时，饱和电流值I随照射光强度变化的特性。

本实验有两点要予以考虑。一种是存在暗电流和本底电流，暗电流是在没有光照射光电管的情况下，由于阴极本身的热电子发射等原因所产生的电流称为暗电流；本底电流是由于外界各种漫反射光入射到光电管上所致。这两种电流应在实验中测出，并在作图时消去其影响。第二种是存在反向电流，即在制作光电管时，阳极不可避免地被阴极材料所玷污，在光的照射下，被玷污的阳极也会发射电子，形成阳极电流即反向电流。因此，实验电流是阴极电流和阳极电流的叠加结果。如图4.24.3所示，无论是用交点U_s'来替代U_s，还是用图中反向电流刚开始饱和时拐弯点U_s''替代U_s，都有一定的误差。具体用哪种方法，应根据不同的光电管而确定。本实验中由于所用光电管正向电流上升很快，反向电流很小，U_s'比U_s''更接近U_s，故实验中可用交点来确定截止电压U_s。

即光电效应规律为：

(1) 当入射光频率高于一定值才有光电效应现象；

(2) 光电子初动能只与入射光频率有关，与入射光强度无关；

(3) 当发生光电效应现象时，饱和光电流大小与入射光光强成正比，与入射光频率无关；

(4) 光电效应是瞬时效应，一经光线照射，立刻产生光电子。

四、实验装置

测试仪面板如图 4.24.4 所示，仪器使用前应做好以下准备工作：

(1) 开机前的准备：将光源、光电管、电流测试仪放在合适的位置(光源和光电管之间的距离约为 25 cm) 暂不连线，也不开启电源，将测试仪面板上各个旋钮置于下列位置。“电流量程” 置“1 μA”；“电压量程” 置“30 V”；“电压极性” 置“+”；“电流调节” 逆时针调至最小。

(2) 将光源上光孔和暗盒上入光孔分别用挡光板盖盖上，把暗盒上“K” 端用屏蔽线与测试仪上“K” 端连接，用普通导线连接两者的“A” 和“地” 端。

(3) 打开光源电源开关，让汞灯预热 15 ～ 20 min，然后再打开测试仪开关。

(4) 调整光源出光孔与暗盒入光孔水平对准，二者间距约 25 cm。

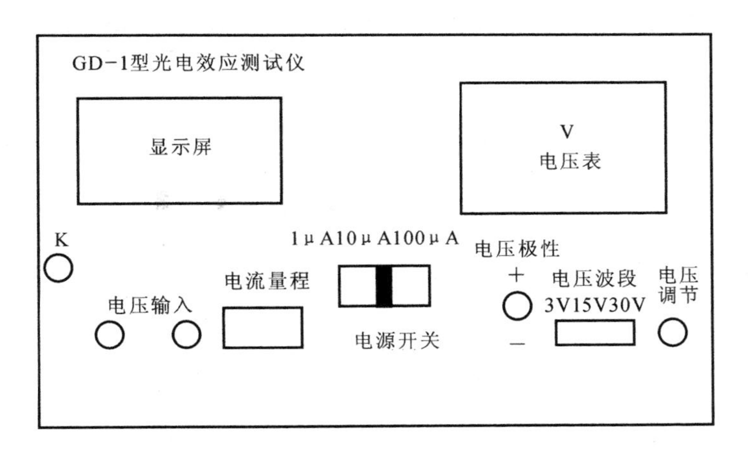

图 4.24.4 光电效应测试仪面板示意图

五、实验内容及步骤

做完上述准备后，方可进行实验。

1. 测量光电管暗电流

(1) 将光源出光孔盖上，把电流表量程开关拨至 1 μA，电压极性拨至“—”。

(2) 用“电压调节” 旋钮慢慢由 －3 V 开始增加，观察并记录电流表读数。

2. 测量固定频率光对应的伏安特性

(1) 将电压调节至 －3 V；“电压量程” 为 3 V；“电压极性” 为“—”；“电流量程” 为 1 μA。

(2) 在暗盒光窗口装上 365 型滤光片，用“电压调节” 旋钮将电压由 －3 V 缓慢升高至 30 V，在 －3 ～ 30 V 之间每隔 1 V 记录一个电流值，但在 －2 ～ 0 V 之间电流开始变化区间细测几个点，多记几个点(即抬头点)，将数据记入表 4.24.1。

(3) 更换滤光片，按上面步骤测量。

3. 测量光电特性

在暗盒光窗口装上 577 型滤色片。在光源出光窗口分别装上透过率为 75%,50%,25% 的中性滤色片,分别记录透过率为 100%,75%,50%,25% 和 0 时所对应的饱和电流值,将其记入表 4.24.2,此时电压应高过饱和电压,一般应选 15 V 以上。

说明:在使用 WS - P3(或 WD - P3) 光电效应实验仪时应注意:

(1) 汞灯预热 20 min;

(2) 量程选 10^{-10} A(若 365 nm 在电压 30 V 时电流小于 150×10^{-10} A,量程选 10^{-11} A)。

(3) 在用光电效应方法测量普朗克常量时量程选 10^{-12},抬头点电压值为光电流产生时的电压值,即比电流 001 小的电流 000 处电压值。

(4) 实验结束后才能关闭汞灯。

六、数据记录及处理

(1) 选择合适的坐标纸,用表 4.24.1 的数据作出光电管的伏安特性曲线,并可以由其定出相应的截止电压 U_s(抬头点对应的电压值) 或取伏安曲线与横轴交点对应的电压值。

(2) 选择合适的坐标纸,用表 4.24.2 的数据作出光电管的光电特性曲线。

表 4.24.1 给定光谱下的伏安特性(如波长为 365 nm)

U/V												…
I/mA												…

表 4.24.2 光电管的光电特性

透光率 电压	100%	75%	50%	25%	0
10.0 V					
15.0 V					
20.0 V					
25.0 V					
30.0 V					

七、注意事项

做本实验时,应注意以下几点:

(1) 准确地找出与入射频率 ν 对应的截止电位是最关键的,因此测量光电流 I 时在光电流将要随外加电压发生变化的附近,观察要仔细,数据要密集。

(2) 测出光电管的暗电流特性,并从光电管的 $I-U$ 曲线将其减去。本仪器的暗电流非常小,可略去不计。

八、思考题

1. 预习思考题

(1) 光电效应的实验规律有哪些?

(2) 实验时干涉滤光片是挡在光源出光孔上，还是挡在光电管的入光孔上？

2. 实验思考题

(1) 了解光电管的伏安特性和光电特性有何实用意义？

(2) 若光源与光电管靠得太近，测量误差会如何变化，为什么？

（二）普朗克常数的测量

一、实验目的

(1) 学习一种测定普朗克常数的方法。

(2) 进一步学习作图法处理实验数据。

二、实验仪器

GD－1 型光电效应测试仪，干涉滤色片，高压汞灯。

三、实验原理

基本原理如本实验(一) 中所叙述。

根据本实验(一) 中式(4.24.3) 可知，当光电子的初始动能 E 为零时，$W_s = h\nu_0$，ν_0 是由阴极材料决定的截止频率。于是式(4.24.3) 可以改写为

$$U_s = \frac{h}{e}\nu - \frac{h}{e}\nu_0 = \frac{h}{e}(\nu - \nu_0) \qquad (4.24.4)$$

此为求普朗克常数所用的公式，此直线的斜率 K 中包含有普朗克常数 h（$k = \frac{h}{e}$，e 是电子的电量），具体方法是对不同的入射光频率 ν 先作出其伏安特性曲线，从曲线上求出各频率 ν 对应的截止电位 U_s，然后再作出 $U_s - \nu$（是一条直线，如图 4.24.5 所示），进而求出曲线的斜率 k，由 $k = \frac{h}{e}$，求 h 值。

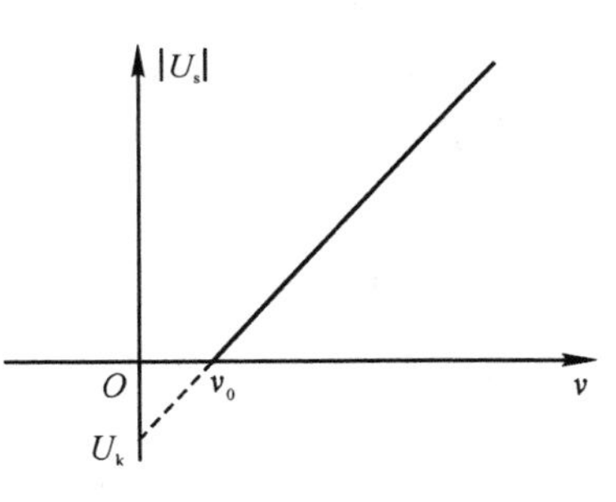

图 4.24.5 截止电压与入射光频率的关系图线

从 $U_s - \nu$ 图线上还可以求出光电管的截止频率 ν_0（直线和横轴的交点）。

四、实验装置

如本实验(一) 中所叙述。

五、实验内容及步骤

步骤如本实验(一) 测量光电管的伏安特性的步骤。依次在暗盒光窗口装上 365，405，436，546 和 577 型滤色片，分别找出其对应的截止电压。

六、数据记录及处理

(1) 根据测量数据，作出 $\nu - U_s$ 图。

(2) 由 $\nu-U_s$ 图中求出“红限”频率 ν_0。

(3) 求出 $\nu-U_s$ 直线斜率 k，根据 $h=ek$ 关系求出普朗克常数 h。

七、思考题

1. 预习思考题

(1) 干涉滤光片的作用原理是什么?

(2) 光电管一般用逸出功小的金属还是用逸出功大的金属材料做阴极？为什么?

2. 实验思考题

(1) 能否由该实验所得图线确定出阴极材料的逸出功?

(2) 试分析该实验的误差主要有哪些，应如何消除。

实验二十五　电子衍射

19 世纪中期，光的干涉和衍射实验证实了光的波动性，到了 20 世纪初，人们对光电效应等现象的研究又证实了光具有粒子性，因此对光具有波粒二象性有了一个全面的认识。电子衍射实验对确立电子的波粒二象性和建立量子力学起过重要作用，1924 年法国物理学家德布罗意(L. de Broglie)在总结了对光的波粒二象性的研究基础上，设想一切实物粒子都具有波粒二象性。1927 年戴维孙(C. J. Davisson)和革末(L. S. Germer)用镍晶体反射电子衍射实验测得了电子波长，从而验证了德布罗意假说；与此同时，英国的汤姆逊(G. P. Thomson)用加速高速电子穿过金属箔得到了类似 X 射线的同心衍射环，进一步证实德布罗意波的存在。目前，电子衍射技术已经成为研究固体薄膜和表面层晶体结构的先进技术。

一、实验目的

(1) 掌握获得高真空的操作。

(2) 学习镀膜的简单方法。

(3) 通过实验证实电子的波动性并验证德布罗意公式，从而获得对电子的波粒二象性的初步认识。

二、实验仪器

电子衍射仪，真空机组，复合真空计，数码相机。

三、实验原理

1. 德布罗意假设和电子波的波长

1924 年德布罗意提出物质波或称德布罗意波的假说：一个能量为 E、动量为 p 的实物粒子同时也具有波的性质，其波长 λ 与动量 p 有关，频率 ν 则与能量 E 有关，其关系与光子的相应公式完全相同，即

$$\lambda=\frac{h}{p}\quad 和 \quad \nu=\frac{E}{h}$$

1928 年以后的实验进一步证明，不仅电子具有波的性质，一切物质如质子、中子、α 粒子、原子、分子等都具有波的性质，即物质波或德布罗意波。

在实验中获得具有一定能量电子的方法，通常是使一固态阴极发射电子，并使它们在电场中加速。要计算这样产生的电子波的波长 λ，为此，需找出 λ 与加速电压 U 的关系。在加速电压足够大时，电子刚从阴极发射出来时的初速度可以忽略不计，设电子到达阳极处的速度为 v，则有

$$eU=\frac{1}{2}m_0v^2$$

式中，e 为电子电量；m_0 为电子质量；U 为加速电压。可得

$$\lambda=\frac{h}{\sqrt{2m_0eU}} \tag{4.25.1}$$

为使用此式方便，电压 U 以 V 为单位，λ 以 nm 为单位，将有关常数代入后可得

$$\lambda=\frac{12.25}{\sqrt{U}} \tag{4.25.2}$$

当加速电压较高时，电子速度很大，有必要用相对论的计算方法。因此计算出的电子波的波长为

$$\lambda=\frac{12.25}{\sqrt{U}}(1-4.89\times10^{-7}U)\ \text{nm} \tag{4.25.3}$$

式中，括号内的第二项是相对论的修正。当加速电压为 100 V 时，电子的德布罗意波长为 0.122 5 nm。要观测到电子波通过光栅的衍射花样，光栅的光栅常数要做到 0.1 nm 的数量级，这是不可能的。晶体中的原子规则排列起来构成晶格，晶格间距在 0.1 nm 的数量级，要观测电子波的衍射，可用晶体的晶格作为光栅。

2. 电子波的晶体衍射

与 X 射线射到晶体光栅上发生干涉现象一样，若将一束单向电子束射向晶体，电子被晶体中的原子散射。应用布拉格的处理方法，将电子波在晶体中的散射视为晶体中各晶面对电子波的反射。当反射电子束与晶面之夹角满足

$$2d\sin\theta=n\lambda \tag{4.25.4}$$

时，散射波在空间加强。式中 λ 为入射电子波的波长，d 为晶面间距，θ 为电子波的掠射角，n 为衍射级，如图 4.25.1 所示。对于立方晶系的晶体，则有

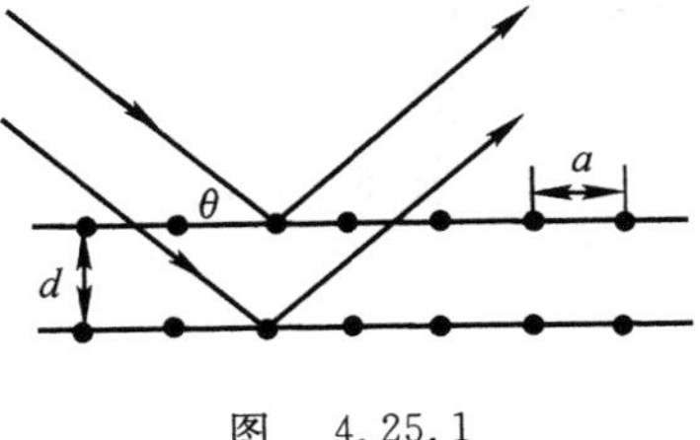

图　4.25.1

$$d=\frac{a}{\sqrt{h^2+k^2+l^2}} \tag{4.25.5}$$

式中，a 为晶格常数；h,k,l 为晶面指数。

比较式(4.25.4) 和式(4.25.5)，得

$$\sin\theta_{hkl}=\frac{\lambda}{2a}\sqrt{h^2+k^2+l^2} \tag{4.25.6}$$

多晶体的电子衍射图样：多晶体薄膜是由许多取向各不相同的微小晶粒组成。当电子束射入薄膜，在入射线成 2θ 角的圆锥面的任意位置上总可找到一组满足布拉格条件的晶面，于是在与薄膜相距 l 处的垂直平面上可形成半径为 R 的相长干涉的圆环。由图 4.25.2 可知

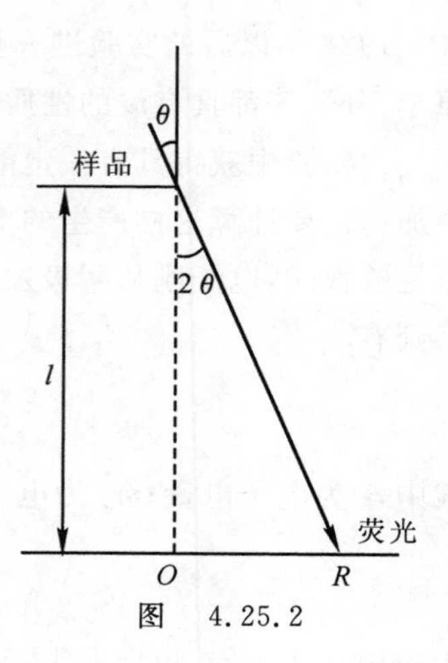

图 4.25.2

$$\tan 2\theta_{hkl}=\frac{R_{hkl}}{l}$$

角标 hkl 表示 θ 与 R 均相应于某一指数为 h,k,l 的晶面。一般电子波的衍射角较小，有 $\tan\theta\approx\sin\theta\approx\theta$，于是

$$\lambda=\frac{R_{hkl}a}{l}\sqrt{h^2+k^2+l^2} \tag{4.25.7}$$

$$l\lambda=Rd \tag{4.25.8}$$

式(4.25.8)表明，当波长为 λ 的电子波被面间距为 d 的晶面反射时，将在与晶面相距 l 处产生一个半径为 R 的衍射圆。由于晶面中有不同 d 值的晶面，因而对应于一定的 λl 值，将产生一组不同半径的同心衍射圆。$\lambda\times l$ 值是设计电子衍射仪(和电子显微镜)几何尺寸的依据，称为仪器常数。l 是仪器镜筒的物理长度。

在实验中，电子加速电压可调整并是已知的。测得相应于某晶体不同面间距 d 衍射环半径 R，比较式(4.25.8)和式(4.25.2)或式(4.25.3)的计算结果，便可验证德布罗意关系式。

将立方晶系的晶面间距 d_{hkl} 代入式(4.25.8)，得

$$R=l\lambda\frac{\sqrt{h^2+k^2+l^2}}{a}$$

或

$$R^2=\frac{l^2\lambda^2}{a^2}(h^2+k^2+l^2) \tag{4.25.9}$$

晶面指数只能取整数，令 $h^2+k^2+l^2=m_n$，n 是从衍射环中心向外算起的衍射环的序号。则各衍射环半径二次方的顺序比为

$$R_1^2:R_2^2:R_3^2:\cdots=m_1:m_2:m_3:\cdots$$

按照系统消光规律，对于简单立方、体心立方和面心立方晶格，半径最小的衍射环对应的密勒指数分别为 100，110，111，这三个密勒指数对应的晶面分别是简单立方、体心立方和面心立方晶格中晶面间距最小的晶面。这三个晶格的衍射环半径排列顺序和对应的密勒指数见表 4.25.1，将衍射环半径的二次方比与表 4.25.1 对照，一般可确定密勒指数。衍射花样指数化后，对已知晶格常数的晶体，仪器常数为

$$l\lambda=R\frac{a}{\sqrt{h^2+k^2+l^2}} \tag{4.25.10}$$

若已知仪器常数，则可计算晶格常数。

作单晶衍射时，在衍射屏或感光胶片上只能看到点状分布的衍射花样，如图 4.25.3 所示；在作多晶体衍射时，射线到衍射屏或感光胶片上的投影呈环状衍射花样，如图 4.25.4 所示。

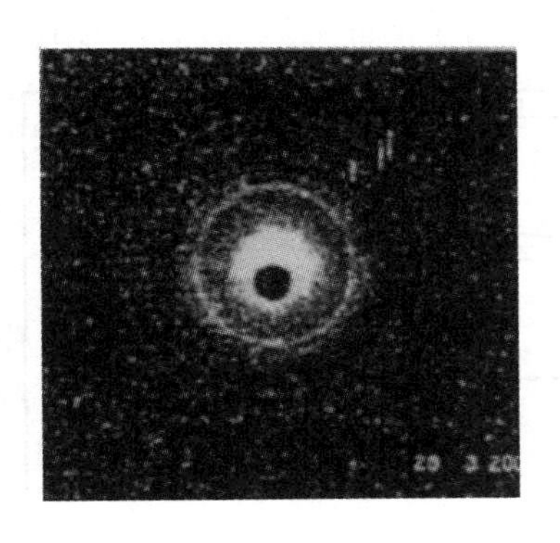

图 4.25.3　单晶衍射花样

图 4.25.4　多晶衍射花样

四、实验装置

如图 4.25.5 所示，电子衍射仪大体由三部分组成：高真空的电子光学系统、真空系统和记录衍射花样的照相装置等部分。另外，电子衍射仪还有一个小的镀膜装置。

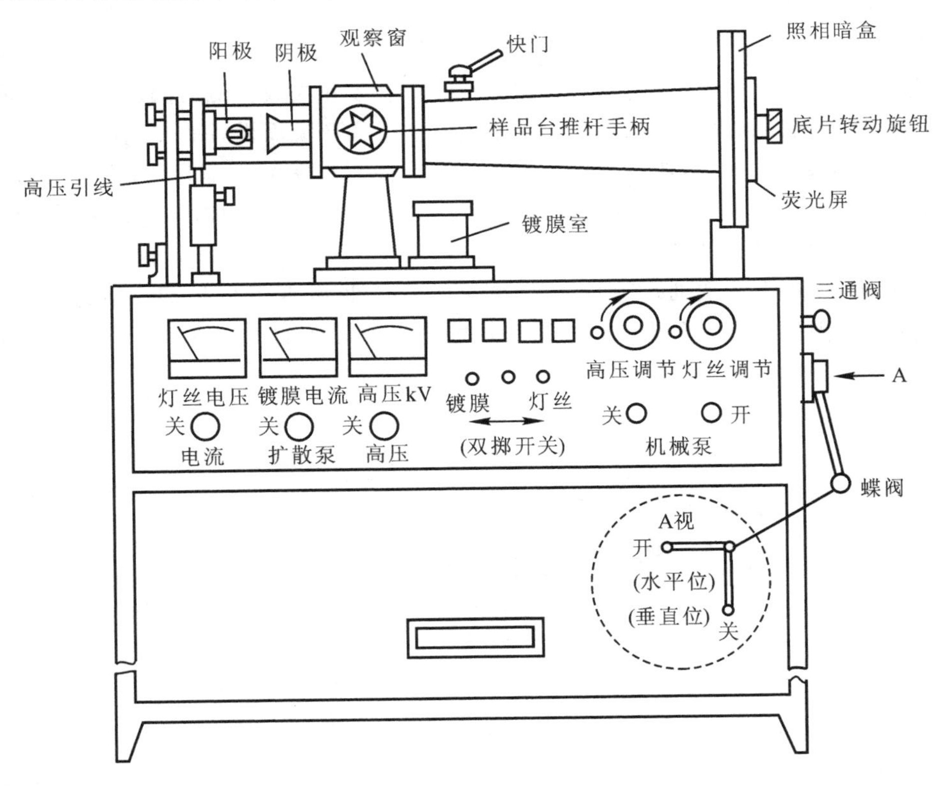

图　4.25.5

1. 电子光学系统

如图 4.25.6 所示为电子衍射仪的电子光学系统，它由电子枪阳极、光栏、样品架、荧光屏和底片盒组成，处在高真空室中。电子枪中的灯丝通电发热后逸出的电子，在阳极高压下射出，经过光栏后照射到样品上。灯丝罩和阳极组成一个简单的静电透镜，汇聚电子束。

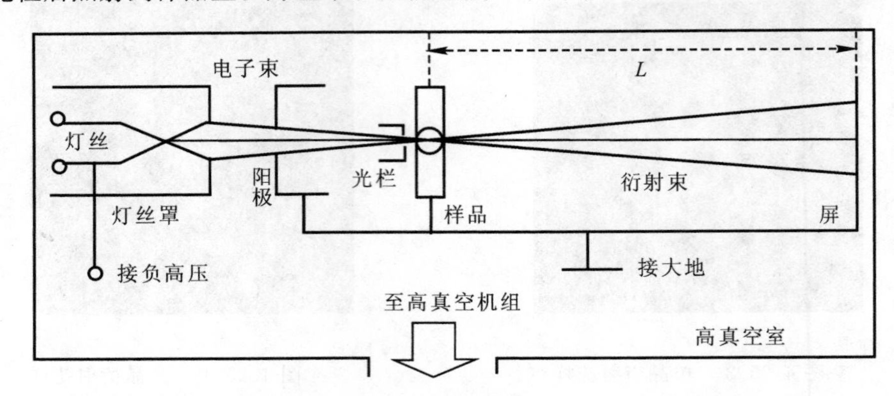

图 4.25.6　电子衍射光学系统

2. 真空系统

本实验衍射仪的真空系统由机械泵、油扩散泵、高真空蝶阀、低真空三通阀、磁力阀、充气阀、挡油器和储气桶等部分组成，如图 4.25.7 所示。通过机械真空泵预抽真空，为高真空机组提供一个低真空工作环境(约 4 Pa)，只有在低真空环境下才能让油扩散泵升温工作，否则油扩散泵的工作介质 —— 硅油 —— 升温后暴露在空气中会氧化失效。磁力阀、低真空三通阀、高真空蝶阀就是为了保证高真空机组基本上处于低真空工作环境而设置的。当高真空机组停止工作后，高真空蝶阀是关闭的，切断油扩散泵进气口与高真空室的通道，低真空三通阀处于推进位置，切断油扩散泵出气口与高真空室的通道，磁力阀自动关闭，切断。油扩散泵、储气桶以及油扩散泵与机械真空泵之间的管道均保持在一定真空下，避免这三部分暴露在空气中，减少其对空气的吸附，提高下一次抽真空的效率，也保护了硅油，延长其保护期。磁力阀还可以避免真空泵停机后，因机械真空泵出气口与进气口的压强差导致的机械真空泵油反入高真空环境中。

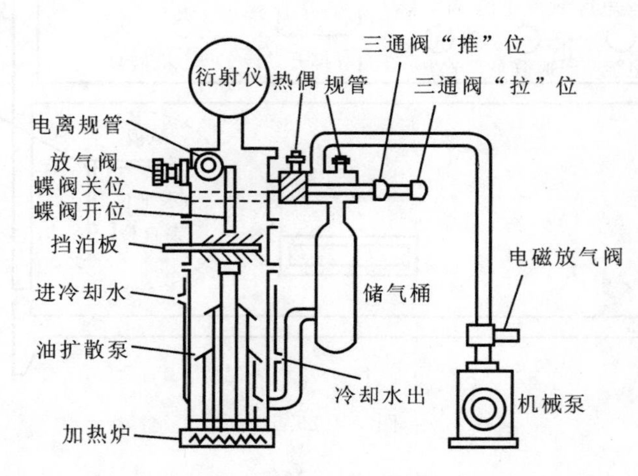

图 4.25.7　真空机组结构示意

3. 镀膜室部分

本衍射仪带有制备样品的真空镀膜装置。在样品架的小孔上先覆盖一薄层火棉胶基膜，然后放入镀膜室，再在基膜上蒸镀一薄层样品膜(多晶膜)，将镀好膜的样品架取出即可使用。样品架放在样品架支座上(可放三个样品架)，样品材料放在钼舟内。

4. 衍射花样的记录和分析

用数码照相记录衍射电子在荧光屏上显现的衍射花样。

五、实验内容及步骤

1. 预抽真空

(1) 检查高真空机组中的放气阀、蝶阀是否关闭，三通阀是否在推入位，检查电子衍射仪的面板和复合真空计的仪器面板上各开关是否关掉。

(2) 合上三相电源开关，打开复合真空计的电源开关，热偶规管开关至“测量 1”，打开电子衍射仪开关，按一下机械泵“开”按钮，启动机械泵。

(3) 等待机械泵对储气筒和扩散泵抽气 3 min 后，将三通阀手柄轻轻逆时针旋一下，并慢慢拉出，到拉出位后，再轻轻顺时针旋一下卡住手柄，机械泵对高真空室抽气。

(4) 等待复合真空计上低真空指示的气压小于 5 Pa 后，将三通阀手柄轻轻逆时针旋一下，并慢慢推入，到推入位后，再轻轻顺时针旋一下卡住手柄，接着顺时针旋蝶阀手柄到水平位置，打开蝶阀。此时，机械泵经由储气桶、扩散泵、蝶阀和高真空室，对整个真空系统抽气。

(5) 等待复合真空计上低真空指示的气压再次小于 5 Pa 后，慢慢打开扩散泵的冷却水龙头，待出水管有一股小指头般粗细的水流流出即可，接着打开扩散泵开关，加热扩散泵油，待复合真空计上低真空指示的气压小于 0.1 Pa 后，才能进行镀膜，这一过程大约需要 20 min。

2. 做样品的底膜

在预抽真空这段时间，制备样品的底膜。选三个样品架制备底膜，备镀膜之用。将一滴用乙酸正戊脂稀释的火棉胶溶液滴到蒸馏水的表面上。待乙酸正戊脂挥发后，在水面上悬浮一层火棉胶薄膜。用带小孔的样品架小心捞起薄膜，放入烘箱或用红外线灯小心地使其干燥后即可使用。

3. 蒸发镀膜

(1) 底膜烘干后，逆时针旋转蝶阀手柄到铅垂位置，关闭蝶阀，准备放气。放气前注意检查各个开关、阀门、旋钮是否正确放置。

(2) 慢慢打开放气阀，低真空表指示的气压逐渐升高，待放气完成后，打开蒸气室，取出挡板，剪 1 mm 宽，3 mm 长的银片，放入钼舟中间处，放好挡板，取一个样品架插入样品架夹具中，盖上蒸发室。

(3) 关闭放气阀，将三通阀手柄轻轻逆时针旋一下，并慢慢拉出，到拉出位后，再轻轻顺时针旋一下卡住手柄，机械泵对高真空室抽气。等待复合真空计上低真空指示的气压小于 5 Pa 后，将三通阀手柄轻轻逆时针旋一下，并慢慢推入，到推入位后，再轻轻顺时针旋一下卡住手柄，接着顺时针旋蝶阀手柄到水平位置，打开蝶阀，待复合真空计上低真空指示的气压小于 0.1 Pa 后，就可以进行镀膜。

(4) 将镀膜/灯丝切换开关至“镀膜”，打开镀膜开关，调节灯丝电压/镀膜调节旋钮，使镀膜电流指示到20 A(满量程为100 A)，钼舟将渐渐发红，注意钼舟中的银片，看到银片熔化后，增大几安加热电流，同时注意蒸发室罩盖，看到局部变为浅棕色，立即减小加热电流，关掉镀膜开关，镀膜/灯丝切换开关至中间位置。

(5) 镀膜完成后，逆时针旋转蝶阀手柄到铅垂位置，关闭蝶阀，准备放气。放气前注意检查各个开关、阀门、旋钮是否正确放置。

(6) 慢慢打开放气阀，低真空表指示的气压逐渐升高，待放气完成后，打开蒸发盖，取出样品架，盖上蒸发室。

4. 安装样品

(1) 安装或更换样品都要对高真空室放气，放气前注意检查各个开关、阀门、旋钮是否正确放置。

(2) 慢慢打开放气阀，低真空表指示的气压逐渐升高，待放气完成后，旋松样品台根部的花鼓轮，慢慢取下样品架，将旧样品架轻轻旋下，轻轻旋上新样品架，放置样品台上的真空橡胶圈，将样品台慢慢插入衍射室，慢慢旋紧样品台根部的花鼓轮。

(3) 关闭放气阀，将三通阀手柄轻轻逆时针旋一下，并慢慢拉出，到拉出位后，再轻轻顺时针旋一下卡住手柄，机械泵对高真空室抽气。

(4) 等待复合真空计上低真空指示的气压小于5 Pa后，将三通阀手柄轻轻逆时针旋一下，并慢慢推入，到推入位后，再轻轻顺时针旋一下卡住手柄，接着顺时针旋蝶阀手柄到水平位置，打开蝶阀。

(5) 待复合真空计上低真空指示的气压小于0.1 Pa后，打开复合真空计上的灯丝开关，观察高真空指示的变化，逐渐调小高真空指示的量程。

(6) 从观察窗观察样品架，同时旋转样品台头部的花鼓轮，改变样品架的方向，让样品架与电子束垂直，旋转样品台中间的套筒鼓轮，调节样品架的位置，使样品架后退，让电子束可以直接射到荧光屏上。注意：加了高压后，不能再从观察窗观察样品架，观察窗要用铅盖盖上。

5. 观察衍射花样

(1) 待气压小于5×10^{-3} Pa后，将镀膜/灯丝切换开关至“灯丝”，打开灯丝开关，调节灯丝电压/镀膜调节旋钮，使灯丝电压指示到120 V，点亮灯丝。

(2) 打开高压开关，调节高压调节旋钮，先使高压指示为15 kV，观察荧光屏上的光点，应当是一个明亮的、无重影的亮点，若有重影，则需要在教师的指导下，调整灯丝、灯丝罩、阳极、光栏共轴。

(3) 一只手握住样品台头部的花鼓轮不让其转动，另一只手旋转样品台中间的套筒鼓轮，调节样品架的位置，使样品架前伸，让电子束打到样品架上的小孔，在荧光屏上可看到光点。

(4) 将高压加到20 kV以上，若样品制备得好，则可以在荧光屏上看到衍射花样。微微调动样品台头部的花鼓轮和中间的套筒鼓轮，使衍射花样清晰；适当增加灯丝电压，可提高衍射花样的亮度；继续增加高压，可以看到衍射环向中心收缩，衍射环数增多。高压一般加到30 kV就行了，在教师指导下可以加到45 kV以上。

(5) 注意：高压加到30 kV以上后，电子枪内会出现辉光放电，引起高压回路中电流增加，烧毁高压电路中的保险丝。出现辉光放电时，应立即调低高压，所以高压加到 30 kV 以上后，应当手不离高压调节旋钮。

(6) 在衍射花样的清晰度、亮暗衬度都调得比较好后，暂时将高压降低到 10 kV。

6. 拍摄衍射花样

要将电子图像记录下来，可使用 SO 特硬正色软件或玻璃基底电子感光板。仪器配有照相底片夹。安装时，在红灯下用切刀将软片按尺寸裁好，将其插入底片夹。注意底片黄色为药面，黑色为背面。若真空系统已经工作，需要将底片放入系统，则采取如下步骤：

(1) 关高压、灯丝、热偶计、电离计和蝶阀。高压和灯丝电压调到最小，关掉高压开关和灯丝开关。

(2) 将照相装置上的圆形盖板打开，在红灯下，将底片夹按入照相圆盘内，再将盖板盖好。底片上好后，将照相机旋柄上的"0"位对准指针，以便开始调试时先用荧光屏观察。

(3) 关放气阀，将三通阀置"拉"位，当真空度达 0.1 Pa 以上，将三通阀置"推"位，开蝶阀。当真空度恢复到 5×10^{-5} Pa 以上，先用荧光屏观察，调出较好的衍射环。

(4) 关快门，将照相装置旋柄上的"1"旋至对准指针，将快门打开 2 ~ 6 s。

(5) 将旋柄回至"0"位，第一张照片即算照完。第二张亦按上法进行。照相完毕，可按前述方法，将底片取出，并将系统抽成真空。

六、数据记录及处理

(1) 观察电子衍射现象并拍照。

(2) 测出各衍射环的直径，标定各衍射环的晶面指数(参考表 4.25.1)。在已知样品银的晶格常数 $a_{Ag}=0.408\ 56$ nm，电子衍射仪的镜筒长度 l 后，用式(4.25.7)计算电子波的波长。

(3) 若已知样品到荧光屏的等效距离，用仪器常数 $l\lambda$，计算电子波的波长 λ，并与式(4.25.2)计算出的电子的德布罗意波长 λ_D 相比较，验证德布罗意关系。

七、注意事项

(1) 仪器必须接好地线，开扩散泵前要先通冷却水。

(2) 所有接触真空的部件必须严格清洗。要保持密封圈和密封部位的清洁，勿用手触摸。

(3) 蝶阀是保护扩散泵油的主要部件。不管扩散泵是否在工作，在通大气或真空度下降时(如漏气等)，蝶阀都应处于"断"位。"灯丝调节"和"高压调节"旋钮必须经常处于零位。否则，灯丝开关或高压开关一接通，就有较大的电流或电压，极不安全。

(4) 高压开关必须经常保持在"关"位，"高压调节"在零位。启动高压以后，操作者手不离高压开关，当电子枪出现辉光放电时应做到迅速关闭开关，或将高压变压器拧到零位。一般应尽量缩短加高压的时间。

(5) 直流高压部分置有一滤波电容。关高压电源以后需要接触高压部分时，应进行放电或稍等数分钟。

(6) 停止实验、镀膜完毕或照相完毕对系统进行放气时，应注意先关闭高压、灯丝和电离计。

(7) 整个系统必须经常保持真空，实验中应尽量缩短放入大气的时间。长期放置不用时，应过一段时间开机械泵抽空一次。

八、相关知识

1. 电子波波长的相对论修正

当加速电压较高时，电子速度很大，必须用相对论的计算方法，即电子的质量 m 为

$$m=\frac{m_0}{\sqrt{1-(v/c)^2}} \tag{4.25.11}$$

式中，m_0 为电子的静止质量；v 为电子的速度；c 为真空中的光速。电子的动能应由下式确定

$$\text{电子的动能}=mc^2-m_0c^2 \tag{4.25.12}$$

因此，正文中的式(4.25.3) 应改为

$$eU=mc^2-m_0c^2 \tag{4.25.13}$$

德布罗意公式中的动量 p 为 mv，即

$$\lambda=h/mv \tag{4.25.14}$$

仍成立。现由式(4.25.11) 和式(4.25.13) 解出 mv，并用已知量 m_0,e,U 表示之。

将式(4.25.11) 代入式(4.25.13)，有

$$eU=m_0c^2\left[\frac{1}{\sqrt{1-(v/c)^2}}-1\right]$$

由此式解出 v，即

$$1-\left(\frac{v}{c}\right)^2=\frac{1}{\left(\frac{eU}{m_0c^2}+1\right)^2} \tag{4.25.15}$$

$$v=\frac{e(e^2U^2+2m_0c^2eU)^{1/2}}{eU+m_0c^2} \tag{4.25.16}$$

电子的动量为

$$mv=\frac{m_0}{\sqrt{1-(v/c)^2}}\frac{c(e^2U^2+2m_0c^2eU)^{1/2}}{eU+m_0c^2} \tag{4.25.17}$$

利用式(4.25.15) 可将式(4.25.17) 写为

$$mv=\frac{(e^2U^2+2m_0c^2eU)^{1/2}}{c}=(2m_0eU)^{1/2}\left(1+\frac{eU}{2m_0c^2}\right)^{1/2}$$

将此式代入式(4.25.14) 得

$$\lambda=\frac{h}{mv}=\frac{h}{\sqrt{2m_0eU}}\left(1+\frac{eU}{2m_0c^2}\right)^{-1/2}$$

将 $\left(1+\frac{eU}{2m_0c^2}\right)^{-1/2}$ 展开并略去高阶小量，有

$$\left(1+\frac{eU}{2m_0c^2}\right)^{-1/2}\approx 1-\frac{eU}{4m_0c^2}$$

代入上式得

$$\lambda=\frac{h}{\sqrt{2m_0eU}}\left(1-\frac{eU}{4m_0c^2}\right) \tag{4.25.18}$$

为使用式(4.25.18)方便,将各已知量代入式(4.25.18),并以 nm 为 λ 的单位,以 V 为电压 U 的单位,即得

$$\lambda=\frac{12.25}{\sqrt{U}}(1-4.89\times10^{-7}U)$$

2. 简单格子立方晶系衍射环的密勒指数(见表 4.25.1)

表 4.25.1 简单格子立方晶系衍射环的密勒指数

序号	简单立方			体心立方			面心立方		
	hkl	m	m_n/m_1	hkl	m	m_n/m_1	hkl	m	m_n/m_1
1	100	1	1	110	2	1	111	3	1
2	110	2	2	200	4	2	200	4	1.33
3	111	3	3	211	6	3	220	8	2.66
4	200	4	4	220	8	4	311	11	3.67
5	210	5	5	310	10	5	222	12	4
6	211	6	6	222	12	6	400	16	5.33
7	220	8	8	321	14	7	331	19	6.33
8	300,221	9	9	400	16	8	420	20	6.67
9	310	10	10	411,300	18	9	422	24	8
10	311	11	11	420	20	10	333,511	27	9

第五章　开放设计性实验

实验二十六　旋转液体综合实验

在力学创建之初，牛顿的水桶实验就发现，当水桶中的水旋转时，水会沿着桶壁上升，旋转的液体表面形状为一个抛物面，可利用这点测量重力加速度。旋转液体的抛物面也是一个很好的光学元件。美国的物理学家乌德创造了液体镜面，他在一个大容器里旋转水银，得到一个理想的抛物面，由于水银能很好地反射光线，因此能起反射镜的作用。

一、实验任务和要求

(1) 利用抛物面的参数与重力加速度关系，测量重力加速度。

(2) 利用液面凹面镜成像与转速的关系研究凹面镜焦距的变化情况。

(3) 通过旋转液体研究牛顿流体力学，分析流层之间的运动。

二、实验原理

1. 旋转液体抛物面公式推导

选取随圆柱形容器旋转的参考系，这是一个转动的非惯性参考系，液体相对于参考系静止，任选一小块液体 P，其受力如图 5.26.1 所示。F_i 为沿径向向外的惯性离心力，mg 为重力，N 为这一小块液体周围液体对它的作用力的合力，由对称性可知，N 必然垂直于液体表面。在 xOy 坐标系下对 $P(x,y)$ 有

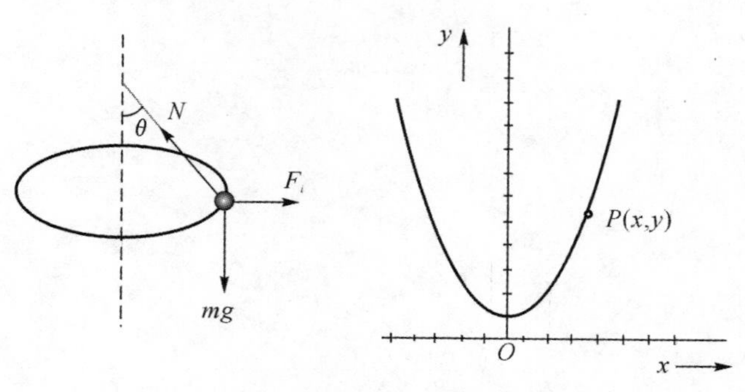

图 5.26.1　实验原理图

$$N\cos\theta - mg = 0,\quad N\sin\theta - F_i = 0,\quad F_i = m\omega^2 x,\quad \tan\theta = \frac{\omega^2 x}{g}$$

$$y = \frac{\omega^2}{2g}x^2 + y_0 \tag{5.26.1}$$

式中，ω 为旋转角速度；y_0 为 $x=0$ 处的 y 值。由此可见液面为旋转抛物面。

2. 用旋转液体测量重力加速度 g

在实验系统中，一个盛有液体半径为 R 的圆柱形容器绕该圆柱体的对称轴以角速度 ω 匀速稳定转动时，液体的表面形成抛物面，如图 5.26.2 所示。

设液体未旋转时液面高度为 h，液体的体积为

$$V = \pi R^2 h \tag{5.26.2}$$

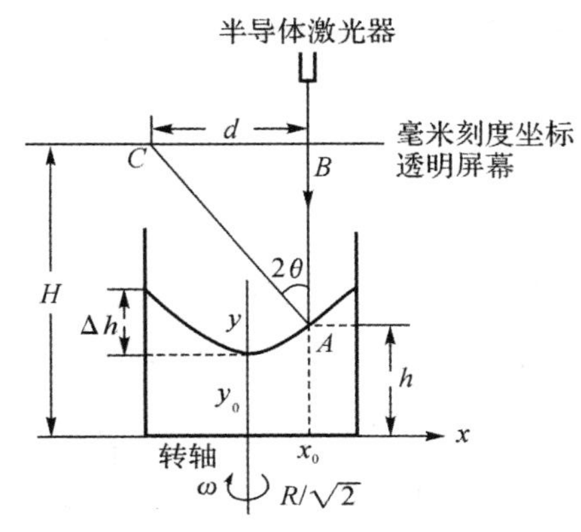

图 5.26.2　测量 g 的示意图

因液体旋转前后体积保持不变，旋转时液体体积可表示为

$$V = \int_0^R y(2\pi x)\mathrm{d}x = 2\pi\int\left(\frac{\omega^2 x^2}{2g} + y_0\right)x\mathrm{d}x \tag{5.26.3}$$

由式(5.26.2)、式(5.26.3)得

$$y_0 = h - \frac{\omega^2 R^2}{4g} \tag{5.26.4}$$

联立式(5.26.1)、式(5.26.4)，当 $x = x_0 = R/\sqrt{2}$ 时，$y(x_0) = h$，即液面在 x_0 处的高度是恒定值。

如图 5.26.2 所示，设旋转液面最高与最低处的高度差为 Δh，点 $(R, y_0 + \Delta h)$ 在式(5.26.1) 的抛物线上，有 $y_0 + \Delta h = \frac{\omega^2 R^2}{2g} + y_0$，得 $g = \frac{\omega^2 R^2}{2\Delta h}$，又 $\omega = \frac{2\pi n}{60}$，则

$$g = \frac{\pi^2 D^2 n^2}{7\,200 \times \Delta h} \tag{5.26.5}$$

式中，D 为圆筒直径；n 为旋转速度。

3. 斜率法测重力加速度

如图 5.26.2 所示，激光束平行转轴入射，经过 BC 透明屏幕，打在 $x_0 = R/\sqrt{2}$ 的液面 A 点上，反射光点为 C，A 处切线与 x 方向的夹角为 θ，则 $\angle BAC = 2\theta$，测出透明屏幕至圆桶底部的距离 H、液面静止时高度 h，以及两光点 BC 间距离 d，则 $\tan 2\theta = \frac{d}{H-h}$，求出 θ 值。因为 $\tan\theta =$

$\frac{dy}{dx}=\frac{\omega^2 x}{g}$，在 $x_0=R/\sqrt{2}$ 处有 $\tan\theta=\frac{\omega^2 R}{\sqrt{2}\times g}$，因为 $\omega=\frac{2\pi n}{60}$，则

$$\tan\theta=\left(\frac{2\pi n}{60}\right)^2\times\frac{R}{\sqrt{2}\times g}=\frac{4\pi^2 Rn^2}{3\ 600\sqrt{2}\times g}=\frac{2\pi^2 Dn^2}{3\ 600\sqrt{2}\times g}$$

$$g=\frac{2\pi^2 Dn^2}{3\ 600\sqrt{2}\times\tan\theta}\tag{5.26.6}$$

作 $\tan\theta\sim n^2$ 图，则斜率 $k=\frac{2\pi^2 D}{3\ 600\sqrt{2}\times g}$，求出 $g=\frac{2\pi^2 D}{3\ 600\sqrt{2}\times k}$。

4. 验证抛物面焦距与转速的关系

旋转液体表面形成的抛物面可看作一个凹面镜，符合光学成像系统的规律，若光线平行于曲面对称轴入射，反射光将全部会聚于抛物面的焦点。根据抛物线方程特征可得抛物面的焦距 $f=\frac{g}{2\omega^2}$。

三、实验仪器

旋转液体综合实验仪，仪器结构如图 5.26.3 所示。

图 5.26.3　旋转液体综合实验仪

1—激光；2—毫米刻度水平屏幕；3—水平标线；4—水平仪；5—激光器电源插孔；6—调速开关；7—速度显示窗；8—圆柱形实验容器；9—水平量角器；10—毫米刻度垂直屏幕；11—张丝悬挂圆柱体；12—实验容器内径 $R/\sqrt{2}$ 刻线(见底盘色点)

仪器相关参数为金属张丝的切变模量 $G=81$ GPa；张丝半径 $R=0.121\ 25$ mm；圆柱高度 $L=3.0$ cm；圆柱半径 $R_1=1.5$ cm；外圆桶半径 $R_2=4.9$ cm。

四、实验内容

1. 测量重力加速度 g

(1) 用旋转液体液面最高与最低处的高度差测量重力加速度 g。

(2) 斜率法测重力加速度。

将透明屏幕置于圆桶上方，用自准直法调整激光束平行转轴入射，在不同圆桶转速下，测量相关量，由式(5.26.6)计算 g。

3. 验证抛物面焦距与转速的关系

将毫米刻度垂直屏幕过转轴放入实验容器中央，激光束平行转轴入射至液面，后聚焦在屏幕上，可改变入射位置观察聚焦情况。改变圆桶转速 n，记录焦点位置，得到 f，与理论值进行比较。

4. 研究旋转液体表面成像规律

给激光器装上有箭头状光阑的帽盖，使其光束略有发散且在屏幕上成箭头状像。光束平行转轴在偏离转轴一定距离处射向旋转液体，经液面反射后，在水平屏幕上也留下了箭头。固定转速，上下移动屏幕的位置，观察成像箭头的方向及大小变化。实验发现，屏幕在较低处时，入射光和反射光留下的箭头方向相同，随着屏幕逐渐上移，反射光留下的箭头越来越小直至成一光点，随后箭头反向且逐渐变大。也可以固定屏幕，改变转速 n，将会观察到类似的现象。

实验二十七　简谐振动特性研究与弹簧劲度系数测量

一、实验任务和要求

(1) 测量弹簧的劲度系数，加深对弹簧的劲度系数与它的线径、外径关系的了解。

(2) 了解并掌握集成霍尔开关传感器的基本工作原理和应用。

二、实验原理

(1) 弹簧在外力作用下将产生形变，根据胡克定律，在弹性限度内外力 F 和它的形变量 Δy 成正比，即

$$F = k\Delta y \tag{5.27.1}$$

式中，k 为弹簧的劲度系数，它取决于弹簧的形状、材料的性质。

(2) 将质量为 m 的物体垂直悬挂于固定支架上的弹簧下端，构成一个弹簧振子，若物体在外力作用下离开平衡位置少许，然后释放，则物体就在平衡点附近做简谐振动，其周期为

$$T = 2\pi\sqrt{\frac{m + Pm_0}{k}} \tag{5.27.2}$$

式中，P 是待定系数，它的值近似为 1/3，可由实验测得；m_0 是弹簧本身的质量，而 Pm_0 被称为弹簧的有效质量。通过测量弹簧振子的振动周期 T，就可由式(5.27.2)算出弹簧的劲度系数 k。

三、实验仪器

焦利氏秤实验仪，数显计时计数毫秒仪。仪器结构如图 5.27.1 所示。

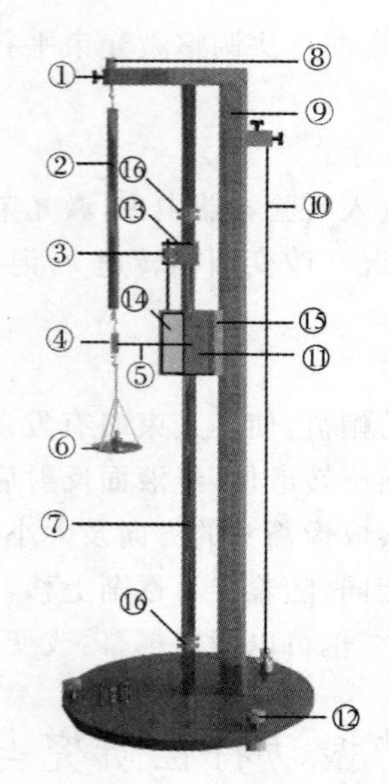

图 5.27.1　FB737 型焦利氏秤实验仪示意图

1－弹簧挂钩锁定螺钉；　2－弹簧；　3－游标位置细调滚花螺母；　4－带配重指针吊钩；　5－指针(用于三线对齐)；
6－砝码托盘与砝码；　7－游标粗调移动滑杆；　8－弹簧挂钩；　9－仪器立杆与毫米刻度尺；　10－铅锤线(带调节螺钉)；
11－带游标(刻线)滑块；　12－仪器底盘水平调节螺钉；　13－游标粗调定位螺钉(在背面)；
14－中间带基准线平面镜(用于三线对齐)；　15－0.02 mm 游标；　16－游标滑块上下限位皮圈

实验所用集成霍尔传感器是一种磁敏开关,结构如图 5.27.2 所示。在"1 脚"和"2 脚"间加 5 V 直流电压,"1 脚"接电源正极、"2 脚"接电源负极。当垂直于该传感器的磁感应强度大于某值 B_m 时,该传感器处于"导通"状态,这时处于"3 脚"和"2 脚"之间输出电压极小,近似为零,当磁感强度小于某值 B_n($B_n < B_m$)时,输出电压等于"1 脚""2 脚"端所加的电源电压,利用集成霍尔开关这个特性,可以将传感器输出信号输入周期测定仪,测量物体转动的周期或物体移动所经时间。

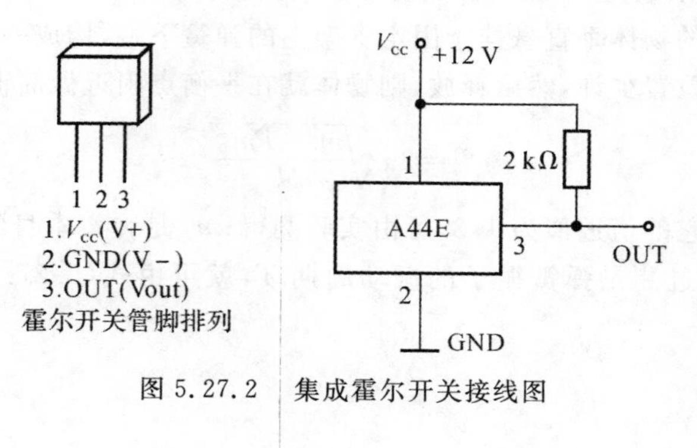

图 5.27.2　集成霍尔开关接线图

四、实验内容

1. 用拉伸法测定弹簧劲度系数 k

(1) 调节底板的三个水平调节螺丝,首先使重锤尖端对准重锤基准点。

(2) 在主尺顶部安装弹簧,再依次挂入带配重的指针吊钩、砝码托盘,松开顶端挂钩锁紧

螺钉，旋转顶端弹簧挂钩，使小指针正好轻轻靠在平面镜上。

(3) 调整小游标的高度，使小游标平面镜的基准刻线大致对准指针，锁紧固定小游标的锁紧螺钉，然后调整视差，先让指针与镜子中的虚像重合，再细心调节小游标上的调节螺母，使得小游标平面镜上的基准刻线、指针以及指针在镜子中的虚像三线重合。通过主尺和游标尺读出读数。

(4) 根据胡克定律，依次对1号弹簧、2号弹簧进行测量。

2. 测量弹簧简谐振动周期，计算出弹簧的劲度系数

(1) 在弹簧下端挂入10 g铁砝码，铁砝码下吸有磁钢片。

(2) 把霍尔传感器附件板夹入固定架中，固定架的另一端由一个锁紧螺丝把传感器附件板固定在游标尺的侧面。

(3) 把霍尔传感器四芯插头插到数显计时计数毫秒仪后面板的对应插座上，并打开电源开关。

(4) 调整霍尔传感器固定板的方位与横臂的方位，使小磁钢与霍尔传感器正面对准，并调整小游标的高度，以便小磁钢在振动过程中触发霍尔传感器。

(5) 向下拖动砝码使其拉伸一定距离，使小磁钢面贴近霍尔传感器的正面，这时可看到霍尔传感器固定板中的白色发光二极管是亮的，然后松开手，让砝码来回振动，此时发光二极管在闪烁，开始记录数据。用作图法求 k 值。

五、实验注意事项

(1) 实验时弹簧需有一定伸长，即弹簧须每圈间要拉开些，克服静摩擦力，否则会带来较大的误差。因此，用拉伸法测量时，对线径为0.4 mm的弹簧，砝码托盘在初始时需放入10 g砝码，对线径为0.6 mm的弹簧需在砝码托盘中事先放入50 g砝码；而用振动法测量时，对线径为0.4 mm的弹簧，应挂入10 g砝码，对线径为0.6 mm的弹簧，应挂入50 g左右的砝码。

(2) 磁钢极性需正确摆放，否则不能使霍尔开关传感器导通，若发现不能触发计时仪，只需将磁钢极性反转一下即可。

实验二十八　热学综合设计性实验

温度传感器指能感受温度并转换成可用输出信号的传感器，其是利用一些金属、半导体等材料与温度相关的特性制成的测温元件。

一、实验任务和要求

(1) 了解温度传感器的工作原理。

(2) 测量几种常用温度传感器的特征物理量随温度的变化规律。

二、实验原理

1. Pt100铂电阻温度传感器（铜电阻Cu50相类似）

Pt100铂电阻是一种利用铂金属导体电阻随温度变化的特性制成的温度传感器。铂的物理性质、化学性质都非常稳定，铂电阻大多用于工业检测中的精密测温或作为温度标准。按

IEC 标准，铂电阻的测温范围为 $-200 \sim 650$℃。每百度电阻比 $W(100)=1.3850$，当 $R_0=100\ \Omega$ 时，称为 Pt100 铂电阻；当 $R_0=10\ \Omega$ 时，称为 Pt10 铂电阻。其允许的不确定度 A 级为 $\pm(0.15+0.002|T|)$。B 级为 $\pm(0.3+0.05|T|)$。铂电阻的阻值与温度之间的关系为，当温度 T 为 $-200 \sim 0$℃ 之间时，其关系式为

$$R_T=R_0[1+AT+BT^2+C(T-100)T^3] \tag{5.28.1}$$

当温度 T 在 $0 \sim 650$℃ 之间时关系式为

$$R_T=R_0(1+AT+BT^2) \tag{5.28.2}$$

式(5.28.1)、式(5.28.2)中 R_T，R_0 分别为铂电阻在温度 T 和零度时的电阻值，A，B，C 为温度系数，对于常用的工业铂电阻 $A=3.90802\times10^{-3}$，$B=-5.80195\times10^{-7}$，$C=-4.27350\times10^{-12}$，在 $0 \sim 100$℃ 范围内 R_T 的表达式可近似线性为

$$R_T=R_0(1+A_1T) \tag{5.28.3}$$

式(5.28.3)中温度系数 A_1 近似为 3.85×10^{-3}，Pt100 铂电阻的阻值在 0℃ 时，$R_T=100\ \Omega$；在 100℃ 时 $R_T=138.5\ \Omega$。

2. 热敏电阻(NTC，PTC)温度传感器

热敏电阻是利用半导体电阻阻值随温度变化的特性来测量温度的，按电阻值随温度升高而减小或增大，分为 NTC 型(负温度系数)、PTC 型(正温度系数)和 CTC(临界温度)。热敏电阻电阻率大，温度系数大；缺点是非线性大，置换性差，稳定性差，通常只适用于一般要求不高的温度测量。以上三种热敏电阻特性曲线见图 5.28.1。

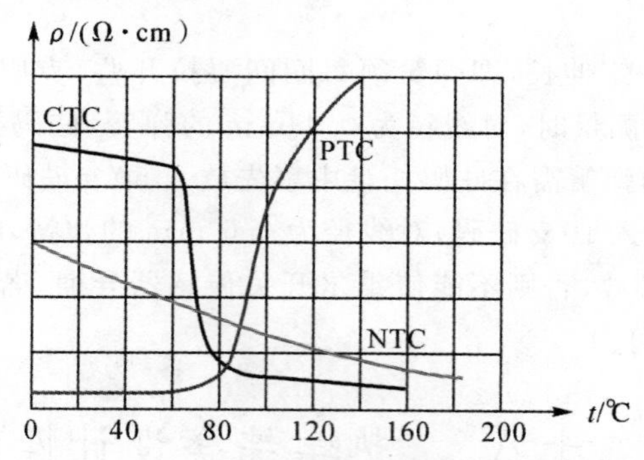

图 5.28.1　三种热敏电阻的温度特性曲线

在一定的温度范围内(小于 450℃)热敏电阻的电阻 R_T 与温度 T 之间有如下关系：

$$R_T=R_0\mathrm{e}^{B\left(\frac{1}{T}-\frac{1}{T_0}\right)} \tag{5.28.4}$$

式中，R_T，R_0 是温度 T 和零度时的电阻值；B 是热敏电阻材料常数，一般情况下 B 为 $2000 \sim 6000$ K(K 为热力学温度单位)。

对一定的热敏电阻而言，B 为常数，对式(5.28.4)两边取对数，则有

$$\ln R_T=B\left(\frac{1}{T}-\frac{1}{T_0}\right)+\ln R_0 \tag{5.28.5}$$

由式(5.28.5)可见，$\ln R_T$ 与 $1/T$ 成线性关系，作 $\ln R_T$-$(1/T)$ 曲线，用直线拟合，由斜率可求出常数 B。

3. 电压型集成温度传感器(LM35)

LM35 温度传感器输出为电压信号，其线性极好，准确度一般为 ±0.5℃，配备数字式电压

表就可以构成一个精密数字测温系统。内部的激光校准保证了极高的准确度及一致性，且无须校准。LM35 温度传感器输出电压的温度系数 $K_V = 10.0\ \text{mV}/℃$，被测温度 T 为

$$T(℃) = U_o / 10\ \text{mV} \tag{5.28.6}$$

LM35 温度传感器的电路符号见图 5.28.2，U_o 为输出端。实验测量时只要直接测量其输出端电压 U_o，即可得到待测量的温度。

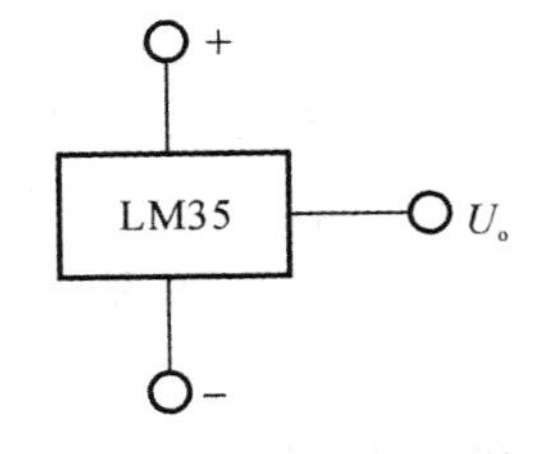

图 5.28.2 LM35 电路符号

4. 电流型集成电路温度传感器(AD590)

AD590 是一种电流型集成电路温度传感器。其输出电流大小与温度成正比。它的线性度极好，AD590 温度传感器的温度适用范围为 $-55 \sim 150℃$，灵敏度为 1 μA/K。它具有高准确度、动态电阻大、响应速度快、线性好、使用方便等特点。AD590 是一个二端器件，电路符号如图 5.28.3 所示。

AD590 等效于一个高阻抗的恒流源，其输出阻抗 > 10 MΩ，能大大减小因电源电压变动而产生的测温误差。

AD590 的工作电压为 $+4 \sim +30$ V，对应于热力学温度 T，每变化 1 K，输出电流变化 1 μA。其输出电流 I_o(μA) 与热力学温度 T(K) 严格成正比。其电流灵敏度表达式为

$$\frac{I}{T} = \frac{3k}{eR} \ln 8 \tag{5.28.7}$$

式中，k，e 分别为玻尔兹曼常数和电子电量；R 是内部集成化电阻。将 $k/e = 0.086\ 2\ \text{mV/K}$，$R = 538\ \Omega$ 代入式(5.28.7) 中可得

$$\frac{I}{T} = 1.000\ \mu\text{A/K} \tag{5.28.8}$$

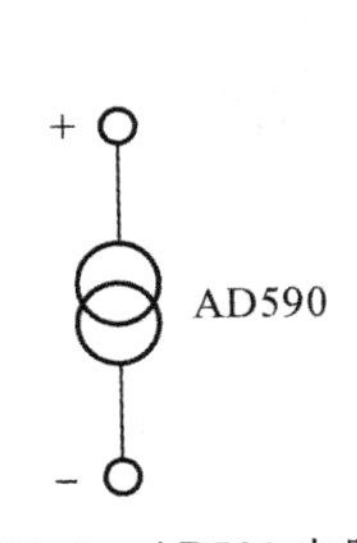

图 5.28.3 AD590 电路符号

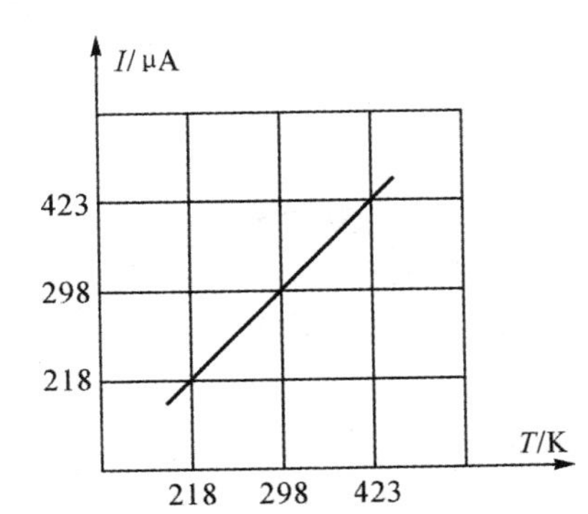

图 5.28.4 AD590 电流温度特性曲线

在 $T = 0℃$ 时其输出为 273.15 μA，AD590 的电流-温度($I-T$) 特性曲线如图 5.28.4 所示，其输出电流表达式为

$$I = AT + B \tag{5.28.9}$$

式中，A 为灵敏度；B 为 0 K 时输出电流。

在最简单的应用中，用一个电源、一个电阻、一个数字式电压表即可用于温度的测量。由于 AD590 以热力学温度 K 定标，在摄氏温标应用中，应该进行温标的转换。

5. PN 结温度传感器

PN 结温度传感器是利用半导体 PN 结的结电压对温度依赖性，实现对温度检测的，实验

证明在一定的电流通过情况下，PN 结的正向电压与温度之间有良好的线性关系。通常将硅三极管 b，c 极短路，用 b，e 极之间的 PN 结作为温度传感器测量温度。硅三极管基极和发射极间正向导通电压 U_{be} 一般约为 600 mV(25℃)，且与温度成反比。线性良好，温度系数约为 -2.3 mV/℃，测温精度较高，测温范围可达 $-50\sim150$℃。缺点是一致性差，因此互换性差。

通常 PN 结组成二极管的电流 I 和电压 U 满足

$$I=I_s(e^{\frac{eU}{kT}}-1) \tag{5.28.10}$$

在常温条件下，且 $e^{\frac{qU}{kT}}\gg1$ 时，式(5.28.10) 可近似为

$$I=I_s e^{\frac{eU}{kT}} \tag{5.28.11}$$

式(5.28.10)、式(5.28.11) 中，指数 $e=1.602\times10^{-19}$ C 为电子电量；$k=1.381\times10^{-23}$ J/K 为玻尔兹曼常数；T 为热力学温度；I_s 为反向饱和电流。

在正向电流保持恒定条件下，PN 结的正向电压 U 和温度 T 近似满足下列线性关系：

$$U=KT=U_{g0} \tag{5.28.12}$$

式中，U_{g0} 为半导体材料参数；K 为 PN 结的结电压温度系数。

6. 热电偶温度传感器

热电偶亦称温差电偶，是由 A，B 两种不同材料的金属丝的端点彼此紧密接触而组成的。当两个接点处于不同温度时(见图 5.28.5)，在回路中就有直流电动势产生，该电动势称温差电动势或热电动势。当组成热电偶的材料一定时，温差电动势 E_x 仅与两接点处的温度有关，并且两接点的温差在一定的温度范围内有如下近似关系式：

$$E_x\approx\alpha(T-T_0) \tag{5.28.13}$$

式中，α 称为温差电系数，对于不同金属组成的热电偶，α 是不同的，其数值上等于两接点温度差为 1℃ 时所产生的电动势。

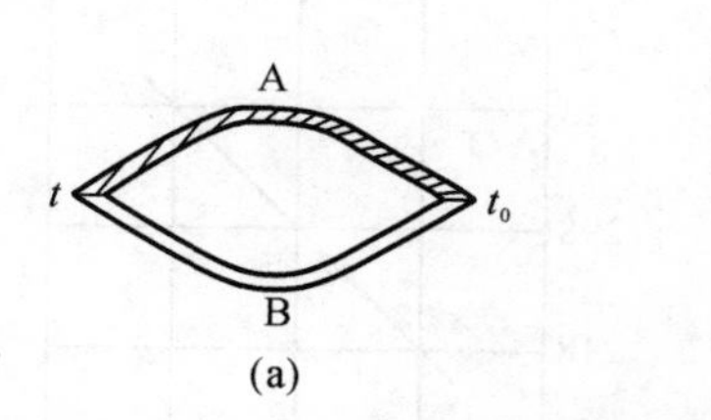

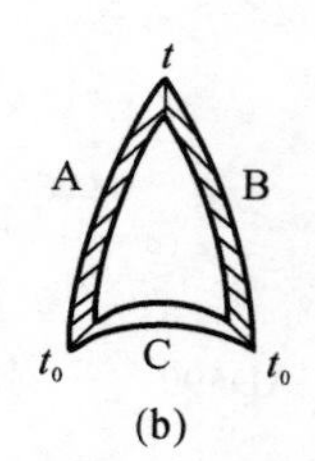

图 5.28.5 由两种不同金属材料构成的热电偶温度传感器的示意图
(a) 热电偶的结构；(b) 消除同种材料热电势的热电偶

三、实验仪器

(1) HJK100 温度控制仪。

1) 输入工作电源：AC(220 ± 10%) V，50 Hz；

2) 输出加热井、致冷井工作电压：≤ 24 V；

3) 加热井温控范围：室温 ～ 100℃，有强制风冷功能；

4) 致冷井温控范围：室温 ～ 0℃(室温不高于 30℃)；

5) 四位半数字电压表量程：其中 0 ～ 200.0 mV 挡，分辨率为 0.1 mV，最大可测 2 V；0 ～

2 000 mV 挡，分辨率为 1 mV，最大可测 20 V。

(2) 九孔实验板：300 mm×297 mm。

(3)8 种不同的温度传感器。

(4) 运算放大器等元器件。

三、实验内容

1. 用直流电桥法测量 Pt100(Cu50) 金属电阻的温度特性

按图 5.28.6 接线。当环境温度高于 0℃ 时，先把温度传感器放入致冷井中，利用半导体致冷把温度降到 0℃，并以此温度作为起点进行测量，每隔 10℃ 测量一次，直到需要待测温度高于环境温度时，就把温度传感器转移到加热干井中，然后开启加热器，控温系统每隔 10℃ 设置一次，待控温稳定 2 min 后，调节电阻箱 R_3 使输出电压为零，电桥平衡，则待测 Pt100(Cu50) 铂电阻(铜电阻) 的阻值 $R_t=R_3$。

将测量得到的数据按照作图法求出温度系数 A。

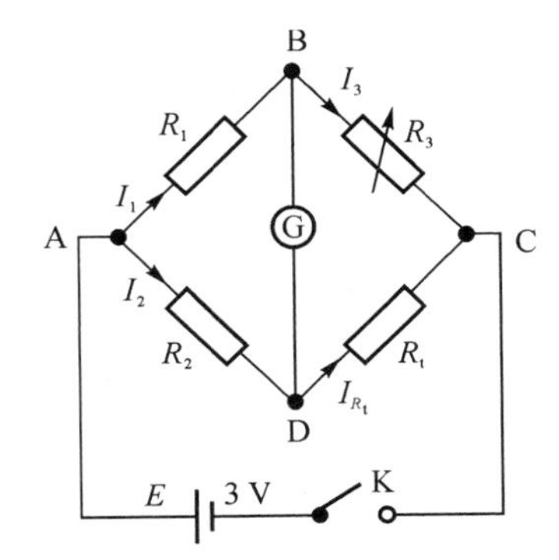

图 5.28.6 用单臂电桥测量 Pt100(Cu50) 金属电阻温度特性的实验线路图

$R_1=R_2$ — 固定电阻；R_3 — 电阻箱；R_t — 温度传感器元件；G — 温控仪数字电压表；E — 直流工作电源

2. 用恒电流法测量 NTC 和 PTC 热敏电阻的温度特性

如图 5.28.7 所示连接电路，先监测 R_1 上电流是否为 1 mA 即测量 U_{R_1}，($U_1=1.00$ V，$R_1=1.000$ kΩ)。当环境温度高于 0℃ 时，先把 PTC(或 NTC) 热敏电阻放入致冷井。控温稳定 2 min 后，测出热敏电阻的阻值。按照式(5.28.5)$\ln R_T$ 与 $1/T$ 成线性关系。根据实验数据做出 $\ln R_T$ -$(1/T)$ 曲线，由斜率可求出材料常数 B。

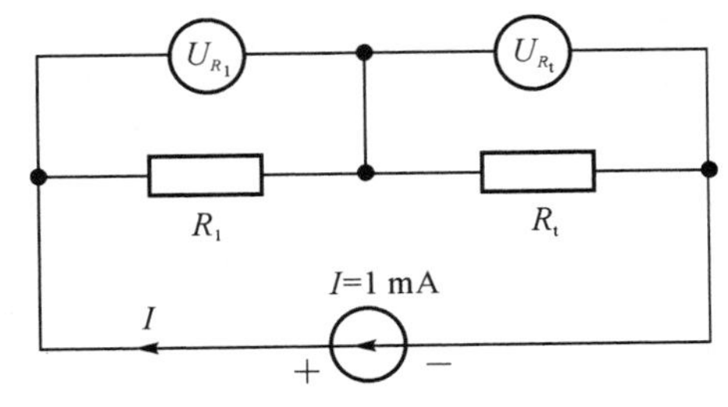

图 5.28.7 恒电流法测量热敏电阻 PTC，NTC 的电路图

R_t — 热敏电阻，放在致冷或加热井中；U_{R_1}，U_{R_t} — 数字电压表(电压轮流测量)

3. 电压型集成温度传感器(LM35)温度特性的测试

按图5.28.8所示连接电路,按照前述相同方法测试传感器(LM35)的输出电压。根据实验数据求出温度系数。

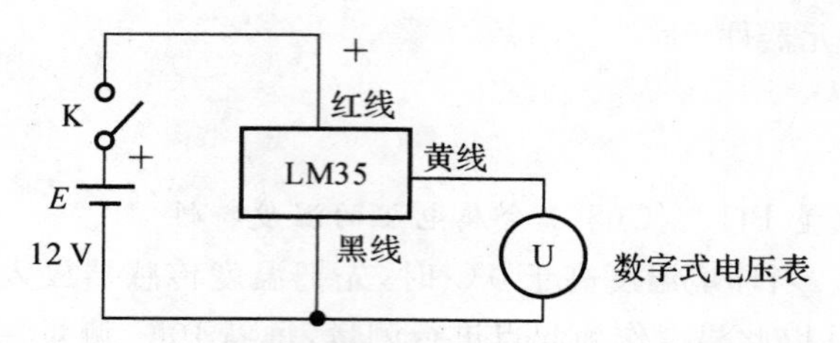

图5.28.8　测量电压型温度传感器LM35温度特性实验线路图

4. 电流型集成温度传感器(AD590)温度特性的测试

按图5.28.9所示连接电路,按照相同方法测出电流型集成温度传感器(AD590)的输出电流。根据实验测量得到数据求出温度系数。

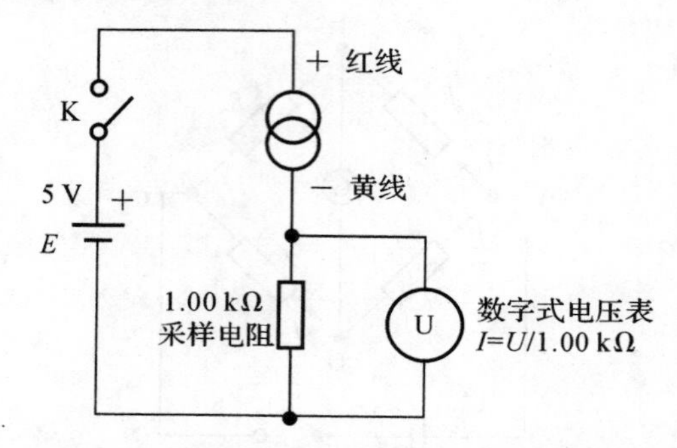

图5.28.9　*AD*590集成电路温度传感器温度特性测量实验线路图

5. PN结温度传感器温度特性的测试

按图5.28.10接线,每隔10℃控温系统设置一次,待控温稳定2 min后,进行PN结正向导通电压U_{be}的测量,根据实验测量得到数据求出温度系数。

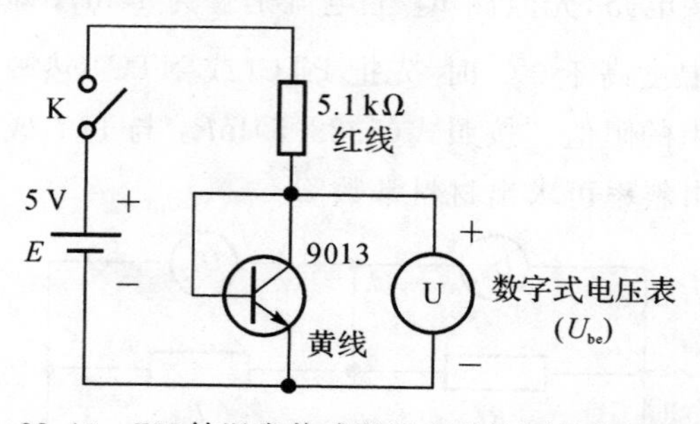

图5 28.10　PN结温度传感器温度特性测量实验线路图

6. 热电偶温度传感器温度特性的测试

测试步骤请同学自拟。

五、注意事项

(1) 温控仪温度稳定地达到设定值所需要的时间较长，一般需要 10 ～ 15 min，务必耐心等待。

(2) 在温控仪内控时，必须把 HJK100 温度控制仪的 K1 两个插孔用导线短接，温控仪才能正常工作。

(3) 由于外部控制与内部控制是串联的，所以外部控温设置不能超过内部设置值，否则到达内部设置值后，外部设置将不能继续执行。

实验二十九 电阻元件特性的研究

电阻元件是电学的基本元件，流过元件的电流随两端电压的增加而线性增加，两者的比值为常数时，这种元件称为线性电阻元件；若两者的比值不是一个常数，则该元件称为非线性电阻元件。对电阻元件特性和规律的研究，有利于对物理过程的理解和认识。

一、实验任务和要求

(1) 按照待测电阻元件的特性来设计测试电路。

(2) 测试线性和非线性电阻元件的伏安特性。

(3) 通过分析伏安特性曲线，比较不同电阻元件的特性。

二、实验原理

研究电阻元件最常用的是伏安法，用这种方法进行测量，必须按照待测元件的特性来设计控制电路和测试电路，还要考虑测试仪表的内阻、量程和灵敏度对测量结果的影响，必要时应加以修正。在伏安特性曲线上某点的坐标值，即电压和电流两者之比是一个电阻量，这个电阻称为等效电阻或静态电阻，实验接线如图 5.29.1，图 5.29.2 所示。

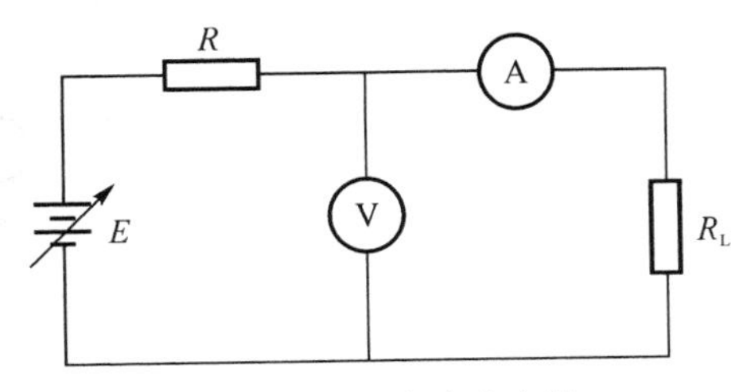

图 5.29.1 电流表内接

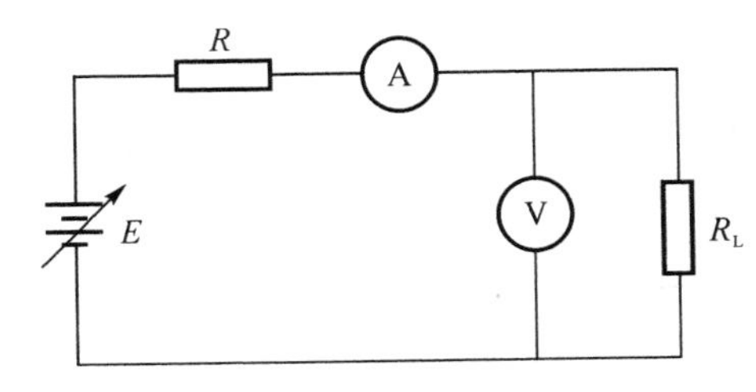

图 5.29.2 电流表外接

图中 E 为可调直流稳压电源，R 为限流电阻，R_L 为被测元件，Ⓥ为直流电压表，Ⓐ为直流电流表。图 5.29.1 为电流表内接，图 5.29.2 为电流表外接。由于同时测量电压和电流，无论哪种电路都会产生接入误差，现分析如下。

1. 电流表内接

由图 5.29.1 可知，电流表测出流经 R_L 的电流，但电压表测出的是加在 R_L 和电流表两者的电压之和，即由于电流表的接入产生电压的测量误差 U_A。

从相对接入误差 U_A/U_V 可知，若电流表内阻 $R_A \ll R_L$，则 $U_A \ll U_V$，相对接入误差很小；反之若电流表内阻较大，就会造成不小的接入误差，所以电流表的内阻越小越有利于测量。对应 200 μA,2 mA,20 mA,200 mA,各挡电流表内阻分别为 1 kΩ,100 Ω,10 Ω,1 Ω,可见在 200 mA 挡,电流表接入产生电压的测量误差 U_A 最小。

2. 电流表外接

由图 5.29.2 可知,电压表测出加在 R_L 两端的电压,但电流表测出的是流经 R_L 和电压表两者电流之和,即由于电压表的接入产生了电流的测量误差 I_V。

从相对接入误差 I_V/I 可知,电压表内阻 $R_V \gg R_L$,则 $I_V \ll I$,相对接入误差很小;反之,若电压表内阻很小,就会造成很大的接入误差,因此电压表内阻越大越有利于测量。对应2 V,20 V 两挡,电压表内阻均为 220 kΩ。

三、实验仪器

(1) 0 ～ 20 V 可调直流稳压电源。

(2) 量程可变标准数字电流表(200 μA,2 mA,20 mA,200 mA 四挡,三位半数字显示,精度为 0.5%);三位半数显直流电压表(可变量程 2 V,20 V,精度为 0.5%)。

(3) 被测电阻元件。

四、实验内容

1. 测试金属膜电阻的 $U-I$ 特性

分别按图 5.29.1 和图 5.29.2 连接成测试电路,进行测量。

2. 测试小灯泡的 $U-I$ 特性

为了便于测量,将图 5.29.1 和图 5.29.2 改为图 5.29.3 和图 5.29.4。图中限流电阻 R 和被测元件金属膜电阻 R_L 关联,是为了取得合适的数值范围。电压表量程置于 20 V 挡,电流表量程置于 200 mA 挡。实验时,卸掉小灯泡罩,实验完再把罩加上。

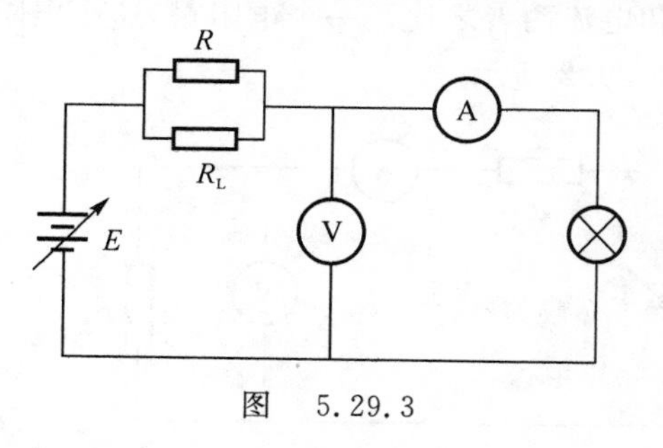

图 5.29.3

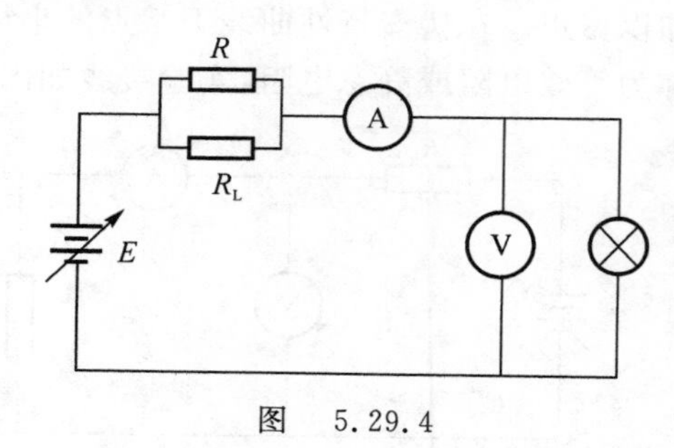

图 5.29.4

调节稳压电源输出,使电压表从 0.1 V,0.2 V,… 逐渐增大,注意观察小灯泡,记下开始点亮时的电压和电流。此后每增加 0.5 V 时记一组电压和电流数据。直到电压表读数为 12 V 不再增加。(注意:电压不得超过 12 V) 然后反向调节稳压电源,在灯泡快要熄灭时,仔细调节,记下灯泡将要熄灭时的电压值,对比点亮电压和熄灭电压是否一致。

3. 测试二极管的正向和反向 $U-I$ 特性

基于同样理由,将图 5.29.1 和图 5.29.2 改为图 5.29.5 和图 5.29.6,电压表量程置于 2 V,电流表量程 20 mA 逐渐增加稳压电源输出,每次使电压表读数增加 0.1 V,记下相应的电流表值。当电压表增加到 0.7 V 左右时,电流增加剧烈,停止测量。将稳压电源反向连接,测试反向 $U-I$ 特性,此时电流表量程为 2 mA,电压表量程 20 V,直到 －10 V 时,停止测量。

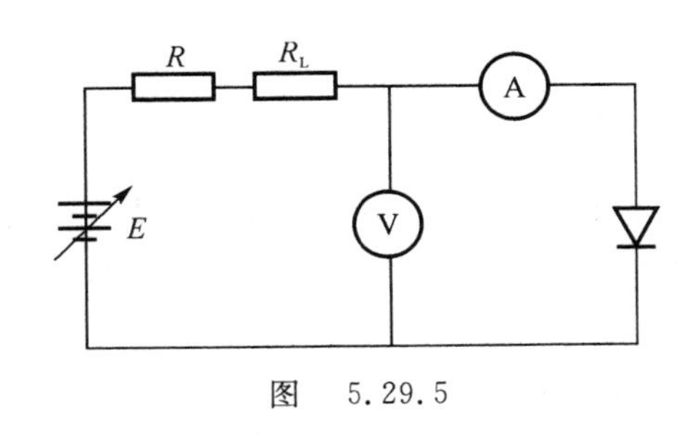

图　5.29.5

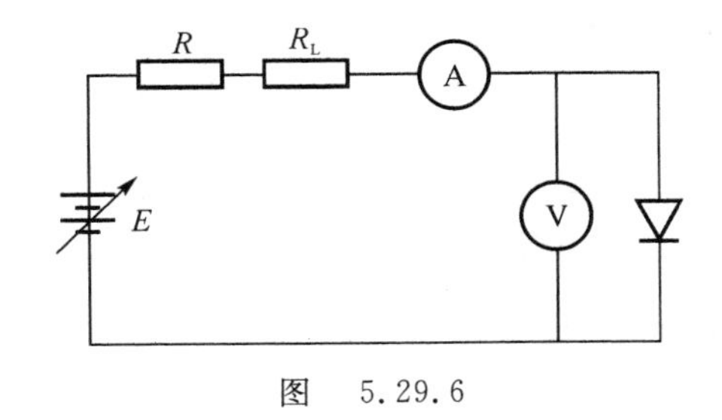

图　5.29.6

4. 测试稳压管的正向和反向 $U-I$ 特性

测试电路仍采用图 5.29.5 和图 5.29.6。测试方法同 3，测量正向 $U-I$ 特性，电压表量程置于 2 V，电流表量程置于 2 mA。测量反向 $U-I$ 特性时，电压表量程置于 20 V，电流表量程置于 20 mA，稳压电源反向连接，直到电流表超量程时停止测量。

把每个被测元件测得的电压、电流数据分别制成表格，并把该元件按内接和外接的方法，分别测得的数据在同一坐标纸上作图，分析两种数据产生的误差及其原因。通过分析不同电阻元件伏安特性曲线，比较电阻元件的特性。

五、注意事项

(1) 注意待测元件所加功率、电压、电流不允许超过工作范围。

(2) 实验时，注意连接好电路，把稳压电源输出旋钮调到最小后，再开启电源。实验完成后，先关掉电源，再拆掉连线。

实验三十　载流圆线圈磁场分布的测绘

电磁感应是电磁学领域的重大成就之一，利用感应法研究载流圆线圈的磁场是了解一般载流回路磁场的基础。

一、实验任务和要求

(1) 学习电磁感应法测量磁场的原理和方法。

(2) 研究单只载流圆线圈和亥姆霍兹线圈的磁场分布。

三、实验原理

当导线中通有变化电流时，其周围空间必然产生变化磁场，处在变化磁场中的闭合回路，由于通过它的磁通量发生变化，回路中将有感应电动势产生。因此可以通过测定探测线圈中的感应电动势来确定磁感应强度。

1. 均匀分布交变磁场的测定

如图 5.30.1 所示，匝数为 N，面积为 S 的探测线圈置于均匀分布的被测交变磁场 $\boldsymbol{B}=B_m\sin\omega t$ 中(式中 B_m 为磁感应强度的峰值，ω 为角频率)，探测线圈法线 $\boldsymbol{n}$ 与磁场 $\boldsymbol{B}$ 之间的夹角为 θ，穿过探测线圈的磁通量为

$$\Phi = N\boldsymbol{B}\boldsymbol{S} = NB_m S\cos\theta\sin\omega t \tag{5.30.1}$$

探测线圈中的感应电动势为

$$\varepsilon=-\frac{\mathrm{d}\Phi}{\mathrm{d}t}=-NB_{\mathrm{m}}S\omega\cos\theta\cos\omega t=-\varepsilon_{\mathrm{m}}\cos\omega t \tag{5.30.2}$$

式中，$\varepsilon_{\mathrm{m}}=NB_{\mathrm{m}}S\omega\cos\theta$ 为感应电动势的峰值。把探测线圈的两条引线与交流毫伏级电压表连接，由于探测线圈的内阻远小于毫伏级电压表的内阻，可忽略线圈上的压降。故毫伏级电压表的读数（有效值）与感应电动势的峰值之间有如下关系：

$$U=|\varepsilon_{\mathrm{m}}|/\sqrt{2}=(1/\sqrt{2})NB_{\mathrm{m}}S\omega|\cos\theta| \tag{5.30.3}$$

由式(5.30.3)可知，当 $\theta=0$ 或 π 时，毫伏级电压表读数有极大值 $U_{\mathrm{m}}=(1/\sqrt{2})NB_{\mathrm{m}}S\omega$，显然由毫伏级电压表测出的最大值，可确定磁感应强度的峰值

$$B_{\mathrm{m}}=\frac{\sqrt{2}U_{\mathrm{m}}}{NS\omega} \tag{5.30.4}$$

磁感应强度 $\boldsymbol{B}$ 的方向，可通过毫伏级电压表读数的极小值来确定。式(5.30.3)对 θ 求导得 $|\mathrm{d}U/\mathrm{d}\theta|=(1/\sqrt{2})NB_{\mathrm{m}}S\omega|\sin\theta|$。

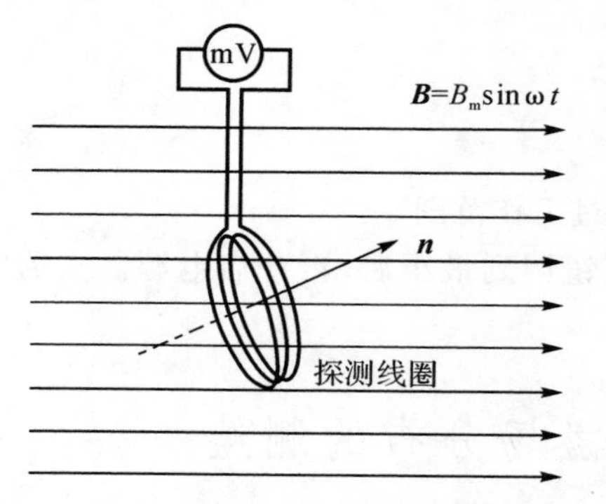

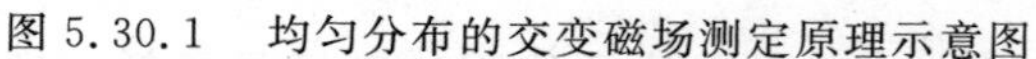
图 5.30.1　均匀分布的交变磁场测定原理示意图

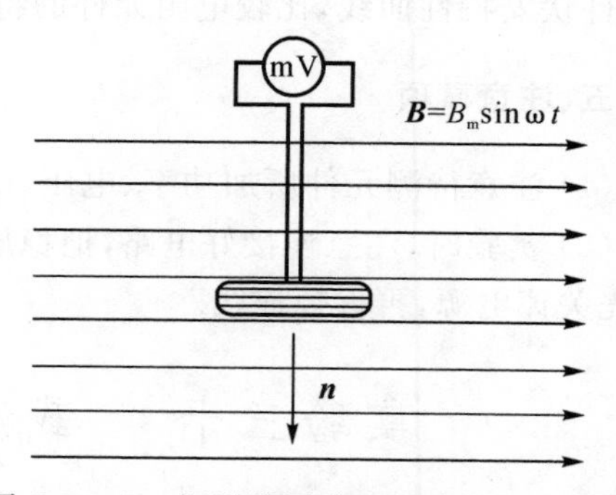

图 5.30.2　探测线圈感生电动势极小情况

容易看出，当 $\theta=\pi/2$ 或 $(3/2)\pi$ 时，探测线圈法向与磁感应强度方向垂直，如图 5.30.2 所示，毫伏级电压表读数对夹角的变化最大，此时探测线圈只要稍有转动，便可引起毫伏级电压表读数的明显变化。利用这一特征，可准确地确定探测线圈的方位。

2. 非均匀磁场的测定

为测定非均匀磁场，探测线圈的面积 S 必须很小。但由式(5.30.3)看出，此时毫伏级电压表的读数也将变得很小，即探测线圈的灵敏度降低，不利于测量。为克服这一矛盾，设计了如图 5.30.3 所示的探测线圈。

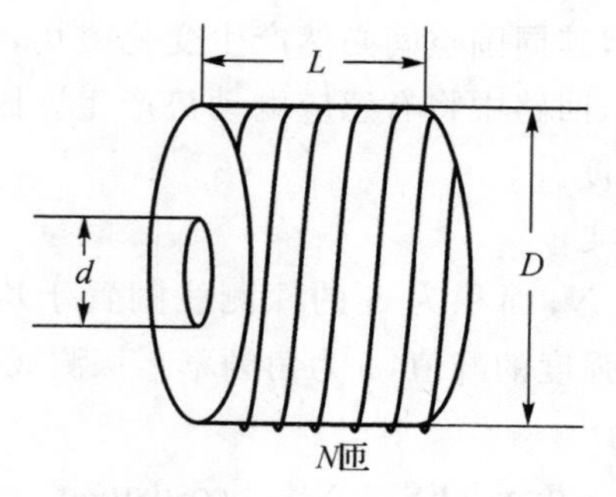

图 5.30.3　探测线圈示意图

用增加匝数的方法来提高它的灵敏度。可以证明在线圈体积适当小的前提下，当 $L=\frac{2D}{3}, d=\frac{D}{3}$ 时，探测线圈几何中心处的磁感应强度仍可用式(5.30.4) 表示。代入各匝线圈的平均面积 $S=\frac{13\pi D^2}{108}$（注：探测线圈各匝线圈面积的平均值：$S=\frac{\pi}{4(D-d)}\int_d^D D^2\mathrm{d}D$），则式(5.30.4) 可写成

$$B_{\mathrm{m}}=\frac{108\sqrt{2}U_{\mathrm{m}}}{13N\pi D^2\omega} \tag{5.30.5}$$

即 B_{m} 与 U_{m} 保持线性关系。故仍可通过测定 U_{m} 来确定 B_{m} 的大小和方向。如果仅仅要求测定磁场分布，可选定磁场中某一点的磁感应强度 B_{m0}。利用式(5.30.5) 可写出磁场中另一位置的相对值关系式：

$$\frac{B_{\mathrm{m}}}{B_{\mathrm{m0}}}=\frac{U_{\mathrm{m}}}{U_{\mathrm{m0}}} \tag{5.30.6}$$

于是可利用探测线圈置于不同场点时，毫伏级电压表的不同读数 U 来描绘非均匀磁场的相对强度分布。

三、实验仪器

CC－Y 型磁场描绘系统包括线圈、信号源、交流毫伏级电压表、探测线圈等。线圈是一对完全相同的同轴载流线圈Ⅰ和 Ⅱ。如图 5.30.4 所示，当它们之间的间隔等于线圈的半径时，可以通过理论和实验均证明，在两线圈间轴线附近的磁场是近似均匀的。在线圈轴线上放置一块带有小孔的测量板（测量板上的孔位表示测量位置），如图 5.30.5 所示。测量时，可将探测线圈安放在测量板的孔位上，根据探测线圈的感生电动势可以测量相应位置的磁感应强度。根据线圈磁场的对称性，测量板上孔位的设计可以满足线圈周围任意位置的磁场测量需要。

仪器的主要参数：

(1) 圆线圈：$n=600$ 匝，$R=10$ cm；

(2) 两线圈间距：5 cm，10 cm，15 cm 可调；

(3) 探测线圈：$N=1\ 200$ 匝，$d=5$ mm，$D=14$ mm，$L=8$ mm；

(4) 信号源：输入 220 V，50 Hz，输出 0 ～ 10 V，1 000 Hz ± 2 Hz。

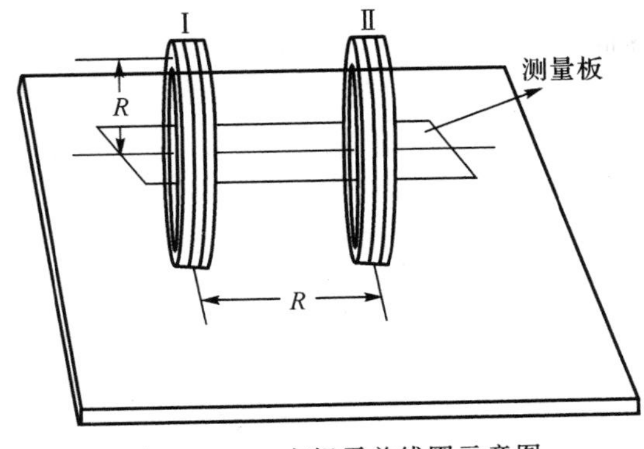

图 5.30.4　亥姆霍兹线圈示意图

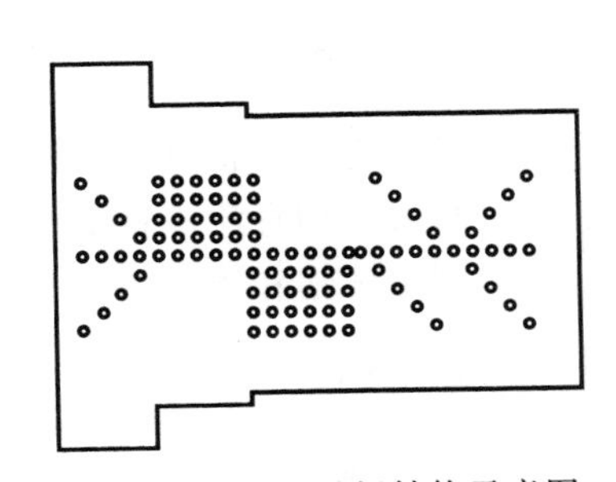
图 5.30.5　测量板结构示意图

四、实验内容

1. 测量单只线圈磁感应强度的分布

将单只圆线圈与信号源连接，探测线圈与交流毫伏级电压表连接。把探测线圈安放在测量板的某个孔位上。开启信号源开关，适当调节信号源的输出幅度，旋转探测线圈的方向，监测交流毫伏级电压表的读数，找到探测线圈在该孔位的最大感生电动势。根据式(5.30.5)即可求得该点的磁感应强度的峰值。此时，探测线圈法线的方向就是该点磁场的方向。这样依次改变探测线圈的测量孔位，即可测定单只线圈周围各点的磁感应强度。

2. 测量亥姆霍兹线圈磁感应强度的空间分布

如图 5.30.4 所示，将两只圆线圈（Ⅰ 和 Ⅱ）的间距调节得等于线圈半径 R，使其构成亥姆霍兹线圈。把两线圈串联(也可以并联)，并与信号源相连，以产生同方向的磁场。注意两线圈的接线方向，如果线圈中电流方向相反，其间磁场将相互抵消。把探测线圈接在交流毫伏级电压表上，并安放在测量板的某个孔位上。开启信号源开关，适当调节信号源的输出幅度。再按照实验内容 1 中测量某点磁感应强度和测量磁场分布的办法，适当选取探测线圈的孔位，可以测定亥姆霍兹轴线上各点的磁感应强度，并可以与理论上证明的两线圈间轴线附近磁场近似均匀的结论进行比较。同样也可以测定两线圈周围和之间的磁场分布情况。

3. 测量两个载流圆线圈磁感应强度的空间分布

改变两线圈的间距，重复第 2 项实验内容的操作，即可获得两个载流圆线圈轴线上和周围其他位置的磁感应强度，可分析其磁场空间分布特点，及其与线圈间距的关系。

五、注意事项

探测线圈的导线易折断，使用时要特别当心。

实验三十一　双臂电桥测电阻

由惠斯通电桥测中值电阻的原理可知，在测量时忽略了导线本身的电阻以及接点处的接触电阻(总称为附加电阻)的影响。但是，在测量诸如电刷、开关的接触电阻，熔丝的直流电阻，金属的电阻率等低电阻时，上述的附加电阻就不能忽略了。一般情况下，附加电阻为 $10^{-6} \sim 10^{-2}\ \Omega$。为了避免附加电阻的影响，低电阻需要使用开尔文电桥进行测量。开尔文电桥又称直流双臂电桥，它的测量范围是 $10^{-6} \sim 10\ \Omega$。

一、实验任务和要求

(1) 理解直流双臂电桥测低电阻的原理。

(2) 学习使用直流双臂电桥测量低电阻的方法。

(3) 测定黄铜和铝的电阻率。

二、实验原理

1. 直流双臂电桥测低电阻的原理

在消除附加电阻对低电阻测量的影响之前，必须先搞清楚附加电阻是怎样影响测量结果

的，现以惠斯通电桥测电阻为例说明这个问题。在图 5.31.1(a) 中，当电桥平衡时，有 $R_X=\frac{R_b}{R_a}R$。在这个电路中有 12 根导线和 A,B,C,D 四个接点，其中由 A,C 点到电源和由 B,D 点到检流计的导线电阻可并入电源和检流计的内阻里，对测量结果没有影响。但桥臂的 8 根导线和 4 个接点的电阻会影响测量结果。更进一步分析，在单臂电桥中，由于比较臂 R_a 和 R_b 可选用较高阻值的电阻，因此和这两个电阻相连的 4 根导线(即由 A 到 R_a，D 到 R_a，C 到 R_b，D 至 R_b 的导线) 的电阻不会给测量结果带来多大误差，可以略去不计。但由于待测电阻 R_X 是一个低电阻，比较臂 R 也应该用低电阻，于是和它们相连的导线及节点电阻对测量结果影响比较大。

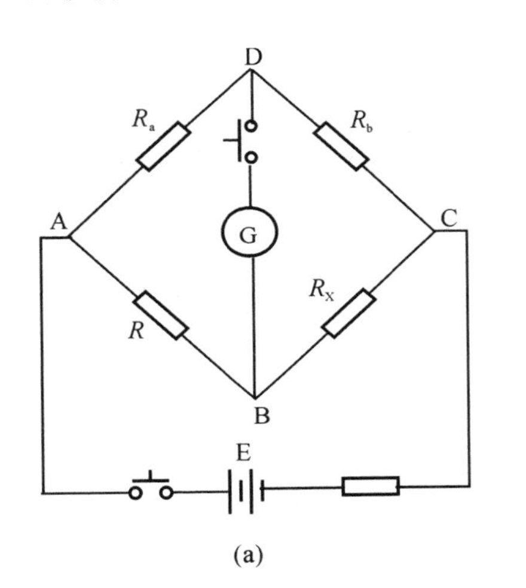

(a)

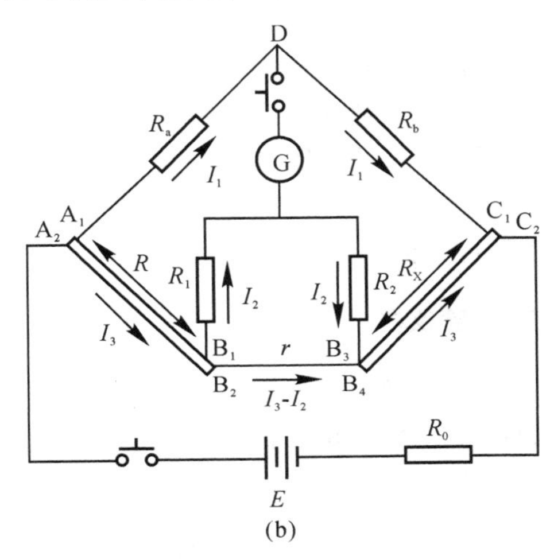

(b)

图　5.31.1

(a) 惠斯通电桥原理图；(b) 双臂电桥原理图

消除上述影响可以通过改变测量电路的连接方式来达到。采用图 5.31.1(b) 所示的线路，通过与图 5.31.1(a) 比较可以看出，为了避免由 A 到 R 和由 C 到 R_X 的导线电阻，可将 A 到 R 和 C 到 R_X 导线尽量缩短，使 A 点直接与 R 相连，C 点直接与 R_X 相接。要消去 A,C 点的接触电阻，又将 A 点分成 A_1，A_2 两点，C 点分成 C_1，C_2 两点。使 A_1，C_1 点的接触电阻计入 R_a，R_b 的电阻中，A_2，C_2 两点的接触电阻计入电源的内阻。但 B 点的接触电阻和由 B 到 R 及 B 到 R_X 的导线电阻就不能计入低电阻 R，R_X 中。于是增加了 R_1，R_2 两个电阻，让 B 点移至跟 R_1，R_2 及检流计相连，这样就只剩下了 R_X 和 R 相连的附加电阻。同样，把 B 分成 B_1，B_2 和 B_3，B_4。这时，B_1 和 B_3 的接触电阻计入两个较高的电阻 R_1，R_2 中，将 B_2 和 B_4 用粗导线相连，并设 B_2 和 B_4 间连线电阻与接触电阻的总和为 r。

2. 双臂电桥平衡条件

当电桥平衡时，$I_g=0$，通过 R_a，R_b 的电流相等，设为 I_1；通过 R_1，R_2 的电流相等，设为 I_2；通过 R，R_X 的电流也相等，设为 I_3；则

$$I_1R_a=I_3R+I_2R_1 \tag{5.31.1}$$

$$I_1R_b=I_3R_X+I_2R_2 \tag{5.31.2}$$

$$I_2(R_1+R_2)=(I_3-I_2)r \tag{5.31.3}$$

联立求解可得

$$R_X=\frac{R_b}{R_a}R+\frac{rR_1}{R_1+R_2+r}\left(\frac{R_b}{R_a}-\frac{R_2}{R_1}\right) \tag{5.31.4}$$

若使 $R_1=R_a$，$R_2=R_b$ 或 $R_2/R_1=R_b/R_a$，则式(5.31.4)等号右边第二项为零，因此得

$$R_X=\frac{R_b}{R_a}R \tag{5.31.5}$$

此式说明开尔文电桥的平衡条件与惠斯通电桥具有相同的表达式。

为了保证 $R_1/R_2=R_a/R_b$ 在电桥使用过程中始终成立，通常 R_1，R_a 采用同轴调节的十进制电阻箱，R_2 和 R_b 采用依次能改变一个数量级的电阻箱，调节 $R_2=R_b$，即可满足平衡条件的要求。

3. 双臂电桥的主要特点

(1) 桥路上的低值电阻都有四个接线端，采用四端接线法。

(2) $R_1/R_2=R_a/R_b$ 是双臂电桥的比率臂，因为有两个比率臂故称为双臂电桥。

(3) 电桥结构为保持 R_1/R_2 恒等于 R_a/R_b，特将两对比率臂装在同一旋钮下，使之在任何位置皆保持其倍率始终相等。

三、实验仪器

QJ44 型便携式直流双臂电桥，黄铜棒，铝棒，铜丝，直尺，导线，电源。

QJ44 型双臂电桥面板如图 5.31.2 所示。

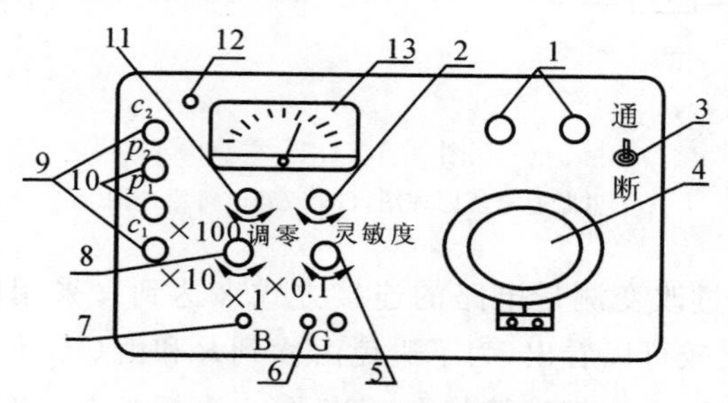

图 5.31.2　QJ44 型双臂电桥面板

1— 外接电源接线柱；2— 灵敏度调节旋钮；3— 电流放大器电源开关 K_1；4— 滑线读数盘；5— 步进读数盘；6— 检流计按钮开关；7— 电源按钮开关；8— 比率调节盘；9— 待测电阻电流端接线柱；10— 待测电阻电压端接线柱；11— 检流计调零旋钮；12— 外接检流计接线柱(图中只画了一个接线柱)；13— 检流计

电桥各量程的允许误差极限为

$$\Delta_{\lim}=\pm\frac{a}{100}\left(R_X+\frac{R_N}{10}\right)$$

式中，a 为等级指数；R_X 为待测电阻标度盘示值；R_N 为基准值(见表5.31.1)。在标称使用温度范围内，由湿度超出参考温度所引起的附加误差不超过相应一个等级指数值。湿度在标称使用相对湿度范围内，由湿度超出参考湿度所引起的附加误差不超过相应一个等级指数值的20%。电桥的工作电源为1.5 V。实验时指零仪(检流计)灵敏度不要过高，否则不易平衡，致使测量电阻时间过长。该电桥的比率臂由100,10,1,0.1,0.01五挡组成，读数盘由一个十进制盘和一个滑线盘组成。指示表头上有机械调零装置，在测量前可预先调整好，当放大器接通电源后，若表针不在中间零位，可用调零电位器调节。仪器的四只大接线柱供接待测电阻用。

表 5.31.1 等级指数和基准值

比率	有效量程 /Ω	等级指数 a	基准值 R_N/Ω
×100	1～11	0.2	10
×10	0.1～1.1	0.2	1
×1	0.01～0.11	0.2	0.1
×0.1	0.001～0.011	0.5	0.01
×0.01	0.000 1～0.001 1	1	0.001

四、实验内容

(1) 将黄铜棒按四端连接法(见图 5.31.3)用专用连接导线接在电桥相应的 C_1,P_1,P_2,C_2 接线柱上,a,b 之间为待测电阻。

(2) 将“K_1”开关扳到“通”位置,电流放大器电源接通,等待 5 min 后,调节检流计指针指在零位上。

(3) 测电阻值的大小,选择适当比率,分别测量黄铜棒和铝棒的阻值 R。

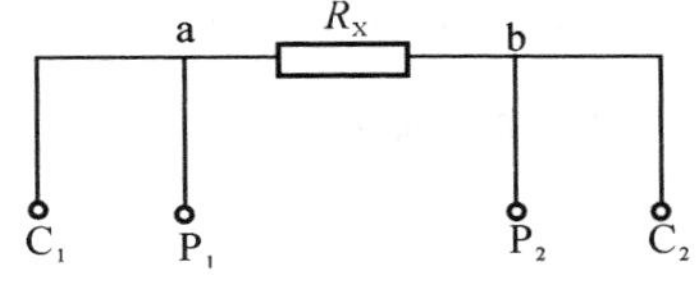

图 5.31.3 四端连接法

(4) 每次测量时,按下“B”“G”按钮,调节步进(即十进制盘)和滑线读数盘,使检流计指针指在零位上,电桥平衡,待测电阻 R_X = 比率盘读数 ×(步进盘读数 + 滑线盘读数)。

(5) 在测量未知电阻时,为保护检流计指针不被损坏,灵敏度调节旋钮应置最低位置,使电桥初步平衡后再增加灵敏度。在测量之前如指针偏离零位,随时都可以调节。

(6) 用钢直尺分别测量黄铜棒和铝棒的长度,用螺旋测微计在不同部位测 5 次直径,取平均值。

(7) 用公式 $R=\rho\frac{L}{S}$ 分别计算黄铜棒和铝棒的电阻率及其误差。

(8) 根据公式 $\rho=R\frac{S}{L}=R\frac{\pi d^2}{4L}$($d$ 为金属棒的直径),可知金属电阻率 ρ 的相对不确定度为

$$E_\rho=\sqrt{\left[\frac{u(R_X)}{R_X}\right]^2+\left[\frac{u(L)}{L}\right]^2+\left[\frac{2u(d)}{d}\right]^2} \tag{5.31.6}$$

式中,$u(L)$ 为钢直尺的最大允许误差;$u(R_X)$ 为测量电阻的最大允许基本误差。

五、注意事项

(1) 连接待测电阻时,电流端与电压端不可接错,在测量 0.1 Ω 以下的电阻时,C_1,P_1,P_2,C_2 接线柱到待测电阻之间的连接导线电阻应在 0.005 ～ 0.01 Ω 之间,测量其他阻值时,连接导线电阻不大于 0.05 Ω。

(2) 连线各接头必须清洁,并要接牢,防止接触不良。

(3) 由于测量 0.1 Ω 以下电阻时，通过待测电阻的电流较大，在测量过程中通电时间应尽量短暂，电源按钮 B 应间歇使用。

(4) 电桥使用完毕后，"B" 与"G" 按钮应松开，"K_1" 开关置"断" 位置。

(5) 在测量电感电路的直流电阻时，应先按下"B" 按钮，再按下"G" 按钮；断开时，应先断开"G" 按钮，后断开"B" 按钮。

实验三十二　金属电子逸出功的测定

固体物理学的金属电子理论给出，金属中电子的能量是量子化的，且服从泡利不相容原理，其传导电子的能量分布遵循费米-狄拉克分布。电子在金属内部所具有的能量低于外部所具有的能量，因而逸出金属表面时需要给电子提供一定的能量，这份能量称为电子的逸出功。不同的金属具有不同的逸出功，而逸出功的大小对热电子发射的强弱有重要影响。

一、实验任务和要求

(1) 了解热电子发射的基本规律。

(2) 用里查孙直线法测定金属钨的电子逸出功。

二、实验原理

1. 热电子发射

如图 5.32.1 所示，用钨丝作阴极的理想二极管，通以电流加热，并在阳极和阴极间加上正向电压时，在外电路中就有电流通过。电流的大小主要与灯丝温度及金属逸出功的大小有关，灯丝温度越高或者金属逸出功越小，电流就越大。根据费米-狄拉克分布可以导出热电子发射遵守的里查孙-德西曼公式

$$I = AST^2 \exp\left(-\frac{e\phi}{kT}\right) \tag{5.32.1}$$

式中，I 为热电子发射的电流强度；A 为与阴极材料有关的系数；S 为阴极的有效发射面积；k 为玻耳兹曼常数，$k = 1.381 \times 10^{-23}$ J/K；T 为热阴极灯丝的热力学温度；$e\phi$ 为逸出功，又称功函数。

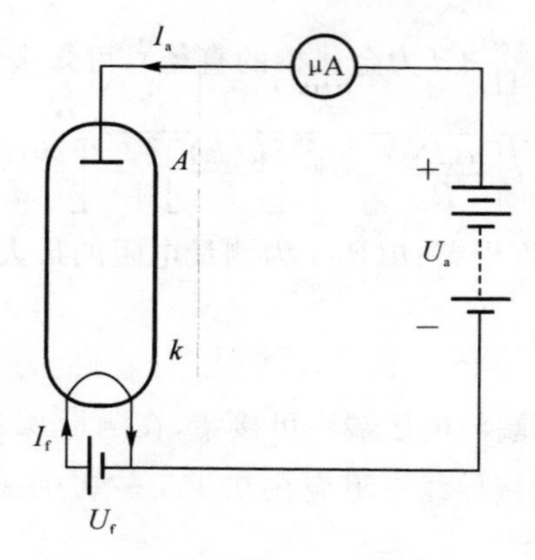

图 5.32.1　热电子发射原理图

从式(5.32.1)可知,只要测出I,A,S,T的值,就可以计算出阴极材料的电子逸出功,但是直接测定A,S这两个量比较困难。由式(5.32.1)得

$$\frac{I}{T^2}=AS\exp\left(-\frac{e\phi}{kT}\right)$$

两边取常用对数

$$\lg\frac{I}{T^2}=\lg(AS)-\frac{1}{2.303}\frac{e\phi}{kT} \tag{5.32.2}$$

从式(5.32.2)可以看出,$\lg\frac{I}{T^2}$与$\frac{1}{T}$成线性关系。因此,如果测得一组灯丝温度及其对应的发射电流的数据,以$\lg\frac{I}{T^2}$为纵坐标,$\frac{1}{T}$为横坐标作图,从所得直线的斜率即可求出该金属的逸出功$e\phi$或逸出电位ϕ。$\lg(AS)$只改变直线的截距,而不影响直线的斜率,这就避开了A,S的不能准确测定,此方法叫里查孙直线法。

要使阴极发射的热电子连续不断地飞向阳极,形成阳极电流I_a,必须在阳极与阴极之间外加一个加速电场E_a,但E_a的存在相当于使新的势垒高度比无外电场时降低了,这导致更多的电子逸出金属,因而使发射电流增大,这种外电场产生的电子发射效应称为肖脱基效应。阴极发射电流I_a与阴极表面加速电场E_a的关系为

$$I_a=I_0\exp\left(\frac{\sqrt{e^3E_a}}{kT}\right) \tag{5.32.3}$$

式中,I_a和I_0分别表示加速电场为E_a和零时的发射电流。

为了方便,一般将阴极和阳极制成共轴圆柱体,在忽略接触电势差等影响的条件下,阴极表面附近加速电场的场强为

$$E_a=\frac{U_a}{r_1\ln(r_2/r_1)} \tag{5.32.4}$$

式中,r_1,r_2分别为阴极及阳极圆柱面的半径;U_a为加速电压。

将式(5.32.4)代入式(5.32.3)取对数得

$$\lg I_a=\lg I_0+\frac{\sqrt{e^3}}{2.303kT}\frac{1}{\sqrt{r_1\ln(r_2/r_1)}}\sqrt{U_a} \tag{5.32.5}$$

式(5.32.5)表明,对于一定尺寸的直热式真空二极管,r_1,r_2一定,在阴极的温度T一定时,$\lg I_a$与$\sqrt{U_a}$也成线性关系,$\lg I_a$-$\sqrt{U_a}$直线的延长线与纵轴的交点,即截距为$\lg I_0$,由此即可得到在一定温度下,加速电场为零时的热电子发射(饱和)电流I_0。这样就可消除E_a对发射电流的影响。

综上所述,要测定某金属材料的逸出功,可将该材料制成理想二极管的阴极,测定阴极温度T、阳极电压U_a和发射电流I_a,用作图法得到零场电流I_0后,即可求出逸出功或逸出电位。

2.理想二极管

理想二极管也称标准二极管,是一种进行了严格设计的理想器件。这种真空二极管采用直热式结构,如图5.32.2所示。为便于进行分析,电极的几何形状一般设计成同轴圆柱形系统,待测逸出功的材料做成阴极,呈直线形,其发射面限制在温度均匀的一段长度内。为保持灯丝电流稳定,用直流恒流电源供电。阳极为圆筒状,并可近似地把电极看成是无限长的圆柱,即无边缘效应。为了避免阴极K两端温度较低和电场不均匀,在阳极A两端各装一个圆

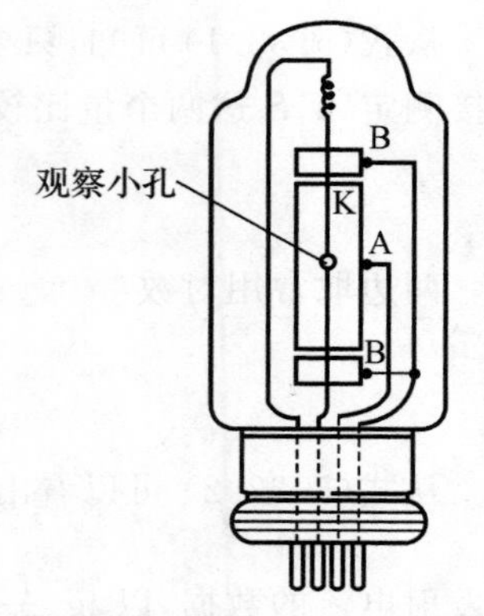

图 5.32.2　理想二极管结构图

筒形保护电极 B，并在玻璃管内相连后再引出管外，B 与 A 绝缘，因此，保护电极虽与阳极加相同的电压，但其电流并不包括在被测热电子发射电流中。在阳极中部开有一个小孔，通过小孔可以看到阴极，以便用光学高温计测量阴极温度。

3. 灯丝温度的测量

灯丝温度 T 对发射电流 I 的影响很大，因此准确测量灯丝温度对于减小测量误差十分重要。灯丝温度一般取 2 000 K 左右，常用光学高温计进行测量。

若不测量灯丝温度，可以根据灯丝真实温度与灯丝电流的关系，由灯丝电流确定灯丝温度。钨丝的真实温度与加热电流的对应关系见表 5.32.1。

表 5.32.1　加热电流与钨丝温度对照表(参考值)

I_f/A	0.580	0.600	0.620	0.640	0.660	0.680	0.700
$T/(\times 10^3\text{K})$	2.06	2.10	2.14	2.18	2.22	2.26	2.30

三、实验仪器

金属电子的逸出功测试仪。

四、实验内容

(1) 实验电路如图 5.32.3 所示，理想二极管的插座已与逸出功测定仪中的电路连接好，先将两个电位器逆时针旋到底后，接通电源，调节理想二极管灯丝电流 $I_f=0.580$ A，预热 5 ～ 10 min。

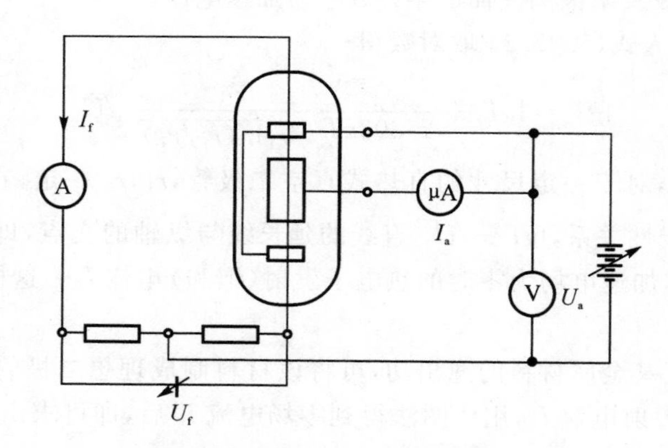

图 5.32.3　逸出功实验电路图

(2) 在阳极上依次加 25 V，36 V，49 V，…，121 V 电压，分别测出对应的阳极电流 I_a。

(3) 改变二极管灯丝电流 I_f 值，每次增加 0.020 A，重复上述测量，直至 0.700 A。每改变一次灯丝电流都要预热 3 ～ 5 min。

(4) 求出金属钨的电子逸出功，与钨逸出功的公认值 4.54 eV 进行比较。

五、注意事项

由于理想二极管工艺制作上的差异，本仪器内装有理想二极管限流保护电路，请不要将灯丝电流超过 0.72 A。理想二极管应同电源配套使用，请勿互换。

实验三十三　非线性混沌实验

1963 年美国气象学家劳伦斯在分析天气预报模型时，首先发现空气动力学中的混沌现象，该现象只能用非线性动力学来解释。1975 年混沌作为一个新的科学名词首先出现在科学文献中。40 年多来，有关非线性动力学以及与此相关的分岔及混沌现象的研究成了一个科学研究热点，并迅速扩展为一个有丰富内容的研究领域。混沌现象涉及物理学、数学、生物学、电子学、计算机科学和经济学等众多学科，并对这些学科的发展起到了深远的影响。

一、实验任务和要求

(1) 用 *RLC* 串联谐振电路，测量仪器提供的铁氧体介质电感在通过不同电流时的电感量，解释电感量变化的原因。

(2) 用示波器观测 *LC* 振荡器的波形，及经 *RC* 移相后的波形。

(3) 用双踪示波器观察上述两个波形组成的相图(李萨如图)。

(4) 改变 *RC* 移相器中可调电阻 *R* 的值。观测相图周期变化。观测倍周期分岔、阵发混沌、三倍周期、单吸引子(周期混沌) 和双吸引子(周期混沌) 相图。

(5) 测量由 TL082 双运放和 6 个电阻组成的“有源非线性负阻元件” 的伏安特性。

二、实验原理

1. 非线性电路与非线性动力学

实验电路如图 5.33.1 所示。它是由有源非线性负阻器件、RLC_1 振荡器、$R_{U_1}+R_{U_2}$ 和电容器 C_2 组成的移相器三个部分组成。较理想的非线性元件 *R* 是一个三段分段线性元件。图 5.33.2 所示的是该电阻的伏安特性曲线，特性曲线加在非线性元件上的电压与通过它的电流极性是相反的。由于加在此元件上电压增加时，通过它的电流却减小，因而将此元件称为非线性负阻元件。

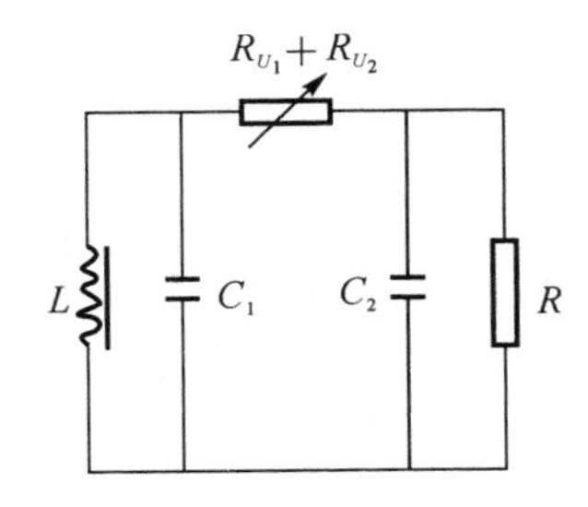

图 5.33.1　非线性电路原理图

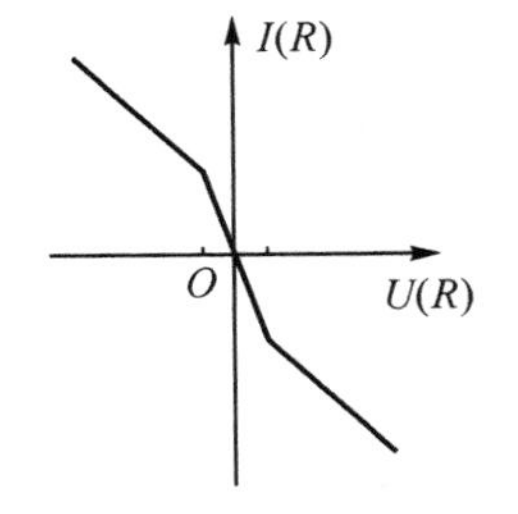

图 5.33.2　非线性负阻器件 *R* 的伏安特性

图 5.33.1 所示电路的非线性动力学方程为

$$C_1\frac{\mathrm{d}U_{C_1}}{\mathrm{d}t}=G(U_{C_2}-U_{C_1})+I_L$$

$$C_2\frac{\mathrm{d}U_{C_2}}{\mathrm{d}t}=G(U_{C_1}-U_{C_2})-gU_{C_2} \tag{5.33.1}$$

$$L\frac{\mathrm{d}I_L}{\mathrm{d}t}=-U_{C_1}$$

式中，G 表示非线性电阻的导纳，$G=1/(R_{U_1}+R_{U_2})$；U_{C_1} 和 U_{C_2} 分别表示加在 C_1 和 C_2 上的电压；I_L 表示流过电感器 L 的电流。

2. 有源非线性负阻元件的实现

有源非线性负阻元件实现的方法必较多，本实验选用的是比较简单的一种。其电路如图 5.33.3 所示，采用一个双运放 TL082 和六个配置电阻来实现，其伏安特性曲线如图 5.33.4 所示。

其中负阻的作用是维持 LC_1 振荡器不断振荡，而非线性负阻元件的作用是使振荡周期产生分岔和混沌等一系列现象。

三、实验仪器

NCE－DJL－Ⅱ 型非线性电路混沌实验仪。

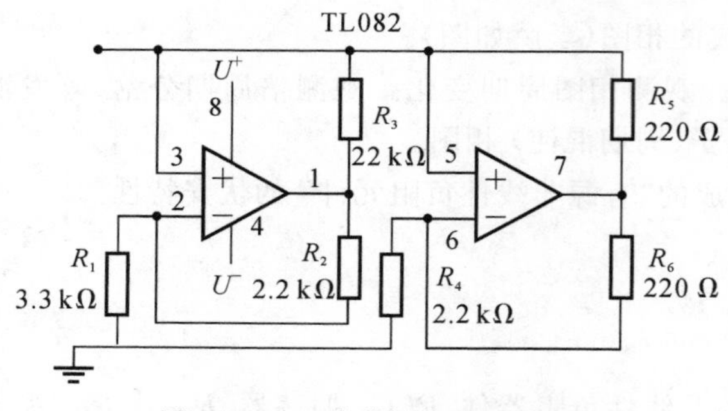

图 5.33.3 非线性负阻电路图

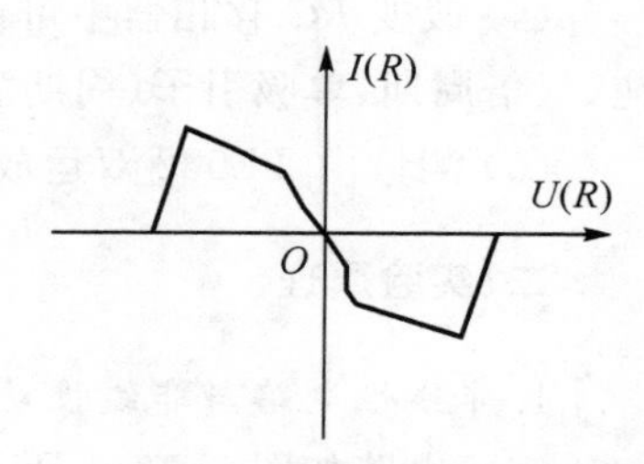

图 5.33.4 伏安特性曲线

四、实验内容

1. 混沌现象观察和实验线路连接

实际非线性电路如图 5.33.5 所示。

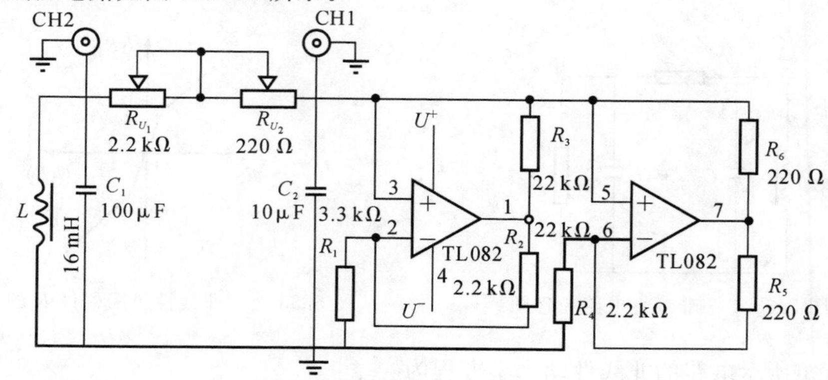

图 5.33.5 实际非线性混沌电路图

(1) 用连接线将 C_1 与 L 并联，再将振荡器、移相器、负阻元件三部分连接；将双踪示波器CH2 通道和 CH1 通道分别与面板的 CH2、CH1 连接，调节示波器相应的旋钮使其在 X-Y 状态工作，并适当调节示波器的扫描速率选择开关和灵敏度选择开关，使示波器显示大小适度，稳定的图像。

(2) 将有源非线性负阻的 15 V，－15 V 与供电单元的 15 V，－15 V 对应相连，打开电源开关，TL082 通电。

(3) 观测非线性电路混沌现象。

1) 右旋 W_2 细调电位器到底，回旋半圈。左旋或右旋 W_1 粗调电位器，使示波器出现一个略斜向的椭圆(见图 5.33.6(a))。

2) 左旋细调电位器 W_2 少许，示波器会出现二倍周期分岔(见图 5.33.6(b))。

3) 再左旋 W_2 少许，示波器会出现三倍周期分岔，意味着混沌(见图 5.33.6(c))。

4) 再左旋 W_2 少许，示波器会出现四倍周期分岔(见图 5.33.6(d))。

5) 再左旋 W_2 少许，示波器会出现双吸引子(混沌) 现象(见图 5.33.6(e))。

6) 观测的同时可以调节示波器相应的旋钮，来观测不同状态下，Y 轴输入，X 轴输入的相位、幅度和跳变情况。

7) 实验完毕，拆掉连线，关断电源。

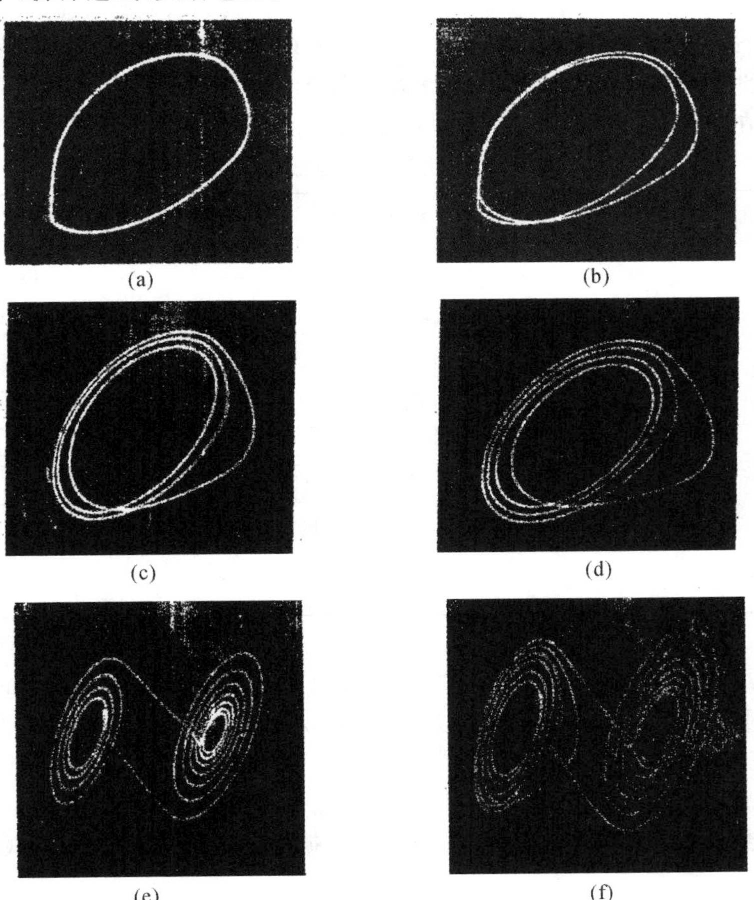

图　5.33.6

2.有源非线性电阻伏安特性的测量

测量线路如图 5.33.7 所示,图中电压表用来测量非线性元件 R 两端的电压,电流表用来测量流过非线性元件的电流。由于非线性电阻是有源的,因此,回路中始终有电流。R_G 为电阻箱,其作用只是改变非线性元件的对外输出。测量非线性负值元件在 $U<0$ 时的伏安特性。有源非线性电路的非线性负阻特性实验数据见表 5.33.1。

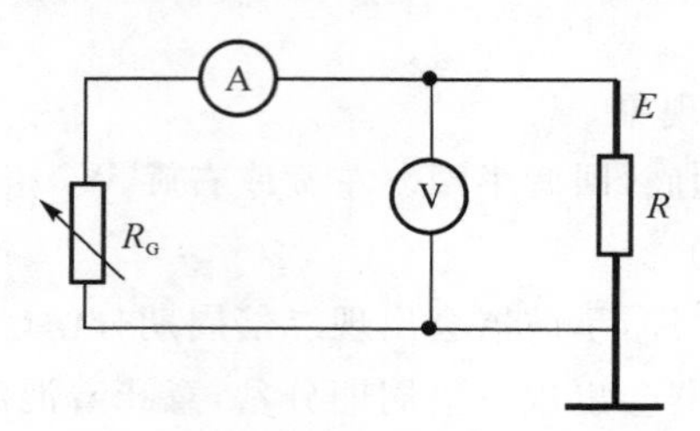

图 5.33.7 非线性负阻测量原理图

(1) 用导线连接非线性负阻的接地端和电阻箱 0 端及数字电压表"—" 输入端。

(2) 用导线连接接线柱 E 和电阻箱 99 999.9 Ω 端及数字电压表"+" 端。

(3) 用导线将非线性负阻的 15 V,－15 V 与供电单元的 15 V,－15 V 对应连接,并给数字表供电(将供电单元的钮子开关扳向"数字表")。接通电压表,数码管亮。

(4) 实验时改变电阻箱的阻值,电阻由 99 999.9 Ω 起由大到小调节,使电压表读数尽量接近表中所提供的数值,记录电阻箱的电阻读数。实验中略去了电流表,电流数值由电压表读数除以电阻箱阻值得到。由电压电流关系作有源非线性电路的非线性负阻特性曲线。

表 5.33.1 有源非线性电路的非线性负阻特性实验数据

电压 /V	电阻箱 /Ω	电流 /mA	电压 /V	电阻箱 /Ω	电流 /mA	电压 /V	电阻箱 /Ω	电流 /mA
－10 m			－1.8			－10.6		
－100 m			－2			－10.8		
－200 m			－3			－11		
－400 m			－4			－11.2		
－600 m			－5			－11.4		
－800 m			－6			－11.6		
－1.0			－7			－11.8		
－1.2			－8			－12		
－1.4			－9			－12.2		
－1.6			－10			－12.4		

对以上数据的处理可以用逐点描绘法作图,也可以用线性拟合法。实际的曲线三段线性度很高。因而对非线性元件的电压电流特性曲线在一定范围内可作为分段线性近似。

(5) 实验完毕,关断电源,拆掉导线。

3.铁氧体电感器电感量测量

应用串联电路谐振法,测量电感器的电感量,根据串联谐振电路理论,谐振频率

$$f_0=\frac{1}{2\pi\sqrt{LC}} \tag{5.33.2}$$

则

$$L=\frac{1}{4\pi^2 f_0^2 C} \tag{5.33.3}$$

(1) 按照图 5.33.8 连接电路，当 LC 电路中串联谐振时，流过电路的电流最大并将信号源的 15 V，－15 V 与供电单元的 15 V，－15 对应相连并给频率计供电(将供电单元的钮子开关扳向“频率计”) 接通电源开关。

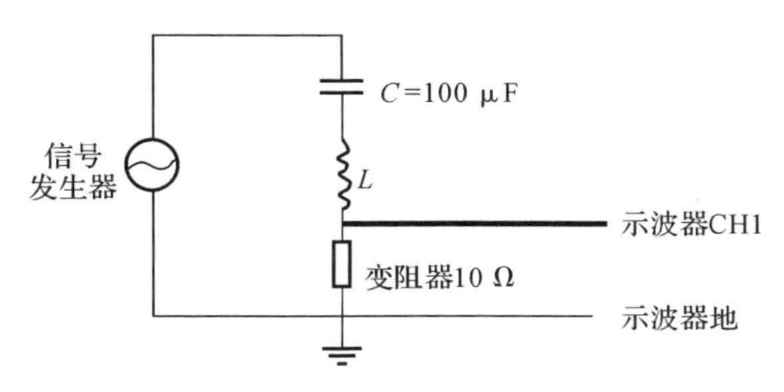

图 5.33.8 非线性负值测量原理图

(2) 调节信号发生器的频率，使示波器显示的幅度最大(达到串联谐振)；调节信号发生器的幅度，使流过变阻器电阻箱上的电流为 5 mA，此时示波器测得的正弦信号峰值为 5 mA×10 Ω＝50 mV，反复微调信号发生器的频率和幅度，使示波器显示的幅度最大且为 50 mV。将测得的谐振频率和电容 C 代入到式(5.33.3) 中，可计算出电流为 5 mA 时的电感量。

(3) 改变信号发生器输出幅度，并调节输出频率使电路达到谐振，示波器显示幅度最大，记录谐振频率，并由示波器显示的电压峰值，计算对应的电流振幅，计算出相应的电感量，列表记录测得的电流和电感。解释铁氧体电感器电感量随流过电感器电流变化的原因。

实验三十四 偏振光的研究

光是一种电磁波。干涉和衍射现象揭示了光的波动性，而光的偏振现象证实了光的横波性。

一、实验任务和要求

(1) 观察光的偏振现象，加深对偏振光基本概念的理解。

(2) 了解偏振光的产生和检验方法。

(3) 观测布儒斯特角及测定玻璃折射率。

(4) 观测椭圆偏振光和圆偏振光。

二、实验原理

光波的振动方向与光波的传播方向垂直。自然光的振动在垂直于其传播方向的平面内，取所有可能的方向，某一方向振动占优势的光叫部分偏振光，只在某一个固定方向振动的光线叫线偏振光或平面偏振光。将非偏振光(如自然光) 变成线偏振光的方法称为起偏，用以起偏的装置或元件叫起偏器。

1. 偏振光的产生

偏振光的产生有以下几种方式：

(1) 由非金属镜面反射。当自然光由空气照射在非金属镜面上时，反射光和透射光都将成为部分偏振光，当入射角增大到某一特定值时，反射光成为完全偏振光，只剩下垂直于入射面分量，此时的入射角 θ_B 称为布儒斯特角，介质的折射率 $n=\tan\theta_B$。

(2) 由玻璃堆折射。当自然光以布儒斯特角入射到叠在一起的多层玻璃上时，经过多次反射后，透射的光就近似为线偏振光。

(3) 用偏振片可得到一定程度的线偏振光。

(4) 利用双折射晶体产生的寻常光和非常光，均为线偏振光。

2. 偏振片

偏振片一般用具有网状分子结构的高分子化合物 —— 聚乙烯醇薄膜作为片基，将这种薄膜浸染具有强烈二向色性的碘，经过硼酸水溶液的还原稳定后，再将其单向拉伸 4 ～ 5 倍以上而制成。偏振片既可以用来使自然光变为平面偏振光 —— 起偏，也可以用来鉴别线偏振光、自然光和部分偏振光 —— 检偏。用作起偏的偏振片叫作起偏器，用作检偏的偏振器件叫作检偏器。实际上，起偏器和检偏器是通用的。

3. 马吕斯定律

设两偏振片透射方向夹角为 θ，自然光通过起偏器后变成光强为 I_0 的线偏振光，再经过检偏器后，透射光的强度变为

$$I=I_0\cos^2\theta \tag{5.34.1}$$

式(5.34.1) 即为马吕斯定律。显然，以光线传播方向为轴，转动检偏器时，透射光强度 I 将发生周期变化。若入射光是部分偏振光或椭圆偏振光，则极小值不为 0。若光强完全不变化，则入射光是自然光或圆偏振光。这样，根据透射光强度变化的情况，可将线偏振光和自然光与部分偏振光区别开来。

4. 波片

一束振幅为 A 的线偏振光垂直入射到厚度为 L，表面平行于自身光轴的单轴晶片时，在晶体内分解成 o 光和 e 光，振幅分别为 $A_o=A\sin\theta$，$A_e=A\cos\theta$。它们传播方向相同但速度不同，透过晶片后产生一个相位差

$$\Delta\varphi=\frac{2\pi}{\lambda}(n_o-n_e)L \tag{5.34.2}$$

式中，λ 为光在真空中的波长；(n_o-n_e) 为 o 光和 e 光在晶片中的折射率之差。

若晶片的厚度使两光束的光程差满足

$$(n_o-n_e)L=\pm(2k+1)\frac{\lambda}{4}\quad(k=1,2,3,\cdots) \tag{5.34.3}$$

则此晶片为 1/4 波片。

若晶片的厚度使两光束的光程差满足

$$(n_o-n_e)L=\pm(2k+1)\frac{\lambda}{2}\quad(k=1,2,3,\cdots) \tag{5.34.4}$$

则此晶片为 1/2 波片，即半波片。

5. 椭圆偏振光和圆偏振光

o 光和 e 光振动方向相互垂直，频率相同，位相差恒定，可表示为

$$x = A_e \cos\omega t \tag{5.34.5}$$

$$y = A_o \cos(\omega t + \Delta\varphi) \tag{5.34.6}$$

两式消去 t 可得

$$\frac{x^2}{A_e^2} + \frac{y^2}{A_o^2} - \frac{2xy}{A_o A_e}\cos\Delta\varphi = \sin^2\Delta\varphi \tag{5.34.7}$$

当 $\Delta\varphi = 2k\pi$ 和 $\Delta\varphi = (2k+1)\pi(k=1,2,3,\cdots)$ 时，为线偏振光。

当 $\Delta\varphi = (k \pm \frac{1}{2})\pi(k=1,2,3,\cdots)$ 时，为椭圆偏振光，若 $A_o = A_e$ 则为圆偏振光。

三、实验仪器

光具座，激光器，偏振片，1/4 波片，光屏，光电转换装置，观测布儒斯特角装置。

四、实验内容

1. 鉴别自然光与偏振光

(1) 将激光束投射到屏上，在激光束与光屏间插入起偏器 P_1，旋转 P_1，观察透射光光强的变化。

(2) 在起偏器 P_1 和屏之间插入检偏器 P_2，将起偏器 P_1 固定，在垂直于光束的平面内旋转检偏器 P_2，观察现象，观察有几个消光位。

(3) 以硅光电池代替光屏接收检偏器 P_2 出射的光束，旋转 P_2，每转过 $10°$ 记录一次光电流值，共转 $180°$，在坐标纸上做出 $I-\theta$ 的关系曲线。

2. 测定布儒斯特角及计算玻璃折射率

(1) 在起偏器 P_1 后，放入布儒斯特角装置，再在 P_1 和该装置之间插入一个带小孔的光屏，转动待测玻璃平板，使反射光和入射光重合，记下初始角 θ_{B1}。

(2) 一面转动玻璃平板，同时转动起偏器 P_1，观察反射光的强弱，反复调节直至反射光消失为止，记下此时玻璃平板的角度 θ_{B2}，重复测量三次，求其平均值及布儒斯特角 $\theta_B = |\theta_{B2} - \theta_{B1}|$。

(3) 求出玻璃的折射率 $n = \tan\theta_B$。

3. 观察椭圆偏振光和圆偏振光。

(1) 调节起偏器 P_1 和检偏器 P_2 的偏振轴垂直。此时光屏上的光斑处于消光状态。在起偏器 P_1 和检偏器 P_2 间放入 1/4 波片，转动波片使检偏器 P_2 后光屏上的光斑处于消光状态，此时 1/4 波片的光轴方向平行于起偏器 P_1 的光轴方向，用硅光电池取代光屏。

(2) 将起偏器 P_1 转过 $20°$ 角，调节硅光电池使其透过 P_2 的光全部进入硅光电池的接收孔内，再转动起偏器 P_2，找出最大和最小光电流位置，记下此时光电流的数值，重复测三次，求其平均值。

(3) 转动起偏器 P_1，使其与 1/4 波片光轴夹角分别为 $30°$，$45°$，$60°$，$75°$，$90°$，在取每一角度时沿同方向转动检偏器 P_2 至消光，记下 P_2 的相应角度。

五、注意事项

(1) 注意不要迎面直视激光，以免灼伤眼睛。

(2) 光学元件严禁用手直接触摸。

实验三十五 空气折射率的测量

迈克尔逊干涉仪中的两束相干光各有一段光路在空间中是分开的，可以在其中一支光路上放进被研究对象而不影响另一支光路，这就给它的应用带来极大的方便。用它可以测物质的折射率、厚度变化、气压等一切可以转化为光程变化的物理量。

一、实验任务和要求

(1) 学习一种测量气体折射率的方法。

(2) 进一步熟悉迈克尔逊干涉仪的结构、原理和调节方法。

二、实验原理

采用迈克尔逊干涉仪测量空气折射率，光路图如图 5.35.1 所示。

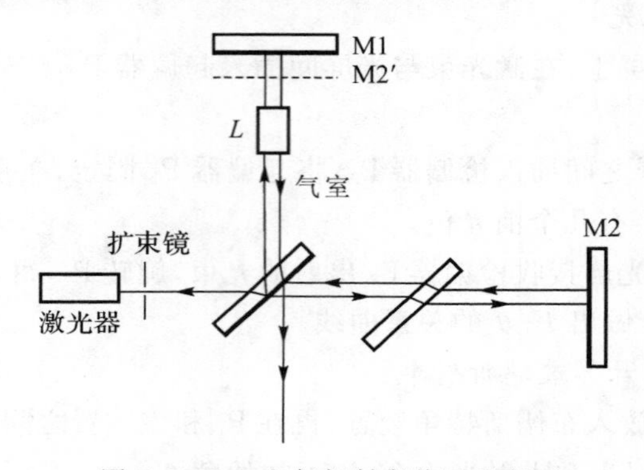

图 5.35.1 空气折射率装置示意图

设气室的长度为 L，由于折射率的变化，引起干涉仪两束光路光程差的变化。

$$\delta = 2(n - n_0)L = N\lambda \tag{5.35.1}$$

式中，N 为干涉条纹变化量。

当温度 $T = 15$℃ 时，压强 P 为一个标准大气压，一般空气折射率的修正公式近似为

$$n = 1 + C(T)P \tag{5.35.2}$$

$C(T)$ 是一个与温度有关的系数。当温度 T 不变时，将式(5.35.2) 代入到式(5.35.1) 中可得

$$2C(T)(P_1 - P_0)L = N\lambda \tag{5.35.3}$$

由式(5.35.3) 求出 $C(T)$ 后，代入到式(5.35.2) 中，可得

$$n = 1 + \frac{P}{\Delta P}\frac{\lambda}{2L}N \tag{5.35.4}$$

$\Delta P = P_1 - P_2$，只要测出气室内压强由 P_1 变到 P_2 时干涉条纹变化数 N，即可计算出压强为 P 时的空气折射率。

通常在温度处于 15 ～ 30℃ 范围时，理论上空气折射率可按下式求得：

$$n = \frac{2.879\,3P}{1 + 0.003\,671T} \times 10^{-9} \tag{5.35.5}$$

式中，T 的单位为 ℃；压强 P 的单位为 Pa。

三、实验仪器

迈克尔逊干涉仪，He－Ne 激光器，扩束镜，空气折射率测量装置。

四、实验内容

(1) 调整迈克尔逊干涉仪，在毛玻璃屏上观察到干涉圆环。

(2) 将气室按图 5.35.1 所示位置放入光路中，调出干涉条纹。

(3) 向气室内充气，实验时可测出压力表示数为 0.6，0.5，0.4，0.3，0.2，0.1 时，分别放气回到 0 时干涉环的变化数 N_1，N_2，N_3，N_4，N_5，N_6。

(4) 记录气室长度 L 和激光波长 λ。

(5) 计算空气折射率，并与理论值进行比较。

五、注意事项

(1) 调整迈克尔逊干涉仪的反射镜时，须轻柔操作，不能把螺钉拧得过紧或过松。

(2) 工作时切勿振动桌子与仪器，测量中一旦发生振动，干涉条纹跳动，应重新测量。

(3) 数条纹变化时，应细致耐心，切勿急躁。

(4) 不要直视激光，以免灼伤眼睛。

实验三十六　介质中声速的测量

声波是一种在弹性媒质中传播的机械波，频率低于 20 Hz 的声波称为次声波；频率在 20 Hz～20 kHz 的声波可以被人听到，称为可闻声波；频率在 20 kHz 以上的声波称为超声波。超声波在媒质中的传播速度与媒质的特性及状态因素有关。因而通过媒质中声速的测定，可以了解媒质的特性或状态变化。同时，通过液体中声速的测量，了解水下声呐技术应用的基本概念。

一、实验任务和要求

(1) 了解压电换能器的功能，加深对驻波及振动合成等理论知识的理解。

(2) 学习用共振干涉法、相位比较法和时差法测定超声波的传播速度。

二、实验原理

波速 υ、波长 λ 和频率 f 之间存在着下列关系：

$$\upsilon = f\lambda \tag{5.36.1}$$

实验中可通过测定声波的波长 λ 和频率 f 来求得声速 υ。常用的方法有共振干涉法与相位比较法。

1. 共振干涉法(驻波法)测量声速的原理

压电陶瓷换能器 S_1 为声波发射器，换能器 S_2 为声波的接收器，将两路信号送入示波器，当接收面 S_2 与发射面 S_1 严格平行时，入射波即在接收面上垂直反射，入射波与发射波相干涉形成驻波。在示波器上就可以观察到这两个相干波合成后的波形。移动 S_2 位置(即改变 S_1 与

S_2 之间的距离)，从示波器上会发现当 S_2 在某些位置时振幅有最小值或最大值。根据波的干涉理论：两个相邻振幅最大值位置之间(或二相邻振幅最小值位置之间) 的距离均为 $\lambda/2$。

2. 相位法测量原理

声源 S_1 发出声波后，在其周围形成声场，声场在介质中任一点的振动相位是随时间而变化的。但它和声源的振动相位差 $\Delta\Phi$ 不随时间变化。

设声源方程为 $y_1 = y_{01}\cos\omega t$，距声源 x 处 S_2 接收到的振动为 $y_2 = y_{02}\cos\omega\left(t-\frac{x}{v}\right)$，两处振动的相位差

$$\Delta\Phi = \omega\frac{x}{v} = \frac{2\pi x}{\lambda} \tag{5.36.2}$$

当把 S_1 和 S_2 的信号分别输入到示波器 CH1 和 CH2 通道，那么当 $x = n\lambda$ 即 $\Delta\Phi = 2n\pi$ 时，合振动为一斜率为正的直线，当 $x = (2n+1)\lambda/2$，即 $\Delta\Phi = (2n+1)\pi$ 时，合振动为一斜率为负的直线，当 x 为其他值时，合成振动为椭圆。

3. 时差法测量原理

以上两种方法测声速，都是用示波器观察波谷和波峰，或观察二个波间的相位差，都存在一定的误差，较精确测量声速是用时差法。时差法是根据声波传播的距离 L 与传播的时间 t 存在下列关系：

$$L = vt \tag{5.36.3}$$

只要测出 L 和 t 就可测出声波传播的速度 v，这就是时差法测量声速的原理。

三、实验仪器

实验仪器主要由储液槽、传动机构、数显标尺、两副压电换能器等组成。储液槽中的压电换能器供测量液体声速用，另一副换能器供测量空气及固体声速使用。

发射换能器发射超声波的正弦电压信号由 SV5 声速测定专用信号源供给，换能器 S_2 把接收到的超声波声压转换成电压信号。

四、实验内容

1. 声速测量系统的连接

实验测量声速时，专用信号源、测试仪、示波器之间的连接方法如图 5.36.1 所示。

2. 谐振频率的调节

根据测量要求初步调节好示波器。将专用信号源输出的正弦信号频率调节到换能器的谐振频率，以使换能器发射出较强的超声波，能较好地进行声能与电能的相互转换，具体方法如下：

(1) 将专用信号源的“发射波形”端接至示波器，调节示波器，能清楚地观察到同步的正弦波信号。

(2) 调节专用信号源的上“发射强度”旋钮，使其输出电压在 20 V_{P-P} 左右，然后将换能器的接收信号接至示波器，在 25 ~ 45 kHz 范围内调整信号频率，观察接收波的电压幅度变化，在某一频率点处(34.5 ~ 39.5 kHz 之间，因不同的换能器或介质而异) 电压幅度最大，此频率即是压电换能器 S_1，S_2 相匹配频率点。

(3) 改变 S_1，S_2 的距离，使示波器的正弦波振幅最大，再次调节正弦信号频率，直至示波器

显示的正弦波振幅达到最大值。共测 5 次取平均频率 f。

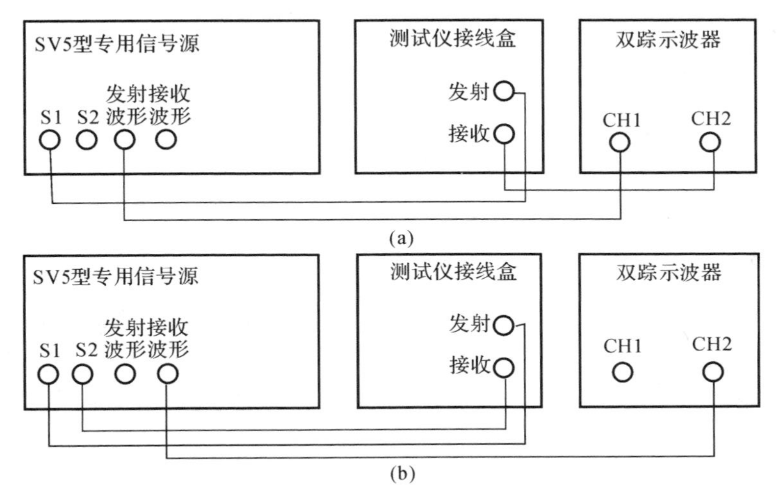

图　5.36.1

(a) 共振干涉法、相位法测量连线图；(b) 时差法测量连线图

3. 共振干涉法、相位法、时差法测量声速

(1) 共振干涉法(驻波法) 测量波长。

将测试方法设置到连续方式。按前面实验内容二的方法，首先确定最佳工作频率。观察示波器，找到接收波形的最大值，记录幅度为最大时的距离，由数显尺上直接读出或在机械刻度上读出；记下 S_2 位置 x_0。然后，向着同方向转动距离调节鼓轮，这时波形的幅度会发生变化(同时在示波器上可以观察到来自接收换能器的振动曲线波形发生相移)，逐个记下振幅最大的 $x_1, x_2, \cdots, x_9$ 共10个点，单次测量的波长 $\lambda_i=2|x_i-x_{i-1}|$。用逐差法处理这10个数据，即可得到波长 λ。

(2) 相位比较法测量波长。

将测试方法设置到连续波方式。确定最佳工作频率，单踪示波器接收波接到“Y”，发射波接到“EXT”外触发端；双踪示波器接收波接到“CH1”，发射波接到“CH2”，扫描开关旋至“X-Y”显示方式，适当调节示波器，出现李萨如图形。转动距离调节鼓轮，观察波形为一定角度的斜线，记下 S_2 的位置 x_0，再向前或者向后(必须是一个方向) 移动距离，使观察到的波形又回到前面所说的特定角度的斜线，这时来自接收换能器 S_2 的振动波形发生了 2π 相移。依次记下示波器屏上斜率负、正变化的直线出现的对应位置 $x_1, x_2, \cdots, x_9$。单次波长 $\lambda_i=2|x_i-x_{i-1}|$。多次测定用逐差法处理数据，即可得到波长 λ，则声速 $v=f\lambda$。

4. 时差法测量声速

(1) 空气介质。

测量空气声速时，将专用信号源上“声速传播介质”置于“空气”位置，发射换能器(带有转轴) 用紧定螺钉固定，然后将话筒插头插入接线盒中的插座中。

将测试方法设置到脉冲波方式。将 S_1 和 S_2 之间的距离调到一定距离($\geqslant$ 50 mm)。开启数显表头电源，并置 0，再调节接收增益，使示波器上显示的接收波信号幅度在300～400 mV(峰-峰值)，以使计时器工作在最佳状态。然后记录此时的距离值和显示的时间值 L_{i-1}, t_{i-1}(时间由声速测试仪信号源时间显示窗口直接读出)；移动 S_2，记录下这时的距离值和

显示的时间值 L_i，t_i。则声速 $v_1=(L_i-L_{i-1})/(t_i-t_{i-1})$。

(2) 同理可测液体和固体介质的声速。

5. 按理论值公式 $v_S=v_0\sqrt{\dfrac{T}{T_0}}$，算出理论值 v_S

$v_0=331.45$ m/s 为 $T_0=273.15$ K 时的声速。

将实验结果与理论值比较，计算百分比误差，分析误差产生的原因。

五、注意事项

(1) 由于声波的衰减，两个换能器距离较大时，测量时间值会出现跳变，此时应顺时针方向微调“接收放大”旋钮，以补偿信号的衰减。

(2) 当测量距离过小时，如果测量时间值出现跳变，则应逆时针方向微调“接收放大”旋钮，以使计时器能正确计时。

实验三十七　太阳能电池特性的研究

太阳能电池又称光电池，其是通过半导体的内光电效应直接把光能转化成电能的装置。随着煤、石油、天然气等化石能源的大量消耗，能源短缺和环境污染已成为人类面临的重要危机。太阳能是人类取之不尽、用之不竭的洁净能源，对太阳能的充分利用是解决人类能源危机最具前景的途径之一。目前太阳能电池应用领域除人造卫星和宇宙飞船外，在民用领域也得到很大发展。

一、实验任务和要求

(1) 了解和研究太阳能电池的主要参数和基本特性。

(2) 研究太阳能电池在光照下产生的光电流、光伏电压与输入光信号的关系。

(3) 研究太阳能电池的输出特性。

二、实验原理

1. 太阳能电池板结构

典型的硅太阳能电池结构如图5.37.1所示。其是以硅半导体材料制成大面积PN结经串联、并联构成的，在N型材料层面上制成金属栅线为面接触电极，背面也制成金属膜作为接触电极。为了减小光的反射损失，一般还要在表面覆盖一层反射膜。

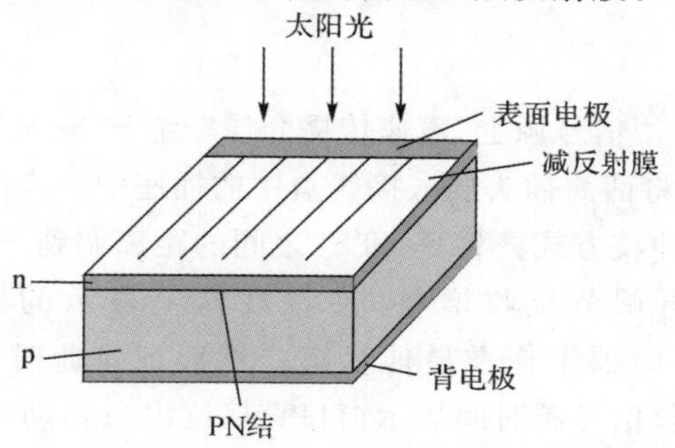

图 5.37.1　太阳能电池结构示意图

2. 太阳能电池的基本原理

当光照射到半导体PN结材料上时，半导体PN结吸收光的能量，在两端产生电动势，这种现象称为光生伏特效应。其基本机理如图5.37.2所示，光子照射入半导体内，把电子从价电带激发到导电带，从而在半导体内部产生了许多"电子-空穴"对，在内建电场的作用下，电子向N型区移动，空穴向P型区移动，这样，N区有很多电子，P区有很多空穴，在P-N结附近就形成了与内建电场方向相反的光生电场，它的一部分抵消了内建电场，其余部分则使P区带正电，N区带负电，于是在N区与P区之间产生了光生伏打电动势，这就是"光伏效应"。如果给太阳能电池接有负载，则在电路中就有电流产生。这就是太阳能电池的基本原理。

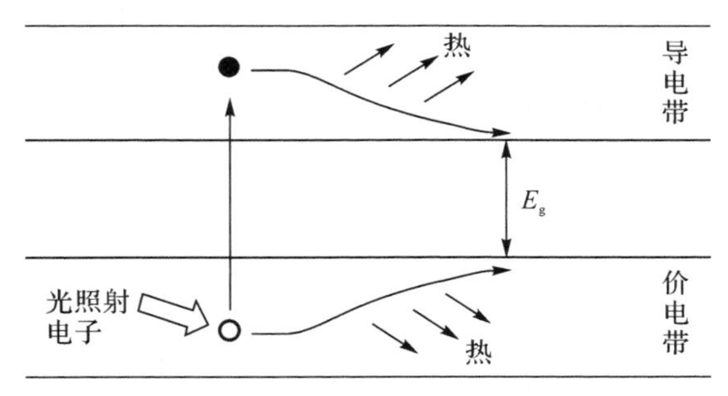

图5.37.2 太阳能电池光电转换机理示意图

3. 太阳能电池的特性参数

太阳能电池能够吸收光的能量，并将所吸收光子的能量转化为电能。这一能量转换过程是利用半导体P-N结的光伏效应进行的。当没有光照时，太阳能电池的特性可简单的看作一个是二极管，其正向偏压U与通过电流I的关系式为

$$I = I_o(e^{\frac{eU}{nkT}} - 1) = I_o(e^{\beta U} - 1) \tag{5.37.1}$$

式中，I,U为P-N结二极管的电流及电压；k为波尔兹曼常数(1.38×10^{-23} J/K)；e为电子电荷量(1.602×10^{-19} C)；T为绝对温度；I_o是二极管的反向饱和电流；n是理想二极管参数；$\beta = \frac{e}{nkT}$。

当太阳能电池短路时，设短路电流为I_{SC}；当太阳能电池开路时，设开路电压U_{OC}。给太阳能电池接上某一负载R时，可以测量出太阳能电池的$U-I$曲线，典型的$U-I$曲线如图5.37.3所示。其中负载R可从零至无穷大，但存在某一负载为R_m时，太阳能电池的输出功率最大，设其对应的最大输出功率为P_m，则有

$$P_m = I_m U_m \tag{5.37.2}$$

式(5.37.2)中，I_m和U_m分别称为太阳能电池的最佳工作电流和最佳工作电压。

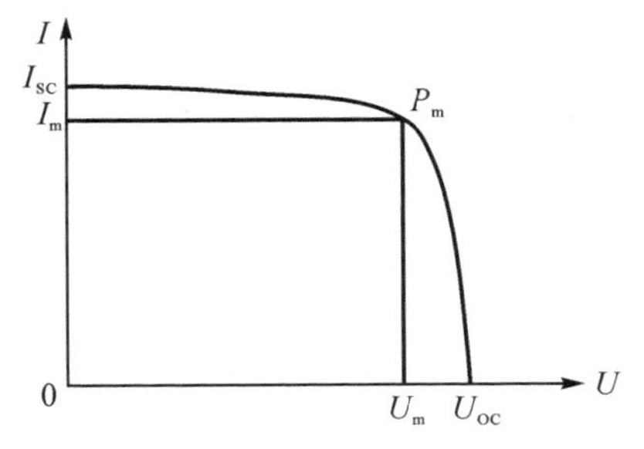

图5.37.3 太阳能电池的$I-U$曲线

定义太阳能电池开路电压U_{OC}与短路电流I_{SC}的乘积与最大输出功率P_m之比为太阳能电池的填充因子FF，即

$$FF=\frac{P_m}{U_{OC}I_{SC}}=\frac{U_m I_m}{U_{OC}I_{SC}} \tag{5.37.3}$$

填充因子FF为太阳能电池的一个重要特性参数，FF越大则输出功率越高。FF值的大小取决于入射光强、材料禁带宽度、理想系数、串联电阻和并联电阻等。

太阳能电池在实现光电转换时，并非所有照射在电池上的光能全部转换为电能。例如在太阳光照射下，硅光电池的转换效率最高，但目前也仅有22%左右。其原因有多种，如反射光的损失，长波长光子能量小不能够激发电子-空穴，以及距离PN较远处激发出的电子-空穴对会自行重新复合等。

定义太阳能电池的转换效率η为太阳能电池的最大输出功率与照射到太阳能电池的总辐射能P_{in}之比，即

$$\eta=\frac{P_m}{P_{in}}\times 100\% \tag{5.37.4}$$

三、实验仪器

太阳能电池特性测试仪，数字式光功率计，电阻箱。

四、实验内容

1. 无光照（全黑）条件下，测量太阳能电池正向偏压时的U-I特性

按照图5.37.4所示方法安排实验仪器，盖上遮光盖，依次改变直流电源电压，通过电流表和电压表分别测得实验数据，做出U-I曲线，根据式(5.37.1)拟合求出常数β和I_0值。

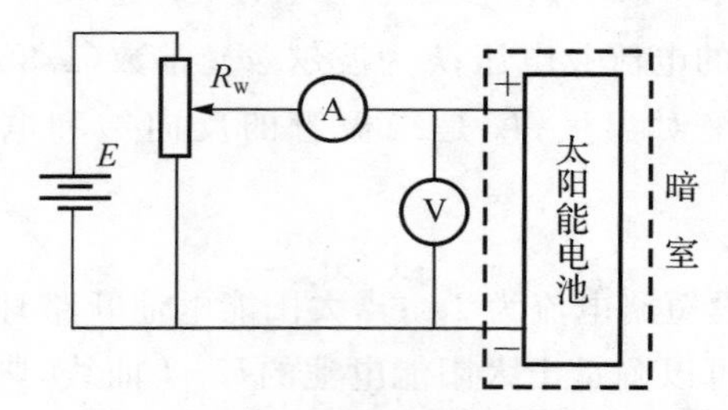

图5.37.4　U-I特性曲线测试电路图

2. 在不加偏压时，测量太阳能电池在光照时的输出特性

按照图5.37.5所示电路连接实验仪器，打开遮光盖。用白炽灯照射，注意保持一定距离（例如用光功率计测量光功率1 mW）。

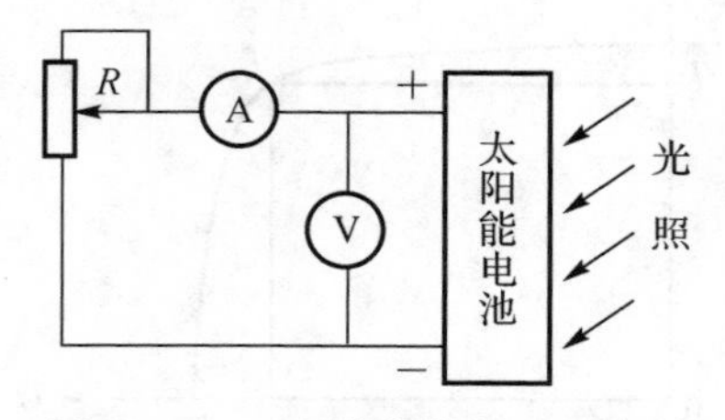

图5.37.5　负载特性测试电路图

(1) 测量短路电流 I_{SC}、开路电压 U_{OC} 和入射光强 J。

(2) 测量电池在不同负载电阻下，I 对 U 变化关系，画出 $U-I$ 曲线图。

(3) 根据测量结果，求出太阳能电池的最大输出功率、最佳工作电压和最佳工作电流。

(4) 计算太阳能电池的填充因子 FF。

(5) 计算太阳能电池的转换效率 η。

3. 测量太阳能电池的开路电压和短路电流与入射光强的关系

将光功率计置于导轨上，测量白炽灯的光照强度，取光电池在测量值为1 mW处位置的光照强度作为标准光照强度 J_0，改变太阳能电池到光源的距离，用光功率计测量光照强度 J。测量太阳能电池接收到相对光强度 $\frac{J}{J_0}$ 不同值时，相应的短路电流 I_{SC} 和开路电压 U_{OC} 的值(为得到较小的 $\frac{J}{J_0}$ 时，可使用带有 Φ6 mm孔的遮光光阑)。具体测量办法是：测完一个相对光强度值后，断开功率计和太阳能电池的连接线，把太阳能电池分别加到电流表和电压表上测量短路电流 I_{SC} 和开路电压 U_{OC}。根据测量结果，描绘 $I_{SC}-\frac{J}{J_0}$，$U_{OC}-\frac{J}{J_0}$ 之间的关系曲线，分析 I_{SC} 与 $\frac{J}{J_0}$ 之间和 U_{OC} 与 $\frac{J}{J_0}$ 之间的变化关系。

五、注意事项

(1) 白炽灯应与太阳能电池特性测试仪后面板上的香蕉插头座对接。注意该插座为220 V输出，必须关闭电源开关后，方可操作，以免发生触电事故。

(2) 实验测试结果会受到实验室杂散光的影响，使用中尽量保持较暗的测试环境。

(3) 实验测量时不同仪器使用的太阳能电池光电转换效率、白炽灯的发射光谱存在一定的个体差异，而且实验仪器所处的环境亮度也不尽相同，这类因素均可能导致不同仪器之间测量结果存在一定差异，但测量结果不影响其物理规律。

实验三十八　音频信号光纤传输特性的研究

光纤是一种由玻璃或塑料制成的纤维，可作为光传导工具。光纤在通信领域、传感技术及其他信号传输技术中显示了愈来愈广泛的用途，随之而来的电光转换和光电转换技术、耦合技术、光传输技术等，都是光纤传输技术及器件构成的重要成分。对于不同频率的信号传输其技术有很大的差异，构成的器件也具有不同的特性。

一、实验任务和要求

(1) 了解音频信号光纤传输系统的组成及选配各主要部件的原则。

(2) 熟悉光纤传输系统中半导体电光/光电转换器件的基本性能及主要特性的测试方法。

(3) 训练如何在音频光纤传输系统中获得较好传输质量及其调试技能。

二、实验原理

音频信号光纤传输系统由光信号发送端、光纤信道及光信号接收端组成。光发送端将待传输的电信号经电光转换器件转换为光信号，经光纤信道传输到接收端。光信号接收端再将光信号经光电转换器件还原为相应的电信号。光发送端由调制电路和光源器件及其驱动电路组成，电路如图 5.38.1 所示。由于光纤信道的频带极宽，所以系统的频带主要由调制电路决定。

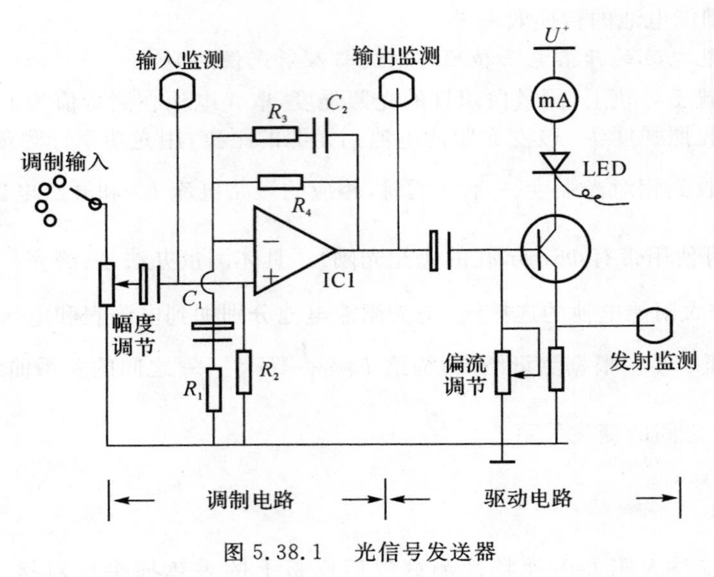

图 5.38.1　光信号发送器

发送端的光源器件即电光转换器件一般采用发光二极管或半导体激光管。发光二极管的输出功率较小，信号调制速率较低，但价格便宜，适合于短距离、低速、模拟信号的传输。激光二极管输出功率大，信号调制速率高，但价格较高，适合于远距离、高速、数字信号的传输。目前光纤一般采用近红外波段 0.84 μm，1.30 μm 和 1.55 μm 有良好透过率的多模或单模石英光纤。由于单模光纤只传输基模，没有模式色散，所以频带比多模光纤更宽，尤其适合远距离大容量通信。

光信号接收端的功能是将光信号经光电转换器件（一般采用半导体光电二极管或雪崩二极管）还原为相应的电信号。光信号接收器由光电变换电路（包含光电变换及 I/U 变换）与功放电路组成。典型电路如图 5.38.2 所示。

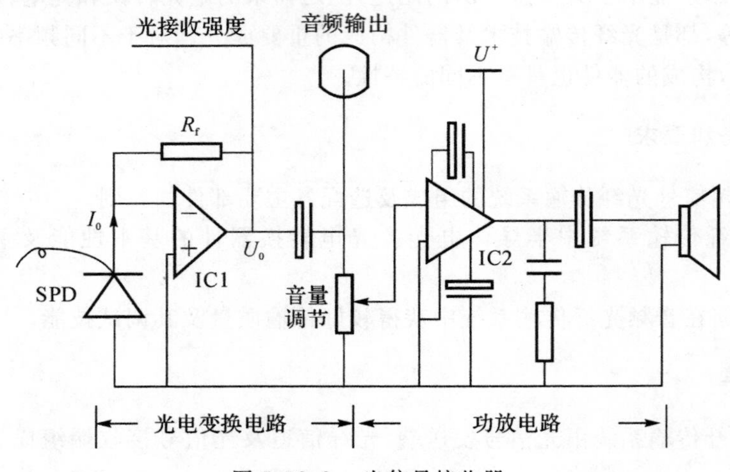

图 5.38.2　光信号接收器

需要特别指出的是要组成一个高效、宽频带的光纤传输系统，光源的发光波长必须与传输光纤呈现低损耗窗口的波段，光电检测器件的峰值响应波段相匹配。例如：发送端采用中心发光波长为 0.84 μm 的高亮度近红外半导体发光二极管，传输信道采用在近红外波段 0.84 μm 有良好透过率的多模石英光纤，接收端采用峰值响应波长为 0.8～0.9 μm 的硅光电二极管。

1. 光发送器的工作原理

音频信号光纤传输系统发送器由调制电路和 LED 的驱动电路组成。信号调制采用光强度调制的方法，“偏流调节”电位器可使LED的偏置电流在0～50 mA的范围内变化（注意：为了防止 LED 因使用电流过大而过早地衰老，通常限制电流不超过 50 mA）。在一定范围内，LED 输出光功率与驱动电流基本上呈线性关系。为了减小失真，调整“偏流调节”电位器，使 LED 的静态偏流置于线性段的中点，如 25 mA。

2. 光信号接收器的工作原理

结合图 5.38.2，半导体光电二极管 SPD 把传输光纤输出端输出的光信号的光功率转变为与之成正比的光电流 I_0，然后经 IC1 组成的 I/U 转换电路，再把光电流转换成电压 U_0 输出，U_0 与 I_0 之间具有以下比例关系

$$U_0 = R_f I_0 \tag{5.38.1}$$

IC2 构成音频功放电路，“音量调节”电位器调节扬声器的音量。为了减少实验室各实验组之间的相互干扰，当不需要收听声音信号时，把电位器旋至最小。

三、实验仪器

实验仪器包括光信号发送器、光纤信道、光信号接收器、光功率指示器、调制信号发生器、频率计、数字毫伏级电压表、直流电流表。

四、实验内容

1. 光信号的调制与发送实验

实验仪器中光信号的调制和发送部分的调制信号由“输入选择”“波段开关”“频率调节”“幅度调节”等旋钮控制。其中“输入选择”分为五个挡位，分别控制断开调制信号、正弦波、三角波、矩形波和语音信号。

(1)LED -传输光纤组件电光特性的测定。

1) 开机前的准备。将仪器面板上“偏流调节”“幅度调节”和“音量调节”逆时针旋至最小，将光纤发送端接入“光纤输入”，光纤接收端接入“光功率计输入”；打开电源开关。

2) 将“输入选择”调到“0”位；调整“光功率计调零”旋钮，使“光功率显示”为零或接近零。

3) 调整“偏流调节”旋钮，使 DC 电流表指示从零逐渐增加，每增加 3 mA 读取一次光功率指示值，直到 20 mA 为止。实验完后，立即把电流表调整为零。

4) 根据测量结果描绘 LED -传输光纤组件的电光特性曲线，并确定出线性工作范围。

(2)LED 偏置电流与无截止畸变最大调制幅度关系的测定。

对发送信号进行正弦调制，正弦调制信号频率约为 1 kHz。调节“偏流调节”旋钮，偏流电流分别选择 0，3 mA，6 mA，9 mA，…，20 mA；在每一偏置电流下，由小至大调节调制正弦波幅度，用示波器在“发射监测”端观察光信号无截止畸变的最大调制幅度，记录相应测试值。

(3) 光信号发送器调制放大电路幅频特性的测定。

结合图5.38.1,把双踪示波器的CH1和CH2分别接到“输入监测”和“输出监测”,观测放大器输入和输出端波形的峰-峰值,在20 Hz～20 kHz的范围内改变信号源频率(始终应保持输入端信号幅度不变),观察并记录对应每一个频点相应的输出信号的幅度,再根据记录结果绘出幅频特性曲线。

2.光信号接收及传输系统的综合实验测量

(1) 光纤传输系统静态电光 / 光电传输特性测定。

将“输入选择”旋钮置于“0”位,将传输光纤的接收端接入“光纤输出”。调节偏流电位器,使“DC电流表”每隔5 mA读取一次“光接收强度显示”示数值。根据记录的偏流数据和光接收强度数据做出静态电光/光电传输特性曲线。

(2)LED偏置电流与无截止畸变最大调制幅度关系测定。

对发送信号进行正弦调制,正弦调制信号频率约1 kHz。偏流电流分别选择10 mA和25 mA;在每一偏置电流下,由小至大调节调制正弦波幅度,用示波器在“发射监测”端和“音频输出”端观察波形变化,记录波形出现截止畸变现象时的输入电压波形的峰-峰值,并根据测量结果确定LED在不同偏置电流下光功率的最大调制幅度。

(3)光纤传输系统幅频特性的测定。

实验测量方法同前面叙述的发送器调制放大电路幅频特性的测定,不同之处是观测时应将双踪示波器的CH1和CH2分别接入发送电路的“输入监测”和接收电路的“音频输出”。

3.多种波形光纤传输实验

调节“输入选择”旋钮,分别选择将方波信号和三角波信号输入发送电路,改变输入频率,从接收电路的“音频输出”端观察输出波形变化情况。

4.语音信号光纤传输实验

调节“输入选择”旋钮,将语音信号送入发送电路,将“音量调节”调至合适位置,收听音频信号光纤传输系统的音响效果。实验时,适当调节“幅度调节”“偏流调节”“音量调节”旋钮,感受听觉效果并用示波器观测“音频输出”的波形变化。

五、注意事项

(1)实验测试完成后,应将偏流旋钮调至最小。

(2)实验测量时,在频率范围的低端和高端观测点应密集一些,而在中间范围测量点稀疏些。

附　　表

附表一　基本物理学常量表

物理量	符　号	数值与单位
引力常数	G	$6.672\ 59(85)\times 10^{-11}\ \mathrm{m^3\cdot kg^{-1}\cdot s^{-2}}$
阿伏伽德罗常数	N_A	$6.022\ 136\ 7(36)\times 10^{23}\ \mathrm{mol^{-1}}$
摩尔气体常数	R	$8.314\ 510(70)\times \mathrm{J\cdot mol^{-1}k^{-1}}$
理想气体摩尔体积(标准状态下)	V_m	$22.414\ 10(19)\ \mathrm{L/mol}$
波耳兹曼常数	k	$1.380\ 658(12)\times 10^{-23}\ \mathrm{J\cdot K^{-1}}$
真空中的介电常数	ε_0	$8.854\ 187\ 817\cdots\times 10^{-12}\ \mathrm{F\cdot m^{-1}}$
真空中的磁导率	μ_0	$12.566\ 370\ 614\cdots\times 10^{-7}\ \mathrm{N\cdot A^{-2}}$
真空中的光速	c	$299\ 792\ 458\ \mathrm{ms^{-1}}$
基本电荷	e	$1.602\ 177\ 33(49)\times 10^{-19}\ \mathrm{C}$
电子质量	m_e	$0.910\ 938\ 97(54)\times 10^{-30}\ \mathrm{kg}$
质子质量	m_p	$1.672\ 623\ 1(10)\times 10^{-27}\ \mathrm{kg}$
质子质量单位	u	$1.660\ 540\ 2(10)\times 10^{-27}\ \mathrm{kg}$
普朗克常数	h	$6.626\ 075\ 5(40)\times 10^{-34}\ \mathrm{J\cdot s}$
电子的荷质比	$-e/m_e$	$-1.758\ 819\ 62(53)\times 10^{11}\mathrm{C/kg}$
里德伯常数	R_∞	$10\ 973\ 731.534(13)\ \mathrm{m^{-1}}$

附表二　国际单位制(SI)的基本单位

量的名称	单位名称	单位符号
长度	米	m
质量	千克(公斤)	kg
时间	秒	s
电流	安[培]	A
热力学温度	开[尔文]	K
物质的量	摩[尔]	mol
发光强度	坎[德拉]	cd

附表三　国际单位制中具有专门名称的导出单位

量的名称	单位名称	单位符号	英文	其他表示示例
频率	赫[兹]	Hz	Hertz	s^{-1}
力	牛[顿]	N	Newton	$kg \cdot m/s^2$
压力,压强,应力	帕[斯卡]	Pa	Pascal	N/m^2
能[量],功,热	焦[耳]	J	Joule	$N \cdot m$
功率,辐[张能]通量	瓦[特]	W	Watt	J/s
电荷[量]	库[仑]	C	Coulomb	$A \cdot s$
电势,电压,电动势	伏[特]	V	Volt	W/A
电容	法[拉]	F	Farad	C/V
电阻	欧[姆]	Ω	Ohm	V/A
电导	西[门子]	S	Siemens	A/V
磁通[量]	韦[伯]	Wb	Weber	$V \cdot s$
磁通[量]密度,磁感应强度	特[斯拉]	T	Tesla	Wb/m^2
电感	亨[利]	H	Henry	Wb/A
摄氏温度	摄氏度	℃	degree Celcius	
光通量	流[明]	lm	Lumen	$cd \cdot sr$
光照度	勒[克斯]	lx	lux	lm/m^2
[放射性]活度	贝可[勒尔]	Bq	Becquerel	s^{-1}
吸收剂量	戈[瑞]	Gy	Gray	J/kg
剂量当量	希[沃特]	SV	Sievert	J/kg

附表四　可与国际单位制并用的我国法定计量单位

量的名称	单位名称	单位符号	与SI单位的关系
时间	分	min	1 min=60 s
	[小]时	h	1h=60 min=3 600 s
	日,(天)	d	1 d=24 h=86 400 s
[平面]角	度	°	1°= (π/180)rad
	[角]分	′	1′=(1/60) °=(π/10 800)rad
	[角]秒	″	1″=(1/60)′=(π/648 000)rad
体积	升	L,(l)	1 L=1 dm^3 =10^{-3} m^3
质量	吨 原子质量单位	t u	1 t=10^3 kg 1 u≈1.660 540×10^{-27} kg
旋转速度	转每分	r/min	1 r/min=(1/60) s^{-1}
长度	海里	n mile	1 n mile=1 852 m (仅用于航行)
速度	节	kn	1 kn=1 n mile/h=(1 852/3 600) m/s (仅用于航行)
能	电子伏	eV	1 eV≈1.602 177×10^{-19} J
级差	分贝	dB	
线密度	特[克斯]	tex	1 tex=10^{-6} kg/m
面积	公顷	hm^2	1 hm^2 =10^4 m^2

附表五　20℃时一些物质的密度

物质	密度 ρ/(kg·m^{-3})	物质	密度 ρ/(kg·m^{-3})
铝	2 698.9	汽车用汽油	710～720
锌	7 140	乙醚	714
铬	7 140	无水乙醇	789.4
锡(白)	7 298	丙酮	791
铁	7 874	甲醇	791.3
钢	7 600～7 900	煤油	800
镍	8 850	变压器油	840～890
铜	8 960	松节油	855～870
银	10 492	苯	879.0
铅	11 342	蓖麻油 15℃	969
钨	19 300	20℃	957

续　表

物质	密度 ρ/(kg·m^{-3})	物质	密度 ρ/(kg·m^{-3})
金	19 320	钟表油	981
铂	21 450	纯水 0℃	999.84
硬铝	2 790	3.98℃	1 000.00
不锈钢	7 910	4℃	999.97
黄铜	8 500～8 700	海水	1 010～1 050
青铜	8 780	牛乳	1 030～1 040
康铜	8 880	无水甘油	1 260
软木	220～260	氟利昂-12	
纸	700～1 000	(氟氯烷-12)	1 329
石蜡	870～940	蜂蜜	1 435
橡胶	910～960	硫酸	1 840
硬橡胶	1 100～1 400	水银 0℃	13 595.5
有机玻璃	1 200～1 500	20℃	13 546.2
煤	1 200～1 700	干燥空气 0℃	
食盐	2 140	(标准状态)	1.293
冕牌玻璃	2 200～2 600	20℃	1.205
普通玻璃	2 400～2 700	氢	0.089 9
火石玻璃	2 800～4 500	氦	0.178 5
石英玻璃	2 900～3 000	氮	1.251
石英	2 500～2 800	氧	1.429
冰 0℃	917	氩	1.783

附表六　20℃时某些金属的杨氏模量

金属	$Y(\times 10^{10})$/Pa	金属	$Y(\times 10^{10})$/Pa
铝	7.0～7.1	灰铸铁	6～17
银	6.9～8.2	硬铝合金	7.1
金	7.7～8.1	可锻铸铁	15～18
锌	7.8～8.0	球墨铸铁	15～18
铜	10.3～12.7	康铜	16.0～16.6
铁	18.6～20.6	铸钢	17.2
镍	20.3～21.4	碳钢	19.6～20.6
铬	23.5～24.5	合金钢	20.6～22.0
钨	40.7～41.5		

注：Y 的值与材料的结构、化学成分及加工制造方法有关，因此，在某些情况下，Y 的值可能与表中所列的平均值不同。

附表七 液体的黏度 η

液体	温度/℃	η/(μPa·s)	液体	温度/℃	η/(μPa·s)
乙醚	0	296	葵花籽油	20	5.00×10^{4}
	20	243	蓖麻油	0	530×10^{4}
甲醇	0	817		10	241.8×10^{4}
	20	584		15	151.4×10^{4}
水银	−20	1 855		20	95.0×10^{4}
	0	1 685		25	62.1×10^{4}
	20	1 554		30	45.1×10^{4}
	100	1 224		35	31.2×10^{4}
乙醇	−20	2 780		40	23.1×10^{4}
	0	1 780		100	16.9×10^{4}
	20	1 190	甘油	−20	134×10^{6}
水	0	1 787.8		0	121×10^{5}
	20	1 004.2		20	149.9×10^{4}
	100	282.5		100	129.45×10^{2}
汽油	0	1 788	蜂蜜	20	650×10^{4}
	18	530		80	100×10^{4}
变压器油	20	1.98×10^{4}	空气	25	18.3
鱼肝油	20	4.56×10^{4}			
	80	0.46×10^{4}			

附表八 某些物质的比热容

物质	温度/℃	比热容/(J·kg^{-1}·K^{-1})
金	25	128
铅	20	128
铂	20	134
银	20	234
铜	20	385
锌	20	389
镍	20	481

续表

物质	温度/℃	比热容/($J \cdot kg^{-1} \cdot K^{-1}$)
铁	20	481
铝	20	896
黄铜	0	370
	20	384
康铜	18	420
钢	20	447
生铁	0～100	0.54×10^3
云母	20	0.42×10^3
玻璃	20	585～920
石墨	25	707
石英玻璃	20～100	787
石棉	0～100	795
橡胶	15～100	$(1.13\sim2.00)\times10^3$
石蜡	0～20	2.91×10^3
水银	0	139.5
	20	139.0
氟利昂-12	20	0.84×10^3
汽油	10	1.42×10^3
	50	2.09×10^3
变压器油	0～100	1.88×10^3
蓖麻油	20	2.00×10^3
煤油	20	2.18×10^3
乙醇	0	2.30×10^3
	20	2.47×10^3
乙醚	20	2.34×10^3
甘油	18	2.43×10^3
甲醇	0	2.43×10^3
	20	2.47×10^3
冰	0	2 090
纯水	0	4 219
	20	4 182
	100	4 204
空气(定压)	20	1 008
氢(定压)	20	14.25×10^3

附表九 某些物质的折射率(相对空气)

某些气体的折射率

气体	折射率 n	气体	折射率 n
氦	1.000 035	氮	1.000 298
氖	1.000 067	一氧化碳	1.000 334
甲烷	1.000 144	氨	1.000 379
氢	1.000 232	二氧化碳	1.000 451
水蒸气	1.000 255	硫化碳	1.000 641
氧	1.000 271	二氧化硫	1.000 686
氩	1.000 281	乙烯	1.000 719
空气	1.000 292	氯	1.000 768

注:表中给出的数据是在标准状况下,气体对波长约为589.3 nm的D线(钠黄光)的折射率。

某些液体的折射率

液体	t/℃	折射率 n	液体	t/℃	折射率 n
二氧化碳	15	1.195	硝酸(+2%H_2O)	23	1.429
盐酸	10.5	1.254	三氯甲烷	20	1.446
氨水	16.5	1.325	四氯化碳	15	1.463 05
甲醇	20	1.329 2	甘油	20	1.474
水	20	1.333 0	甲苯	20	1.495
乙醚	20	1.351 0	苯	20	1.501 1
丙酮	20	1.359 1	加拿大橡胶	20	1.530
乙醇	20	1.360 5	二硫化碳	18	1.625 5
硝酸(99.94%)	16.4	1.397	溴	20	1.654

注:表中给出的数据是在标准状况下,液体对波长约为589.3 nm的D(钠黄光)线的折射率。

某些固体的折射率

固体	折射率 n	固体	折射率 n
氯化钾	1.490 44	火石玻璃 F8	1.605 5
冕玻璃 K6	1.511 1	重冕玻璃 ZK6	1.612 6
K8	1.515 9	ZK8	1.614 0
K9	1.516 3	钡火石玻璃	1.625 90
钡冕玻璃	1.539 90	重火石玻璃 ZF1	1.647 5
氯化钠	1.544 27	ZF6	1.755 0

注:表中数据为固体对λ_D=589.3 nm的折射率。

某些晶体的折射率

波长 λ/nm	萤石	石英玻璃	钾盐	岩盐	石英		方解石	
					n_o	n_e	n_o	n_e
656.3(H,红)	1.432 5	1.456 4	1.487 2	1.540 7	1.557 36	1.566 71	1.654 4	1.484 6
643.8(Cd,红)	1.432 7	1.456 7	1.487 7	1.541 2	1.550 12	1.559 43	1.655 0	1.484 7
589.3(Na,黄)	1.433 9	1.458 5	1.490 4	1.544 3	1.549 68	1.558 98	1.658 4	1.486 4
546.1(Hg,绿)	1.435 0	1.460 1	1.493 1	1.547 5	1.548 23	1.557 48	1.661 6	1.487 9
508.6(Cd,绿)	1.436 2	1.461 9	1.496 1	1.550 9	1.546 17	1.555 35	1.665 3	1.489 5
486.1(H,蓝绿)	1.437 1	1.463 2	1.498 3	1.553 4	1.544 25	1.553 36	1.667 8	1.490 7
480.0(Cd,蓝绿)	1.437 9	1.463 6	1.499 0	1.554 1	1.542 29	1.551 33	1.668 6	1.491 1
404.7(Hg,紫)	1.441 5	1.469 4	1.509 7	1.566 5	1.541 90	1.550 93	1.681 3	1.496 9

注:表中数据是在 18℃的条件下测得的。

附表十　可见光波和频率与颜色的对应关系

颜色	中心频率/Hz	中心波长/10^{-10} m	波长范围/10^{-10} m
红	4.5×10^{14}	6 600	7 800～6 200
橙	4.9×10^{14}	6 100	6 220～5 970
黄	5.3×10^{14}	5 700	5 970～5 770
绿	5.5×10^{14}	5 400	5 770～4 920
青	6.5×10^{14}	4 800	4 920～4 700
蓝	7.0×10^{14}	4 300	4 700～4 550
紫	7.3×10^{14}	4 100	4 550～3 900

附表十一　常用光源的谱线波长

单位:nm

H(氢)	402.62 紫	Hg(汞)
656.28 红	388.87 紫	623.44 橙
486.13 蓝绿	Ne(氖)	579.07 $黄_2$
434.05 紫	650.65 红	576.96 $黄_1$
410.17 紫	640.23 橙	546.07 绿
397.01 紫	638.30 橙	491.60 蓝绿
He(氦)	626.65 橙	435.83 $紫_2$
706.52 红	621.73 橙	404.66 $紫_1$
667.82 红	614.31 橙	He-Ne 激光
587.56(D3)黄	588.19 黄	632.8 橙
501.57 绿	585.25 黄	Cd(镉)
492.19 蓝绿	Na(钠)	643.847 红
471.31 蓝	589.592(D1)黄	508.582 绿
447.15 紫	588.995(D2)黄	

附表十二　海平面上不同纬度处的重力加速度

纬度 φ/(°)	g/(m・s^{-2})	纬度 /(°)	g/(m・s^{-2})
0	9.780 49	60	9.819 24
5	9.780 88	65	9.822 94
10	9.782 04	70	9.826 14
15	9.783 94	75	9.828 73
20	9.786 52	80	9.830 65
25	9.789 69	85	9.831 82
30	9.793 38	90	9.832 21
35	9.797 46	西安 34°16′	计算值 9.796 84
40	9.801 80		测量值 9.796 5
45	9.806 29	北京 39°56′	9.801 22
50	9.810 79	上海 31°12′	9.794 36
55	9.815 15	杭州 30°16′	9.793 60

注：地球任意地方重力加速度的计算公式：

$$g=9.780\,49(1+0.005\,288\sin^2\varphi-0.000\,006\sin^2 2\varphi)$$

附表十三　铜-康铜热电偶的温差电动势

（参考端温度为 0℃）

温度/℃	0	1	2	3	4	5	6	7	8	9
	热电动势/mV									
−40	−1.475	−1.510	−1.544	−1.579	−1.614	−1.618	−1.682	−1.717	−1.751	−1.785
−30	−1.212	−1.157	−1.192	−1.228	−1.263	−1.299	−1.334	−1.370	−1.405	−1.440
−20	−0.757	−0.794	−0.830	−0.876	−0.900	−0.940	−0.976	−1.013	−1.049	−1.085
−10	−0.383	−0.421	−0.458	−0.496	−0.534	−0.571	−0.608	−0.646	−0.683	−0.720
−0	−0.000	−0.039	−0.077	−0.116	−0.154	−0.193	−0.231	−0.269	−0.307	−0.345

续表

温度/℃	0	1	2	3	4	5	6	7	8	9
	热电动势/mV									
0	0.000	0.039	0.078	0.117	0.156	0.195	0.234	0.273	0.312	0.351
10	0.391	0.430	0.470	0.510	0.549	0.589	0.629	0.669	0.709	0.749
20	0.789	0.830	0.870	0.911	0.951	0.992	1.032	1.073	1.114	1.155
30	1.196	1.237	1.279	1.320	1.361	1.403	1.444	1.486	1.528	1.569
40	1.611	1.653	1.695	1.738	1.780	1.822	1.865	1.907	1.950	1.992
50	2.035	2.078	2.121	2.164	2.207	2.250	2.294	2.337	2.380	2.424
60	2.467	2.511	2.555	2.599	2.643	2.687	2.731	2.775	2.819	2.864
70	2.908	2.953	2.997	3.042	3.087	3.131	3.176	3.221	3.266	3.312
80	3.357	3.402	3.447	3.493	3.538	3.584	3.630	3.676	3.721	3.767
90	3.813	3.859	3.906	3.952	3.998	4.044	4.091	4.137	4.184	4.231
100	4.277	4.324	4.371	4.418	4.465	4.512	4.559	4.607	4.654	4.701
110	4.749	4.796	4.844	4.891	4.939	4.987	5.035	5.083	5.131	5.179
120	5.227	5.275	5.324	5.372	5.420	5.469	5.517	5.566	5.615	5.663
130	5.712	5.761	5.810	5.859	5.908	5.957	6.007	6.056	6.105	6.155
140	6.204	6.254	6.303	6.353	6.403	6.452	6.502	6.552	6.602	6.652
150	6.702	6.753	6.803	6.853	6.903	6.954	7.004	7.055	7.106	7.156
160	7.207	7.258	7.309	7.360	7.411	7.462	4.513	7.564	7.615	7.666
170	7.718	7.769	7.821	7.872	7.924	7.975	8.027	8.079	8.131	8.183
180	8.235	8.287	8.339	8.391	8.443	8.495	8.548	8.600	8.652	8.705
190	8.757	8.810	8.863	8.915	8.968	9.021	9.074	9.127	9.180	9.233
200	9.286	9.339	9.396	9.446	9.499	9.553	9.609	9.659	9.713	9.767
210	9.820	9.874	9.928	9.982	10.036	10.090	10.144	10.198	10.252	10.306
220	10.360	10.414	10.469	10.523	10.578	10.632	10.687	10.741	10.796	10.851
230	10.905	10.960	11.015	11.070	11.125	11.180	11.235	11.290	11.345	11.401
240	11.456	11.511	11.565	11.622	11.677	11.733	11.788	11.844	11.900	11.956
250	12.015	12.067	12.123	12.179	12.235	12.291	12.347	12.403	12.459	12.515

续表

温度/℃	0	1	2	3	4	5	6	7	8	9
	热电动势/mV									
260	12.572	12.628	12.684	12.741	12.797	12.854	12.910	12.967	13.024	13.080
270	13.137	13.194	13.251	13.307	13.364	13.421	13.478	13.535	13.592	13.650
280	13.707	13.764	13.821	13.879	13.936	13.993	14.051	14.108	14.166	14.223
290	14.287	14.339	14.396	14.434	14.512	14.570	14.628	14.686	14.744	14.802
300	14.850	14.918	14.976	15.034	15.092	15.151	15.209	15.267	15.326	15.384
310	15.443	15.501	15.560	15.619	15.677	15.736	15.795	15.853	15.912	15.971
320	16.030	16.039	16.148	16.207	16.266	16.325	16.384	16.444	16.503	16.562
330	16.621	16.681	16.740	16.800	16.839	16.919	16.978	17.038	17.094	17.157
340	17.215	17.277	17.330	17.356	17.456	17.516	17.570	17.636	17.690	17.575
350	17.816	17.877	17.937	17.997	18.057	18.118	18.178	18.238	18.299	18.359
360	18.420	18.480	18.541	18.602	18.662	18.723	18.784	18.845	18.905	18.966
370	19.027	19.088	19.149	19.210	19.271	19.332	19.393	19.455	19.506	19.577
380	19.638	19.699	19.761	19.822	19.883	19.945	20.006	20.068	20.129	20.191
390	20.252	20.314	20.376	20.437	20.499	20.560	20.622	20.684	20.746	20.866
400	20.869									

参考文献

[1] 钱绍圣.测量不确定度[M].北京:清华大学出版社,2002.

[2] 李秀燕.大学物理实验[M].北京:科学出版社,2001.

[3] 马文蔚.物理学教程[M].北京:高等教育出版社,2002.

[4] 方建兴.物理实验[M].苏州:苏州大学出版社,2002.

[5] 周殿清.大学物理实验[M].武汉:武汉大学出版社,2002.

[6] 金重.大学物理实验教程[M].天津:南开大学出版社,2000.

[7] 蒋达娅.大学物理实验[M].北京:北京邮电大学出版社,2002.

[8] 王荣.大学物理实验[M].长沙:国防科技大学出版社,2002.

[9] 丁慎训,张继芳.物理实验教程[M].2版.北京:清华大学出版社,2002.

[10] 王希义.大学物理实验[M].西安:陕西科学技术出版社,1998.

[11] 吴勇华,霍建清.大学物理实验[M].北京:高等教育出版社,2001.

[12] 沈元华,陆申龙.基础物理实验[M].北京:高等教育出版社,2003.